G. W. Ehrenstein

Polymer-Werkstoffe – Struktur und mechanisches Verhalten

G. W. Ehrenstein

Polymer-Werkstoffe

Struktur und mechanisches Verhalten

Grundlagen für das technische Konstruieren mit Kunststoffen

Mit 151 Abbildungen

Carl Hanser Verlag München Wien 1978

Dr.-Ing. G. W. Ehrenstein ist Professor für Werkstoffkunde an der Gesamthochschule Kassel

Als Habilitationsschrift auf Empfehlung der Fakultät für Maschinenbau der Universität Karlsruhe mit Unterstützung der Deutschen Forschungsgemeinschaft

CIP-Kurztitelaufnahme der Deutschen Bibliothek

Ehrenstein, Gottfried W.
Polymer-Werkstoffe, Struktur und mechanisches Verhalten:
Grundlagen für d. techn. Konstruieren mit Kunststoffen. -
1. Aufl. - München, Wien: Hanser, 1978.
ISBN 3-446-12478-0

Druck: Brenner + Stanglmeier KG
Printed in Germany

Vorwort

Dieses Buch ist der etwas erweiterte erste Teil der Vorlesung über Polymer-Werkstoffe, wie sie an der Universität Karlsruhe für Ingenieure des Maschinenbaus und der Chemieingenieurtechnik gelesen wurde. Gleichzeitig wollte ich mit der Niederschrift den vielen mit diesem Werkstoff in der Praxis arbeitenden Ingenieuren eine werkstoffkundliche Einführung an die Hand geben, die nicht im Bestreben nach Perfektion überfrachtet ist.

Dem glücklichen Umstand, jahrelang in der Anwendungstechnischen Abteilung der BASF im engen Kontakt mit Fachleuten der industriellen Polymer-Forschung auf dem Gebiet der Chemie und Physik und mit Praktikern der Anwendung zusammengearbeitet zu haben, verdanke ich viele Anregungen und Hilfen. Auf der anderen Seite hat mir das ständige kritische Gespräch mit meinen karlsruher Lehrern, E. Macherauch und B. Vollmert, über viele Schwierigkeiten hinweggeholfen.

Eine Aufgabe des Ingenieurs ist es, die Erkenntnisse der reinen Naturwissenschaften zusammenzufassen und den Anforderungen der Praxis entsprechend umzusetzen. Es ist eine schwere Aufgabe, und ich kenne auf dem Polymer-Werkstoff-Gebiet nur wenige Ingenieure, die diese Verbindung von Theorie und Praxis immer wieder herzustellen versuchen. Einer von ihnen, A. Weber, hat mir oft geholfen.

Nach Abschluß der Arbeit möchte ich an dieser Stelle ganz besonders meinen ständigen Gesprächspartnern bei der BASF im Bereich der Chemie, H. Stutz und R. Wurmb und den Physikern W. Retting und G. Kanig, danken. Ferner gilt mein Dank denen, die immer wieder geschrieben, Bilder und Unterlagen besorgt haben: L. Bernhardt, H. Mohr und L. Schirmer.

Kassel 1978 G. W. Ehrenstein

Inhalt

1. Wirtschaftliche Entwicklung – Marktübersicht und Prognose

Die naturwissenschaftliche Forschung ist eine wesentliche Quelle des technischen Fortschritts und dieser wiederum die Voraussetzung wirtschaftlichen Wachstums. Daher weisen auch diejenigen Industriezweige die stärksten Wachstumsraten auf, die für Forschung und Entwicklung am meisten aufwenden. Die Investitionen der chemischen Industrie für Forschung und Entwicklung betrugen in der BR Deutschland im Jahre 1974 3,4 Mrd DM bei einem Gesamtumsatz von 83,5 Mrd DM, während die Gesamtindustrie 11,8 Mrd DM bei einem Umsatz von 750 Mrd DM investierte. Das bedeutet, daß 4,1 % des Umsatzes in der chemischen Industrie für die Forschung ausgegeben werden, in der Gesamtindustrie aber nur 1,6 %. Ein Ergebnis dieser hohen Investitionen auf dem Forschungssektor ist die große Innovationsrate. Fast drei Viertel des Umsatzes werden mit Produkten erzielt, die erst in den letzten 15 Jahren produktionsreif wurden. Diese Entwicklung ist vor allem historisch bedingt. Denn während die meisten Industriezweige aus dem Handwerk hervorgegangen sind, ist die chemische Industrie frei von derartigen Traditionen, sie gründet sich unmittelbar auf wissenschaftliche Forschung [1] .

Eine der wichtigsten Produktgruppen der chemischen Industrie sind die synthetischen Polymer-Werkstoffe, die auch bei gleichen chemischen und produktionstechnischen Grundlagen oft erhebliche verarbeitungs- und anwendungstechnische Unterschiede aufweisen. Aus diesem Grund ist folgende Einteilung sinnvoll:

Polymer-Werkstoffe [1)] als synthetische Konstruktionswerkstoffe im engeren Sinne, auch als "Kunststoffe" bezeichnet, die neben die bekannten Werkstoffe wie Metall, Holz, Stein, Glas und Keramik treten.

Kautschuk, der ebenfalls als Polymer-Werkstoff im konstruktiven Bereich verwendet werden kann. Obwohl er chemisch und produktionstechnisch eine ähnliche Grundlage hat wie die erstgenannte Gruppe, wird er allgemein wegen seiner selbständigen historischen Entwicklung und der abweichenden Verarbeitungstechnik als eigene Gruppe betrachtet.

Polymer-Werkstoffe als Faserstoffe. Wegen der extrem einseitigen anwendungstechnischen Ausrichtung zählen sie nicht zu den Konstruktionswerkstoffen, auch wenn sie mit den erstgenannten Werkstoffen chemisch nahezu identisch sind.

Polymere als Hilfsstoffe, die meistens in der Form von Dispersionen oder Lösungen eingesetzt werden. Hierzu gehören z.B. die Kleb- und Lackrohstoffe sowie die Hilfsstoffe zur Veredelung von Leder, Textilien und Papier. Da diese Stoffe meist nicht für sich allein eingesetzt werden, sondern in Verbindung mit anderen Werkstoffen, sind sie weniger bekannt, obwohl sie einen beträchtlichen Teil der Produktion ausmachen.

Rund 15 % der Produktion der chemischen Industrie entfällt heute auf synthetische Polymer-Werkstoffe. Die Bedeutung dieser Werkstoffgruppen ergibt sich aus Bild 1 durch den Vergleich mit der Produktion von Rohstahl in der westlichen Welt. Die Gegenüberstellung ist volumen- und gewichtsbezogen. Eine volumenbezogene Betrachtung ist bei

---

1) nähere Begriffsdefinition S. 18 und 29

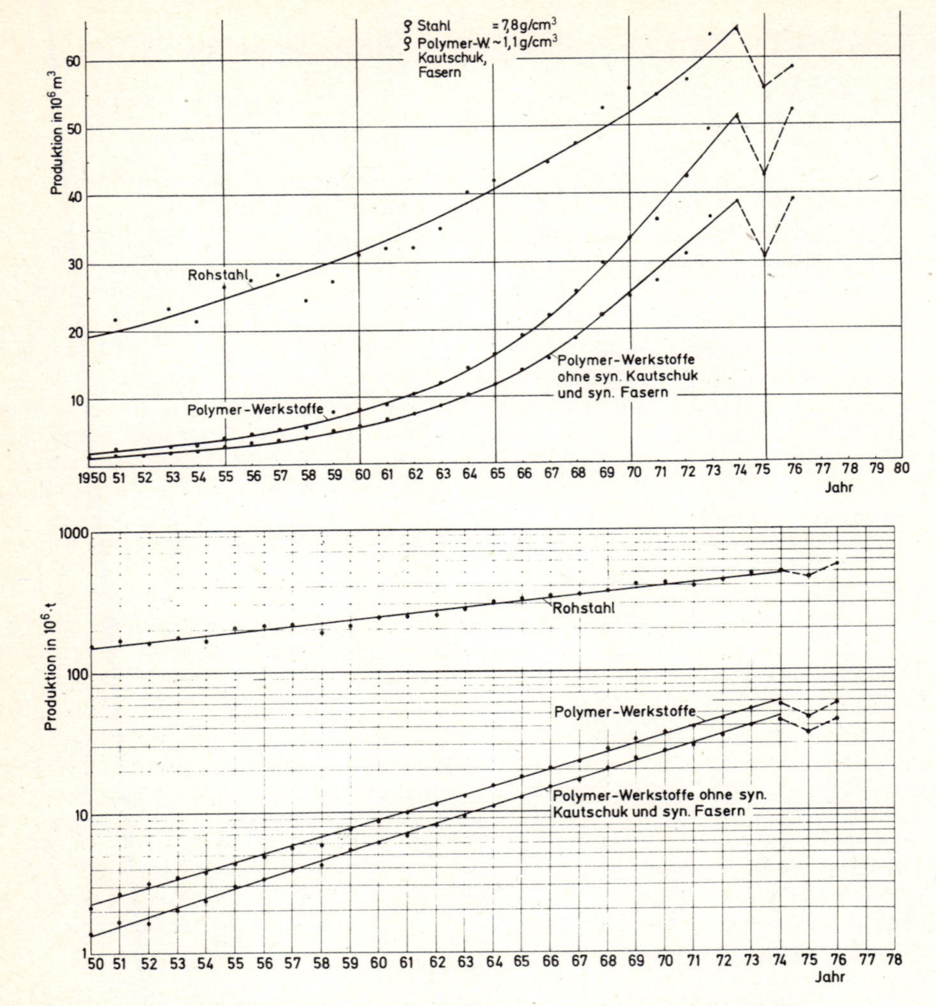

Bild 1: Produktion von Rohstahl und Polymer-Werkstoffen in der westlichen Welt
Volumen- (oben) und Gewichtsvergleich (unten)

Werkstoffen mit sehr unterschiedlicher Dichte u. U. aufschlußreicher, da eine Bauteildimensionierung in der Praxis bei vorgegebener Belastung und festliegender Materialfestigkeit bzw. -steifigkeit meistens durch Bestimmen der geometrischen Abmessungen erfolgt.

Die Mengenentwicklung der Produktion und damit auch des Verbrauchs der wichtigsten Polymer-Werkstoffe in der westlichen Welt ist in Bild 2 dargestellt. Etwa 75 % aller Polymer-Werkstoffe sind Thermoplaste; davon entfallen wiederum 75 % auf die Gruppe der Polyolefine, Polyvinylchlorid und Styrolpolymerisate, so daß diese drei allein etwas über die Hälfte aller Polymer-Werkstoffe ohne Kautschuk, Fasern und Hilfsstoffe ausmachen.

Die Anfänge einer industriellen Fertigung von Polymer-Werkstoff-Teilen fallen in die Mitte des 19. Jahrhunderts, als aus aufbereiteten Zellulose- und Kaseinprodukten vor

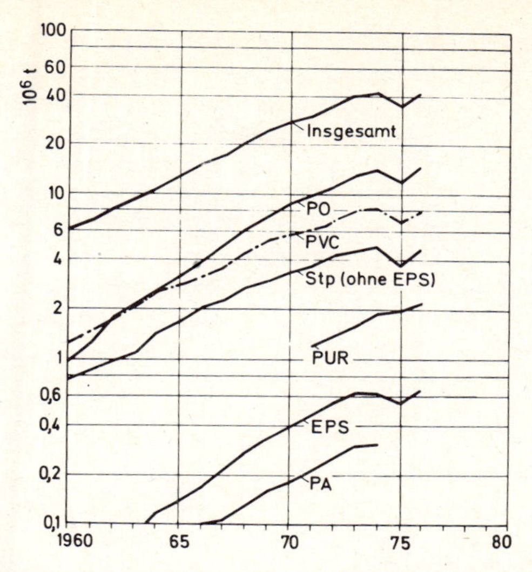

Bild 2: Mengenmäßige Entwicklung der wichtigsten Polymer-Werkstoffe in der westlichen Welt
PO = Polyolefine (Polyäthylen, Polypropylen)
PVC = Polyvinylchlorid
Stp = Styrolpolymerisate
PUR = Polyurethane
EPS = Polystyrolschäume
PA = Polyamide

allem Galanteriewaren hergestellt wurden. Bis zur Mitte der Zwanziger Jahre dieses Jahrhunderts werden zwar in Abständen durchaus bedeutende Einzelerfindungen bekannt, wie z.B. die des Bakelites (gefüllte Phenolharze (PF), die unter Druck und Hitze ausgehärtet wurden) in den Jahren 1905 bis 1910. Zu einem sichtbaren Durchbruch kommt es jedoch erst durch die Arbeiten von Staudinger und dessen Veröffentlichungen ab 1926, der das wissenschaftliche Fundament für die systematische Erforschung der Polymer-Werkstoffe legte. Seit 1930 bis etwa 1973 mit geringen Abschwächungen in den Jahren 1945/46 weist die Produktion der Polymer-Werkstoffe Zuwachsraten auf, die im Mittel zu einer Verdoppelung in jeweils 5 Jahren (jährlich 19 % Steigerung) führen. Einige Produktionszahlen von Polymer-Werkstoffen in der westlichen Welt bis 1950 sind in Tabelle 1 zusammengestellt.

Tabelle 1: Produktion von Polymer-Werkstoffen in der westlichen Welt in den Jahren 1900 bis 1950

Jahr	Produktionsmenge in 1000 t
1900	20
1909	32,5
1913	50
1924	54
1928	68
1930	90
1933	110
1935	220
1937	280
1940	350
1943	600
1944	650
1945	500
1947	870
1950	1450

Ein nächster wichtiger Impuls für das starke Wachstum war die Umstellung der Rohstoffbasis, nämlich der Übergang von der Rohstoffbasis Kohle auf die Petrochemie ab Mitte der fünfziger Jahre. Damals wurde in Europa Heizöl zur dominierenden Energiequelle. Dabei ergab sich ein Überschuß an leichten Benzinfraktionen, der die Möglichkeit eröffnete, vor allem Äthylen in großen Mengen immer preiswerter herzustellen. Dadurch wurde die Produktion der Polymer-Werkstoffe auf Äthylenbasis wie Polyäthylen (PE), Polypropylen (PP), Polyvinylchlorid (PVC) und Polystyrol (PS) entscheidend gesteigert [2] . Größere Absatzmengen führten zur Erstellung von Produktionseinheiten mit größeren Kapazitäten. Damit sanken die Gestehungskosten dieser Polymer-Werkstoffe, was wiederum eine Senkung der Verkaufspreise ermöglichte. Mit den niedrigen Verkaufspreisen aber war die entscheidende Voraussetzung für die Erschließung größerer Verbrauchsmärkte gegeben.

Die weitere Entwicklung in den kommenden Jahren wird durch die folgenden vier Faktoren entscheidend bestimmt werden [3] :

Entwicklung neuer Polymer-Werkstoffe
Entwicklung neuer Verarbeitungsverfahren
Erschließung neuer Anwendungsgebiete
Entwicklung der Preise.

Bei der Produktentwicklung ist nicht mit neuen Massen-Polymer-Werkstoffen zu rechnen, die mengenmäßig die Polyolefine, das Polyvinylchlorid (PVC) oder die Styrolpolymerisate erreichen. Bei einigen Spezial-Polymer-Werkstoffen, wie den Polyamiden (PA), den ungesättigten Polyesterharzen (UP) und beim Polymethylmethacrylat (PMMA), ist in den nächsten zwei Jahrzehnten eine Weltproduktion von mehr als 1 000 000 t/Jahr möglich. Eine Zwischenstellung nimmt bereits heute das sehr vielseitige Polyurethan (PUR) ein (Hart- und Weichschäume, Elastomere, Gießharze). Im übrigen wird sich die Weiterentwicklung der Polymer-Werkstoffe vor allem auf spezielle Eigenschaften konzentrieren, wie z.B. höhere thermische Beständigkeit, antistatisches Verhalten, Alterungsbeständigkeit, Schwerentflammbarkeit und ähnliches.

Jede Werkstoffentwicklung führt zur Entwicklung spezieller Verarbeitungsmaschinen. Im Laufe der Zeit setzen sich dann bestimmte Konstruktionen und Verfahren durch, die auf die Werkstoffeigenschaften in den verschiedenen Aggregatzuständen besonders abgestimmt sind, wie z.B. Spritzgießmaschinen und Extruder in der Polymer-Werkstoffverarbeitung. Beim Spritzguß, dem wichtigsten Verarbeitungsverfahren, kann man von einer kontinuierlichen Weiterentwicklung der Maschinen ausgehen, die noch größere Teile noch schneller und präziser fertigen. Heute erreicht man Gewichte von 10 bis 15 kg, bei treibmittelhaltigen Thermoplasten sogar bis 42 kg (Boxpalette aus treibmittelhaltigem Polyäthylen (HDPE)). Einige Spezialverfahren, wie das Spritzblasen, die Kaltumformung, das Extrudieren mit genuteter Einzugszone und das Pressen von thermoplastischem Halbzeug werden ebenfalls Weiterentwicklung erfahren. Der Fortschritt auf diesem Gebiet dürfte mit den Fortschritten bei der Verarbeitung der klassischen Werkstoffe vergleichbar sein.

Einen Überblick über den Verbrauch an Polymer-Werkstoffen in den verschiedenen Branchen in der BR Deutschland im Jahre 1974 gibt Tabelle 2.

Eine Prognose neuer Anwendungsmöglichkeiten muß für die wichtigsten Absatzgebiete getrennt erfolgen. Im Bauwesen haben die Polymer-Werkstoffe einen festen Markt erobert, der unter anderem Dämmplatten, Abwasserleitungen, Bodenbeläge, Bauprofile

Tabelle 2: Verbrauch an Polymer-Werkstoffen in der BR Deutschland für 1974 ohne Pheno- und Aminoplaste, Lackharze, Dispersionen, Cellulosederivate, Synthesekautschuk und Synthesefasern

Branche	Anteil d. Branche am Gesamtverbrauch in %	Produktanteil am Branchenverbrauch in %				
		Polyolefine	PVC	Styrolpolymerisate	Schaumstoffe	andere Spezial-Kunststoffe
Bauwesen	22	24	55	1	13	7
Elektrotechnische Industrie	15,5	14	46	22	3	2
Nahrungs- und Genußmittel	14	58	20	19	1	2
Chemische Industrie	10,5	85	7	6	1	1
Haushalt, Sport und Spiel	7	35	22	34	5	4
Fahrzeugbau	6	13	26	11	30	20
Möbel	5,5	4	25	22	40	9
Landwirtschaftliche Betriebsmittel	3,5	60	25	9	2	3
Sonstige	16					
Insgesamt	100	38	32	13	6	11
davon Verpackung	34	75	12	9	4	1

für Fenster, Regenrinnen, Rolladen usw. umfaßt, wobei der Wärmeschutz zunehmend an Bedeutung gewinnt. Der Forderung nach zunehmenden Mengen an Leichtbaustoffen, z.B. für die Fertigbauindustrie wegen der Gewichtsersparnis beim Transport und der Montage, stehen bei den in Betracht kommenden Polymer-Schaumstoffen die Fragen des Brandschutzes gegenüber. Hier zeichnet sich eventuell als Lösung der Verbund der brennbaren organischen Polymer-Werkstoffe mit unbrennbaren anorganischen Baustoffen, z.B. von Polymer-Schaumstoffen mit Zement, ab. Ein überdurchschnittliches Wachstum ist im Bauwesen jedoch kaum zu erwarten.

Während im Bereich des allgemeinen Maschinenbaus mit einem sich stetig weiterentwickelnden Absatz an Polymer-Werkstoffen zu rechnen ist, dürfte das vergleichsweise kleine Gebiet des Apparatebaus in den nächsten Jahren größere Zuwachsraten aufzuweisen haben, sie werden durch die Forderung nach hochkorrosionsbeständigen Werkstoffen begünstigt. Ein typisches Beispiel hierfür sind die Behälter für die ober- und unterirdischen Lagerung von Heizöl und die Kühlturmeinbauten. Die anfänglich mit großen Erwartungen vorangetriebene Beschichtungstechnik, z.B. von konventionellen Baustoffen mit korrosions- und chemikalienbeständigen Überzügen, hat wegen vielfältiger Schwierigkeiten besonders bei der Herstellung temperatur- und lastwechselbeständiger Verbindungen nicht die gewünschten Erfolge gebracht.

Bei der Automobilindustrie kann im Pkw-Sektor davon ausgegangen werden, daß die Polymer-Werkstoff-Anwendungen für die Innenraumgestaltung eine gewisse Sättigung erreicht haben. In Zukunft werden in zunehmendem Maße neue Anwendungen im Karosserie- und Motorbereich zu erwarten sein. Im amerikanischen Automobilbau werden die Kraftstoffverbrauchs-Vorschriften den Einsatz der leichten Polymer-Werkstoffe erheblich fördern. In Europa könnte eine erhebliche Umsatzsteigerung durch die allgemeine Einführung der Kraftstofftanks aus Polyäthylen (PE) erfolgen, der gegenüber dem herkömmlichen Tank vor allem produktionstechnische Vorteile, bessere Raumausnutzung und größere Sicherheit bei Aufprallunfällen bietet.

Der steigende Kostendruck dürfte außerdem dazu führen, daß kostengünstigere Polymer-Werkstoffausführungen, die bisher z.B. aus Imagegründen nicht zum Einsatz kamen bzw. nicht entwickelt wurden, zunehmend realisiert werden.

Auch die Elektroindustrie bietet günstige Zukunftsaspekte hinsichtlich des Einsatzes von Polymer-Werkstoffen. Das Hauptproblem in der Starkstrom-Elektrotechnik ist der Transport großer elektrischer Energien, was wiederum eine Frage der Isoliertechnik ist. Durch Einsatz eines Isoliermaterials mit höherer Temperaturbeständigkeit kann z.B. die Leistung eines Elektromotors bei gleicher Größe erheblich gesteigert werden. Umgekehrt kann bei gleicher Leistung die Baugröße vermindert werden. Es ist mit Sicherheit zu erwarten, daß die Polymer-Werkstoffe noch temperaturbeständiger bzw. besser gegen thermischen Abbau als bisher stabilisiert werden können. Der für die nächsten Jahrzehnte erwartete, zunehmende Übergang von der Wechselstrom- auf die Gleichstromtechnik vor allem beim Transport großer elektrischer Leistungen, wird die Bedeutung der Polymer-Werkstoffe als Isolierstoffe noch erheblich erhöhen. In der Schwachstromtechnik und im Haushaltsbereich sind durchschnittliche Steigerungen zu erwarten.

Als aussichtsreiche Wachstumsbranche für den Absatz von Polymer-Werkstoffen galt lange Jahre die Möbelindustrie. So wurde in der BR Deutschland Anfang 1974 mit einer Steigerung des Absatzes von 70 000 t/Jahr im Jahre 1971, 109 000 t/Jahr im Jahre 1973 auf etwa 500 000 t/Jahr im Jahre 1980 gerechnet. Als wesentliche Gründe hierfür wurden genannt:

Ein zunehmender Anteil der Möbelbesitzer bewerten Möbel nicht mehr als mittelfristiges Investitionsgut, sondern als Konsumgut.

Die größere gestalterische Freiheit beim Bau von Möbeln aus Polymer-Werkstoffen läßt vielfältigere Formen zu und ermöglicht eine bessere Anpassung an modische Strömungen.

Die Polymer-Werkstoffe ermöglichen die rationellere Fertigung großflächiger Teile, wie Sitzmöbel und Korpuselemente, in einem Arbeitsgang.

In Zukunft ist mit einer Verknappung und daher wesentlichen Verteuerung des Holzes als Rohwerkstoff zu rechnen, da die Nachschubquellen nicht beliebig gesteigert werden können. Bei einem Verbrauch von 290 Mio Festmeter im Jahre 1965 in Europa wird für 1980 allenfalls mit einer Steigerung des Angebots auf 430 Mio Festmeter gerechnet. Damit können aber nur die erwarteten Zuwachsraten auf Gebieten schwieriger zu substituierender Anwendungen, wie im Bereich der Zellulose- und Papierherstellung, der Produktion von Spanplatten und auf dem Bausektor gedeckt werden.

Da diese Branche jedoch sehr stark von Modeströmungen abhängt, sind Voraussagen sehr schwierig.

Eine Vielfalt von Anwendungsmöglichkeiten von Polymer-Werkstoffen ergibt sich in der

Verpackungsindustrie. Besonders aussichtsreich scheint die Entwicklung der Verbundfolie zu sein, zu der einzelne Folien aus verschiedenen Polymer-Werkstoffen mit speziellen Eigenschaften, wie hoher Festigkeit, Diffusionsdichtigkeit gegen Gase und Aromastoffe, Geschmacksneutralität und gute Verarbeitbarkeit, kombiniert werden, um gezielt bestimmte Gesamteigenschaften zu erreichen. Durch Ergänzen und Ersetzen herkömmlicher Verpackungs-Werkstoffe durch geschäumte Polymer-Werkstoffe ist z.B. in der Verpackung von empfindlichen Nahrungsgütern für den Fernversand mit neuen Anwendungsgebieten zu rechnen.

Es ist anzunehmen, daß die Preise der klassischen Werkstoffe bei zunehmender Rohstoffverknappung bzw. schwieriger werdender Gewinnung auch weiter anziehen werden. Die Preise der Polymer-Werkstoffe werden im Gegensatz zu den Jahren vor der sogen. Ölkrise in Zukunft nicht weiter fallen, wenn nicht sogar mit einem leichten Anstieg gerechnet werden muß.

Eine Verteuerung der Energie beeinflußt die Preisentwicklung der Metalle stärker als die der Polymer-Werkstoffe. Der Energiebedarf je dm^3 (kg) bei der Werkstofferzeugung einschließlich Aufbereitung und Fertigteilverarbeitung beträgt bei [4]:

Cu	$12 \cdot 10^4$	$(13 \cdot 10^3)$ kcal
Al	$11 \cdot 10^4$	$(41 \cdot 10^3)$ kcal
St	$6 \cdot 10^4$	$(7 \cdot 10^3)$ kcal
Glas	$1 \cdot 10^4$	$(4 \cdot 10^3)$ kcal
HDPE	$1 \cdot 10^4$	$(1,05 \cdot 10^4)$ kcal
LDPE	$0,6 \cdot 10^4$	$(0,65 \cdot 10^4)$ kcal
PS	$0,5 \cdot 10^4$	$(0,48 \cdot 10^4)$ kcal

Ein anderer entscheidender Faktor für die bisherige Preisentwicklung bei den Polymer-Werkstoffen verliert zunehmend an Einfluß. Noch größere Apparate in den Produktionsanlagen als die bisher üblichen bringen kalkulatorisch (und damit auch hinsichtlich der Verkaufspreise) kaum noch Vorteile, da die einzelnen Bauelemente inzwischen eine Größe erreicht haben, die nur noch mit erheblichem Kostenaufwand zu steigern wäre. Allein der Transport von Reaktionsbehältern mit mehr als 5 m Durchmesser ist auf die herkömmliche Weise kaum durchzuführen. Mit einer sehr hohen Kostensteigerung verbunden ist auch die Herstellung von Druckapparaturen mit einer Wanddicke von mehr als 120 mm.

Faßt man die einzelnen Gesichtspunkte zusammen, so kann auch in Zukunft für die Polymer-Werkstoffe im Vergleich zu den konventionellen Werkstoffen mit deutlich höheren Zuwachsraten gerechnet werden. Sie werden jedoch kleiner sein als in den letzten Jahrzehnten. Konjunkturelle Schwankungen werden sich in Zukunft - wie schon 1974/75 - auch in der Polymer-Werkstoff-Industrie auswirken. Die Preisentwicklung wird sich insbesondere an den Rohstoff- und Energiekosten orientieren und mit Sicherheit auf längere Sicht wie bei allen Werkstoffen nach oben gerichtet sein.

2. Allgemeine Charakterisierung der Polymer-Werkstoffe[2)]

2.1 Strukturprinzipien

Es ist bisher nicht gelungen, die Begriffe "Polymer-Werkstoffe" oder "Kunststoffe" [3)] einheitlich festzulegen. Allgemein versteht man darunter Werkstoffe, deren wesentliche Bestandteile aus solchen makromolekularen organischen Verbindungen bestehen, die synthetisch oder durch Umwandlung von Naturprodukten entstehen. Makromoleküle - auch Polymere [4)] genannt - bestehen aus vielen, häufig gleichen Grundbausteinen. Diese Grundbausteine bezeichnet man als Monomere. Die relative Molekülmasse (auch Molekulargewicht genannt) eines Makromoleküls beträgt im Mittel etwa 10^4 bis 10^7. Das sind mehr als 1000 Atome. Die Zahl der chemisch gebundenen Moleküle (Monomere) ist so groß, daß durch das Hinzufügen eines weiteren Moleküls die Eigenschaften des Makromoleküls nicht signifikant geändert werden.

In der einfachsten Form sind die Monomeren faden- oder kettenförmig aneinandergereiht. Das Bild der Kette trifft die Struktur des Makromoleküls insofern, als es den Aufbau aus einzelnen gegeneinander bedingt beweglichen Elementen kennzeichnet. Ein lineares Makromolekül strebt - ohne Behinderung z.B. durch andere Makromoleküle - eine regellos geknäuelte Gestalt nach Art des Fadenknäuels an. An der Hauptkette eines linearen Makromoleküls sind mehr oder weniger regelmäßig seitlich anstelle von einzelnen zum Monomeren gehörenden Atomen chemisch andersartige Atome oder Moleküle, die Substituenten, angebunden. Substituenten weisen einen von der Hauptkette abweichenden Aufbau aus. Ist ihr Aufbau mit dem der Hauptkette identisch, spricht man von Verzweigungen. Substituenten können die Hauptkette verfestigen, versteifen oder auch lockern und beweglicher machen.

Sind die Makromoleküle untereinander chemisch gebunden, werden sie als vernetzte Makromoleküle bezeichnet. In Bild 3 sind unverzweigte lineare, verzweigte und vernetzte Makromoleküle schematisch dargestellt.

Bild 3: Lineare (A), verzweigte (B) und vernetzte (C) Makromoleküle (Schema) [5]

Anschaulich läßt sich die Kettenstruktur eines Makromoleküls durch aneinandergefügte, einzelne Atome symbolisierende Kugeln darstellen, deren Durchmesser dem Mittelpunkts-

---

2) In diesem Kapitel werden die wichtigsten in den folgenden Abschnitten ausführlich behandelten Themen kurz zusammengefaßt, um den größeren Zusammenhang vorab darzustellen.

3) Der wenig glückliche Name Kunststoff wurde etwa 1910 durch die Gründung einer gleichnamigen Zeitschrift in Deutschland eingeführt. Der Versuch, ihn durch den Begriff Chemiewerkstoff zu ersetzen, ist nicht erfolgreich, da auch andere klassische Werkstoffe Produkte chemischer Umwandlung sind.

4) Begriffsdefinition Monomer, Grundbaustein, Strukturelement und Polymer auf S. 29

abstand zweier gleicher Atome entspricht, die physikalisch, nicht chemisch aneinander gebunden sind. Man bezeichnet den Radius dieser Kugeln nach dem Namen der Bindekräfte als van-der-Waals-Radius (Näheres in Abschn. 3.1.2 und Bild 7). Da der Abstand chemisch gebundener Atome geringer ist als der so festgelegte Durchmesser der Atome, ist bei dieser Darstellung eine Überschneidung der einzelnen Kugeln notwendig. In Bild 4 sind an die chemisch in einer Reihe aneinander gebundenen Kohlenstoffatome (schwarze Kugeln) seitlich in gleichmäßigem Abstand Wasserstoffatome (weiße Kugeln) ebenfalls chemisch angebunden. Dies entspricht der Molekülstruktur von linearem Polyäthylen (PE).

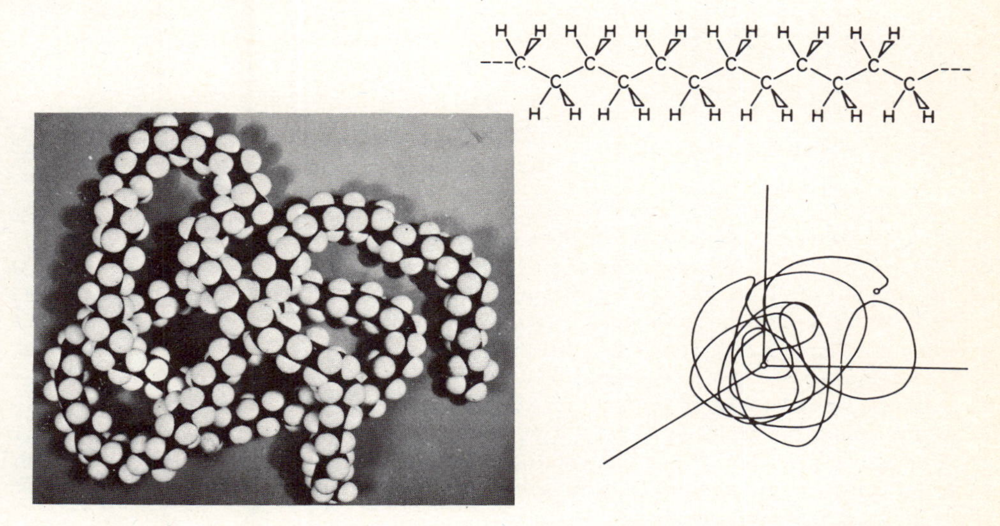

Bild 4: Modell eines Abschnitts eines Makromoleküls, hier lineares Polyäthylen (HDPE). In Wirklichkeit müßte die Kette etwa zehnmal so lang sein
Rechts oben: schematische Darstellung des Kettenaufbaus,
unten: Knäuel [5,6]

Die Makromoleküle werden durch chemische und/oder physikalische Bindekräfte untereinander zusammengehalten. Chemisch untereinander gebundene (vernetzte) Makromoleküle ergeben Duroplaste, Elastomere und Thermoelaste, nur physikalisch gebundene dagegen Thermoplaste. Thermoelaste können in Ausnahmefällen auch aus ausschließlich physikalisch gebundenen Makromolekülen bestehen.

T h e r m o p l a s t e bestehen aus physikalisch untereinander gebundenen Makromolekülen. Bei Raumtemperatur sind sie hart und erweichen bei Erwärmung bis in einen plastischen Zustand. Der Vorgang ist reversibel, d.h. beim Abkühlen erstarren sie wieder (Genaueres in Abschn. 5.1). In Thermoplasten können sich lineare Makromoleküle ohne oder mit regelmäßig angeordneten, nicht zu großen Substituenten in mikroskopischen Bereichen gleichmäßig parallel zueinander lagern und Kristallite bilden. Man spricht dann von Fernordnungen (s. Anm. 32, S.54). Beim Fehlen jeglicher Fernordnungen bezeichnet man die Struktur als amorph. Polymer-Werkstoffe mit kristallinen Bereichen enthalten immer zusätzlich amorphe Bereiche, man nennt sie teilkristallin. Duroplaste und - mit wenigen Ausnahmen - Elastomere sind immer amorph.

D u r o p l a s t e bestehen aus chemisch engmaschig untereinander gebundenen Makromolekülen. Zusätzlich wirken physikalische Bindekräfte. Bei Raumtemperatur sind Duroplaste ebenfalls hart. Ein plastischer Zustand kann durch Erwärmung wegen des Zusammenhalts der Makromoleküle durch die chemischen Bindungen auch beim temperaturbedingten Erweichen der physikalischen Bindungen nicht erreicht werden (Genaueres in Abschn. 5.2).

Elastomere [5] und normalerweise auch Thermoelaste bestehen aus chemisch weitmaschig untereinander gebundenen Makromolekülen. Zusätzlich wirken, wie bei den Duroplasten, physikalische Bindekräfte, die jedoch gewöhnlich bei Raumtemperatur bereits erweicht sind. Infolgedessen weisen die Elastomere ein gummielastisches Verhalten auf. Ein plastischer Zustand kann durch Erwärmen aufgrund der chemischen Vernetzung ebenfalls nicht erreicht werden. (Genaueres in Abschn. 5.3).

2.2 Verformungsverhalten

Das mechanische Verhalten eines Werkstoffes ist gekennzeichnet durch die Verformung, die sich aufgrund äußerlich einwirkender Kräfte ergibt. Diese Verformung stellt sich bei ideal-elastischen Werkstoffen bei spontaner Krafteinwirkung ebenso spontan ein und bleibt dann bei gleichbleibender Belastung konstant. Bei den Polymer-Werkstoffen dagegen erfolgt die Verformung gegenüber der einwirkenden Kraft zeitlich verzögert und nimmt außerdem ständig weiter zu. Man spricht von einem zusätzlichen viskosen und viskoelastischen [6] Verformungsanteil. Während der viskoelastische Anteil nach einer bestimmten Zeit, die durch die sogen. Relaxationszeit gekennzeichnet wird, zum Stillstand kommt, nimmt der viskose Verformungsanteil ständig weiter zu. Bei spontaner Entlastung geht der elastische Anteil sofort zurück, der viskoelastische Anteil ebenso vollständig - wenn auch zeitlich verzögert -, der rein viskose Verformungsanteil stellt sich dagegen nicht zurück.

Polymer-Werkstoffe verhalten sich nur bei geringen Beanspruchungen bis zu Bruchteilen der Versagensfestigkeit oder entsprechend wenigen Promille Verformung elastisch. Danach ist mit unterschiedlich hohen, additiv sich überlagernden viskosen und viskoelastischen Verformungsanteilen zusätzlich zu dem elastischen Anteil zu rechnen. Die Höhe dieser verschiedenen Anteile ist außer von der Höhe der Beanspruchung, der Belastungsdauer und der Temperatur auch von dem strukturellen Aufbau der Polymer-Werkstoffe abhängig. So verhalten sich die amorphen Anteile ein- und desselben Polymer-Werkstoffs durchaus abweichend von den kristallinen Bereichen, obwohl es sich um die gleichen Makromoleküle handelt.

Bild 5 zeigt Spannungs-Dehnungs-Diagramme eines amorphen, spröden Thermoplasts, des Styrol-Acrylnitril-Copolymerisats (SAN) und eines teilkristallinen, duktilen Thermo-

[5] Es gibt auch sogen. thermoplastische (d.h. nicht vernetzte) Elastomere, deren mechanische Eigenschaften bei Raumtemperatur denen vernetzter Elastomere entsprechen. Es handelt sich um Copolymerisate (s. Abschn. 3.2.1.3) aus einer elastomeren und einer thermoplastischen Komponente. Die elastomere Komponente bewirkt das zähelastische Verformungsverhalten bei Raumtemperatur. Die thermoplastische Komponente kann durch Erwärmen in den Zustand der Schmelze überführt werden. Ein Beispiel sind die als thermoplastische Kautschuke bezeichnete Styrol-Butadien-Copolymerisate, die z.B. bei der Schuhsohlenherstellung Verwendung finden.

[6] Die Bezeichnung "viskoelastisch" wird häufig auch zur nicht differenzierenden Beschreibung des Gesamtverformungsverhaltens der Polymer-Werkstoffe benutzt, s. a. Anm. 62). S. 108

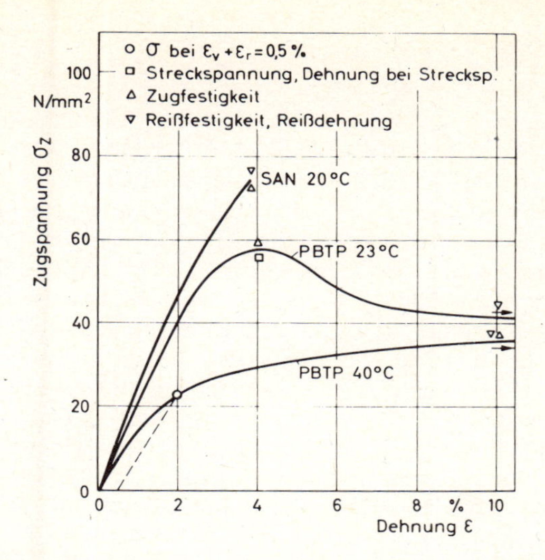

Bild 5: Spannungs-Dehnungs-Diagramme für spröden (SAN) und duktilen Thermoplast mit (PBTP bei 23 °C) und ohne (PBTP bei 40 °C) Streckgrenze

plasts, des Polybutylenterephthalats (PBTP). Beim SAN bildet sich keine Streckgrenze [7] aus, Zug- [8] und Reißfestigkeit [9] fallen zusammen. Mit zunehmender Belastung nimmt die Abweichung der Spannungs-Dehnungs-Kurve von der anfänglichen Steigung zu. Der Anteil der viskosen und viskoelastischen Dehnungsanteile an der Gesamtdehnung vergrößert sich. Beim duktileren Polybutylenterephthalat (PBTP) bildet sich bei 23 °C eine Streckgrenze aus, nicht dagegen bei 40 °C, wenn die amorphe Phase zu erweichen beginnt.

Da das Verhältnis der drei verschiedenen Verformungsanteile untereinander sich jedoch laufend ändert (der elastische Anteil bleibt konstant, der viskoelastische nimmt etwa wie eine e-Funktion zunächst stark und dann immer weniger zu, der viskose wächst zeitproportional), ändert sich die Spannungsverteilung besonders bei vorgegebener Verformung innerhalb eines Bauteils zeitabhängig. Die für die Berechnung von Metallteilen angewandten Formeln, die normalerweise mit Hilfe der Elastizitätstheorie abgeleitet werden, sind daher strenggenommen bei Polymer-Werkstoffen nicht anwendbar. Sie werden dennoch zur Dimensionierung herangezogen, solange der Fehler abschätzbar gering bleibt. Je kürzer die Belastungsdauer ist, um so geringer sind die viskosen und viskoelastischen Verformungsanteile und um so genauer kennzeichnen die üblicherweise im Kurzzeitversuch an Proben ermittelten Kennwerte das Bauteilverhalten.

---

[7] Streckgrenze = Spannung, bei der die Steigung der Spannungs-Dehnungs-Kurve zum ersten Mal gleich 0 wird.

[8] Zugfestigkeit = höchster Spannungswert

[9] Reißfestigkeit = Spannung beim Bruch

2.3 Zustandsbereiche[10)]

Bei Temperaturen weit unter 0 °C zeigen die meisten Polymer-Werkstoffe ein glasähnlich sprödes Verhalten. Dieser Zustand wird als energieelastisch bezeichnet. Bei Duroplasten und Thermoplasten ändern sich mit zunehmender Erwärmung auch über grössere Temperaturbereiche die Eigenschaften zunächst nur wenig, der Elastizitätsmodul z.B. fällt geringfügig, die Bruchdehnung und die Zähigkeit nehmen langsam zu (Bild 6). Ab einer bestimmten Temperatur, der sogen. Erweichungstemperatur, führen jedoch schon wenige Grad Temperaturerhöhung zu großen Eigenschaftsänderungen, die beim Elastizitätsmodul (hier Schubmodul G) einige Zehnerpotenzen betragen können. Weniger deutlich aber ähnlich ist die Änderung der Zugfestigkeit σ_Z. Die Bruchdehnung ε_B steigt von wenigen auf mehrere hundert Prozent. Man bezeichnet den Bereich, in dem sich diese Zustandsänderung einstellt, als Erweichungsbereich oder Glasübergang bzw. Glasübergangsbereich [11)]. Die Temperatur, bei der die größte Änderung eines Moduls zu beobachten ist, wird Glasübergangstemperatur [12)] genannt. An dieses Erweichungsbereich schließt sich wieder ein relativ stabiler Bereich an, d.h. die Werkstoffeigenschaften sind nur im geringen Maß von der Temperatur abhängig. In diesem Zustand nehmen die Moleküle bei einer mechanischen Beanspruchung eine gestreckte Gestalt an. Ihre Entropie nimmt ab, da der Zustand maximaler Unordnung, der in der Knäuelform verwirklicht ist, den Zustand größter Entropie darstellt. Man nennt diesen Zustand deshalb entropieelastisch. Da die Polymer-Werkstoffe jetzt ein zähes, gummiähnliches Verhalten aufweisen, nennt man den Zustand auch gummielastisch.

Erwärmt man Thermoplaste über den entropieelastischen Zustandsbereich hinaus, ergibt sich mit zunehmender Temperatur eine vergleichbar starke Änderung der Eigenschaften wie im Erweichungsbereich. Der Polymer-Werkstoff beginnt zu schmelzen und geht in den Fließbereich über.

Der Bereich der größten Eigenschaftsänderung wird als Schmelzbereich bezeichnet [13)]. Danach liegt der Polymer-Werkstoff als Schmelze vor, deren Viskosität [14)] mit zunehmender Temperatur allmählich abnimmt. Damit ergibt sich neben dem energie- und dem entropieelastischen ein dritter Zustandsbereich, der Fließbereich. Die chemisch vernetzten Duroplaste, Elastomere und Thermoelasten können nicht mehr aufschmelzen. Bei ihnen kann nur der energieelastische und der entropieelastische Zustand mit dazwi-

---

10) Ausführlich in Abschn. 4, S. 88

11) Der Name Glasübergangsbereich leitet sich daraus ab, daß Polymer-Werkstoffe im energieelastischen Bereich angeblich einem dem Glas ähnlichen spröden Zustand aufweisen und diesen beim Erweichen verlieren, d.h. in den zähen Zustand übergehen

12) Weitere Kennzeichnung s. Bild 70, S. 94

13) Strenggenommen kann nur bei kristallinen Strukturen von einem Schmelzen gesprochen werden. Bei amorphen Thermoplasten halten Verschlaufungen, starke Dipolkräfte und/oder kristalline Nahordnungen kurzer Kettenabschnitte die "erweichten" Makromoleküle oberhalb des Erweichungsbereiches über einen größeren Temperaturbereich im entropieelastischen Zustand zusammen. Mit zunehmender Erwärmung werden diese Zusammenhaltmechanismen überwunden und der Polymer-Werkstoff geht in den Fließbereich, d.i. der plastische Zustand, über.

14) s. Anm. 24), S. 42

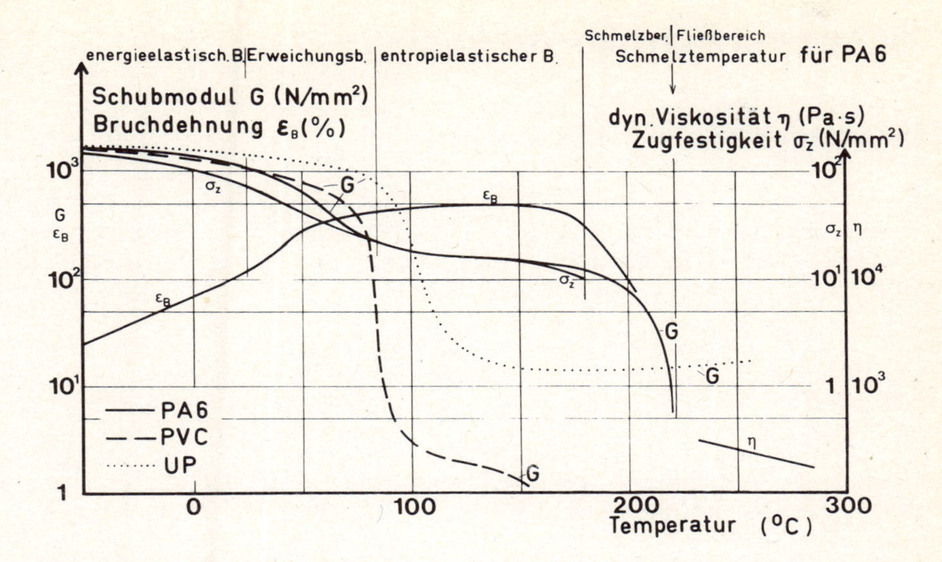

Bild 6: Zustands- und Übergangsbereiche bei einem teilkristallinen Thermoplast (Polyamid 6 (PA 6)) im Vergleich zu einem amorphen Thermoplast (Polyvinylchlorid (PVC)) und einem Duroplast (Ungesättigtes Polyesterharz (UP)).
Der Erweichungsbereich kennzeichnet die Erweichung der amorphen Phase, der Schmelzbereich das Schmelzen der kristallinen Phase des PA 6.

schenliegendem Erweichungsbereich unterschieden werden. Die Lage der einzelnen Zustandsbereiche hängt sehr von der Struktur der einzelnen Makromoleküle und deren Anordnung zueinander (amorph, kristallin) ab, (Näheres in Abschn. 4.3). Das Auftreten der verschiedenen Zustandsbereiche ergibt sich aus der Wechselwirkung zwischen den Wärmeschwingungen der Makromoleküle und den zwischen ihnen wirkenden physikalischen Bindungen, den Nebenvalenzbindungen, die im Abschn. 3.1.2 besprochen werden.

3. Aufbau der Polymer-Werkstoffe

3.1 Haupt- und Nebenvalenzbindungen

Hauptvalenzbindungen sind chemische, Nebenvalenzbindungen physikalische Bindungen. Durch Hauptvalenzbindungen werden Monomere zu Polymeren (Makromolekülen) chemisch verbunden bzw. Makromoleküle untereinander vernetzt. In der Regel enthalten Monomere ungesättigte Doppelbindungen, wie z.B. Vinylchlorid $CH_2 = CHCl$, die durch Energiezufuhr, z.B. Wärme, oder katalytisch aufgespalten und reaktionsfähig werden. Dadurch können die Monomeren zu größeren Einheiten, den Makromolekülen oder Polymeren, verbunden werden. Die Monomeren haben die gleiche oder nahezu gleiche chemische Zusammensetzung wie die durch die Polymerisation entstehenden Makromoleküle [15]. Bei der Reaktion können niedermolekulare Nebenprodukte abgespalten (Polykondensation) oder einzelne Atome umgelagert werden (Polyaddition), so daß chemische Unterschiede zwischen den Monomeren und Polymeren entstehen können (s.a. Abschn. 3.2.2 und 3.2.3). Die Hauptvalenzbindungen werden auch primäre Bindungen genannt. Die Bindungsenergie beträgt 40 bis 800 kJ/mol, der Mittelpunktsabstand der gebundenen Atome 0,075 bis 0,3 nm. Bindungsenergie ist definiert als die Energiedifferenz zwischen aneinander gebundenen Teilchen gegenüber dem Zustand, in dem die einzelnen Teilchen getrennt (in unendlicher Entfernung voneinander) sind, d.h. sie ist diejenige Energie, die einer Bindung zugeführt werden muß, um diese aufzuheben (Dissoziationsenergie). Die Nebenvalenzbindungen bewirken den Zusammenhalt der untereinander nicht chemisch gebundenen Makromoleküle, z.B. bei den Thermoplasten. Sie wirken aber auch zusätzlich zu den Hauptvalenzbindungen bzw. Vernetzungen bei den Duroplasten und Elastomeren, wenn die Entfernung der Ketten untereinander sich in Reichweite ihrer Wirkungsmöglichkeiten befinden. Derartige Nebenvalenzbindungen werden auch sekundäre Bindungen genannt. Die Bindungsenergie beträgt ungefähr 2 bis 20 kJ/mol. Der Mittelpunktsabstand der physikalisch durch Nebenvalenzbindungen zusammengehaltenen Makromoleküle beträgt 0,3 bis 1 nm. Chemische und physikalische Bindungen innerhalb eines Makromoleküls werden inner- oder intramolekulare Bindungen genannt. Wirken sie zwischen verschiedenen Makromolekülen, spricht man von intermolekularen Bindungen.

Allgemein kann man davon ausgehen, daß je nach dem Abstand - in den obengenannten Größenordnungen - zwischen zwei Atomen abstoßende (+) oder anziehende (-) Kräfte herrschen, die im Übergang von + zu - gleich Null werden (Bild 7).

Die Bindungsenergie U bei einem Mittelpunktsabstand r_o der Atome ist gleich dem Integral dieser Kräfte zwischen r und ∞.

$$U(r) = \int_{n}^{\infty} P\,dr \qquad (3.1)$$

Die Kräfte sind daher die Umkehrung dieser Beziehung:

$$P(r) = -dU/dr \qquad (3.2)$$

Nimmt die Energie negative Werte an, so ist das identisch mit einem Zusammenhalt der beiden Atome [7] .

---

[15] Näheres s. Abschn. 3.2, S. 29

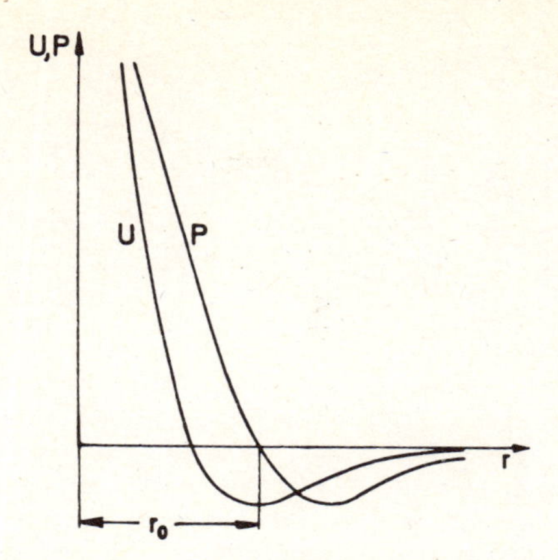

Bild 7: Bindungsenergie U und Bindungskräfte P zwischen zwei Atomen in Abhängigkeit von deren Abstand

Bei einem Abstand der Atome, bei dem gerade ein Gleichgewicht zwischen den anziehenden und abstoßenden Kräften herrscht (hier r_o) und die Bindungsenergie ein Minimum aufweist, ist ein Maximum an Arbeit zu leisten, um die Bindung bei Zugbeanspruchung aufzuheben. Da die Zugbeanspruchung der Bindung entgegenwirkt, erhält P oberhalb von r_o ein negatives Vorzeichen. Mit zunehmendem Abstand erniedrigt sich die verbleibende Bindungsenergie, genauer gesagt, sie nähert sich allmählich dem Wert 0, bei dem die Bindung zusammenbricht.

Für die optische Darstellung von Atomen wird gerne der den Wirkungsbereich der atomaren Kräfte darstellende Abstand r_o als Atomdurchmesser genommen. Da bei den Polymer-Werkstoffen die Nebenvalenzbindungen zwischen den Makromolekülen, z.B. zur Kennzeichnung der Raumfüllung, eine größere Bedeutung haben als die Hauptvalenzbindungen (Vernetzungen), werden bei der Darstellung der Atome in Makromolekülen die halben Abstände der Mittelpunkte zweier gleicher, durch Nebenvalenzen gebundener Atome als Atomradien bevorzugt. Diese Radien werden auch als van-der-Waals-Radien bezeichnet (van-der-Waals-Kräfte sind Nebenvalenzkräfte, s. Abschn. 3.1.2). Die kovalenten Atomradien ergeben sich als halbe Abstände zweier gleicher oder unterschiedlicher, kovalent (chemisch) gebundener Atome. In Bild 8 sind links für ein Modell eines kovalent gebundenen (s. Abschn. 3.1.1) CO_2-Moleküls die den einzelnen Atomen zugeordneten kovalenten Atomradien r^x und van-der-Waals-Radien r angegeben. Der Abstand der Berührungs- oder Durchdringungsebene zwischen dem C-Atom (A) und den O-Atomen (B) von den Atommittelpunkten ergibt sich aus

$$h_{AB} = r_A \cdot \cos\alpha \qquad (3.3)$$

bzw.

$$h_{BA} = r^x_A + r^x_B - h_{AB} \qquad (3.4)$$

h_{AB} ist der Abstand der Durchdringungsebene vom Mittelpunkt des mit A gekennzeichneten C-Atoms. Bild 8 zeigt rechts eine aus der längeren Kette herausgenommene CH_2-Einheit, h_{CH} ist der Abstand der Durchdringungsebene zwischen dem C- und dem einen H-Atom, gemessen vom Mittelpunkt des C-Atoms der kovalenten CH-Bindung, h_{CC} kennzeichnet einen Abschnitt der folgenden C-C-Bindung (Mittelpunkt eines C-Atoms bis zur C-C-Durchdringungsebene).

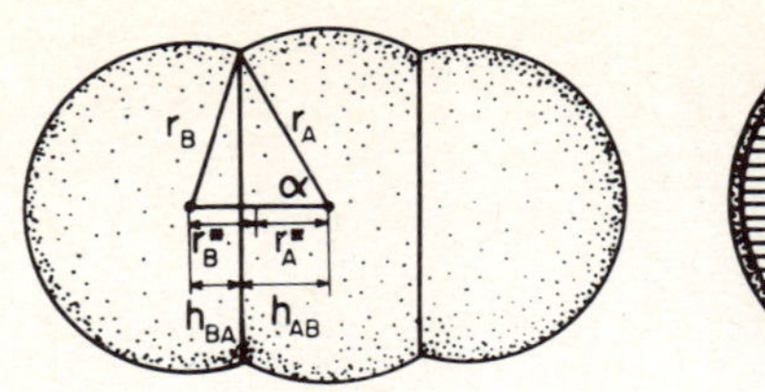

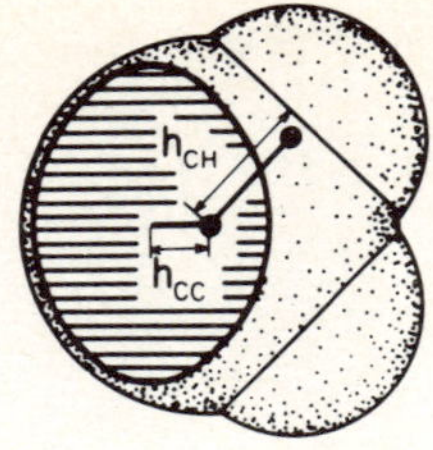

Bild 8: Darstellung von Molekülmodellen
links: CO_2-, rechts: CH_2-Einheit [5]
Die Atomradien r_B (O) und r_A (C) entsprechen den halben Mittelpunktabständen zweier durch van-der-Waals-Kräfte gebundener O- bzw. C-Atome.
r^x_A und r^x_B ergeben sich durch Halbierung des Mittelpunkts-Abstandes der kovalent gebundenen C- und O-Atome. h gibt den Abstand vom Atommittelpunkt (1. Index) bis zur Durchdringungsebene des zweiten Atoms an.

3.1.1 Hauptvalenzbindungen

Die chemischen Bindungen, die zur Bildung der Makromoleküle aus Monomeren führen, werden Hauptvalenzbindungen genannt. Bei den Polymer-Werkstoffen handelt es sich um kovalente oder homöopolare Bindungen. Ionenkräfte, metallische Bindungskräfte und Ionendipolkräfte spielen bei Polymer-Werkstoffen keine wesentliche Rolle. Die kovalente Bindung beruht auf dem Bestreben der Atome nach einer aufgefüllten äußeren Schale. Bei Atomen, bei denen die Zahl der Elektronen auf der äußeren Schale gleich oder grösser ist als die Zahl der zur vollständigen Auffüllung noch fehlenden Atome, kann es zur Auffüllung der Schalen dadurch kommen, daß zwei oder mehrere Elektronen zu zwei oder mehreren Atomen gleichzeitig gehören. Ein Beispiel ist die Bildung von H_2. Jedes Wasserstoffatom besitzt ein Elektron, das sich auf seiner ersten Schale auf einer kugelförmigen Bahn, dem sogen. 1 s-Orbital, bewegt [16]. Orbital werden die Räume genannt, in denen Elektronen eine hohe Aufenthaltswahrscheinlichkeit haben. Ein Orbital kann höchstens zwei Elektronen aufnehmen. Die erste Schale eines Atoms besteht aus dem 1 s-Orbital, die zweite Schale aus dem 2 s- und den drei 2 p-Orbitalen.

Nähern sich zwei Wasserstoffatome so weit, daß sich ihre Orbitale durchdringen, wird jedes negativ geladene Elektron nicht mehr nur von einem, sondern von zwei positiv geladenen Atomkernen angezogen (und umgekehrt). Die Wasserstoffatome werden kovalent gebunden. Bei der Schließung der Bindung wird Energie frei. Sie wird Bindungsenergie genannt. Um das Molekül H_2 in zwei voneinander unabhängige H-Atome zu trennen, muß diese Bindungsenergie zugeführt werden. Das System H_2 ist um 435 kJ/mol ernergieärmer und damit stabiler als die beiden Einzelatome. Der Energieinhalt des kovalent gebundenen Wasserstoffs ist am niedrigsten, wenn die Mittelpunkte beider Atomkerne, entsprechend r_0 auf Bild 7, 0,074 nm voneinander entfernt sind, d.i. der sogen. Bindungsabstand, bei dem sich das Bestreben nach Orbitaldurchdringung und die Abstoßung der beiden gleichgeladenen Kerne die Waage hält [8] .

In Tabelle 3 sind Bindungsenergien und dazugehörige Bindungsabstände zusammengetragen [9] .

---

[16] s.a. Bild 18, S. 48

Tabelle 3: Bindungsenergien und Bindungsabstände kovalent gebundener Atome [9]

Bindungspartner	Bindungs-abstand (nm)	Bindungs-energie (kJ/mol)	Bemerkungen
C - C (aliphatisch = kettenförmig)	0,154	250	∢ CCC $109^{o} \pm 2^{o}$
C - C (aromatisch = ringförmig)	0,140	402	∢ CCC $124^{o} \pm 2^{o}$
C = C	0,135	427	keine Drehbarkeit
C ≡ C	0,120	528	keine Drehbarkeit
C - H	0,109	370	
C - O	0,143	295	∢ COC $107^{o} \pm 4^{o}$
C = O	0,122	624/640	keine Drehbarkeit
C - N	0,147	242	
C - Cl	0,177	280	
C - F	0,131	460	
N - H	0,102	349	
S - O	0,166	374	

3.1.2 Nebenvalenzbindungen

Den Zusammenhalt der einzelnen, chemisch nicht untereinander gebundenen Makromoleküle zum kompakten Polymer-Werkstoff bewirken die physikalischen Nebenvalenzbindungen. Neben dem mechanisch-thermischen Verhalten und dem strukturellen Aufbau (z.B. Kristallitbildung) sind sie auch für weitere durch die zwischenmolekularen Wechselwirkungen bestimmte Eigenschaften der Polymer-Werkstoffe maßgebend, z.B. die Löslichkeit und das Quellvermögen. Auf die Wirkung von Nebenvalenzbindungen ist das Auftreten eines Erweichungsbereichs bei vernetzten Polymer-Werkstoffen zurückzuführen (s. Abschn. 5.2 und 5.3).

Es wird unterschieden zwischen:

a) Bindungen durch Dispersionskräfte
b) Bindungen durch Dipol-Dipol-Kräfte
c) Bindungen durch Induktionskräfte
} Bindung durch van-der-Waalsche Kräfte
d) Bindungen durch Wasserstoffbrückenbildung

Die Dispersionskräfte, Dipolkräfte und Induktionskräfte faßt man als van-der-Waalsche Kräfte zusammen.

In den meisten Polymer-Werkstoffen wirken verschiedene Nebenvalenzbindungsarten gleichzeitig, allerdings mit unterschiedlichen Anteilen.

Dipol-Dipol-Kräfte

Dipol-Dipol-Kräfte treten zwischen Molekülen mit permanenten Dipolmomenten auf. Derartige Dipolmomente ergeben sich, wenn die Schwerpunkte gleichgroßer positiver und negativer Ladung innerhalb der Moleküle nicht zusammenfallen, wie etwa beim Fluorwasserstoff, bei dem der Atomkern des stark elektronegativen[17] Fluors die Bindungselektronen zu sich herüber- und damit vom Wasserstoff wegzieht. Die Bindung erhält einen negativen (F) und einen positiven (H) Pol. Das Produkt aus dem Unterschied der Ladungen und dem Abstand der Ladungszentren ergibt das Dipolmoment. Mehrere zusammenhängende gleichartige Dipole mit starken Einzelmomenten können bei symmetrischer Anordnung sich gegenseitig aufheben, wie z.B. bei dem symmetrisch aufgebauten und daher äußerlich nahezu unpolaren Polytetrafluoräthylen (PTFE), bei dem jede einzelne CF-Bindung allein ein starkes Moment besitzt [10] . Eine überwiegend auf Dipolkräften beruhende Bindung weisen Polymethylmethacrylate (PMMA), Polyvinylchlorid (PVC) und Polyvinylacetat (PVCA) auf. Kennzeichnend für Polymer-Werkstoffe mit diesen Bindekräften ist ihre Löslichkeit in polaren Lösungsmitteln. Die Stärke einer Dipol-Dipol-Bindung beträgt etwa 1/50 bis 1/200 derjenigen einer Hauptvalenzbindung.

Induktionskräfte

Durch ein äußeres Potential wird die negative Elektronenhülle gegenüber dem positiven Atomkern verschoben. So kann ein permanenter Dipol in einem zweiten, zunächst unpolaren Molekül einen Dipol erzeugen oder einen bereits vorhandenen Dipol verstärken. Dadurch entsteht eine Dipol-Dipol-Bindung bzw. wird eine vorhandene Dipol-Dipol-Bindung noch verstärkt. Die Stärke einer induzierten Dipol-Dipol-Bindung beträgt etwa 1/10 derjenigen einer permanenten Dipol-Dipol-Bindung.

Dispersionskräfte

Während die Dipol-Dipol- sowie die Induktions-Kräfte das Vorhandensein von permanenten Dipolen voraussetzen, weisen auch völlig unpolare Polymer-Werkstoffe, wie Polyäthylen (PE), Polystyrol (PS) und Polybutadien (BR) starke intermolekulare Nebenvalenzbindungen auf. Es handelt sich um die sogenannten Dispersionskräfte, die etwa 80 bis 90 % aller intermolekularen Bindungen bewirken. Bei unpolaren Molekülen ist die Ladungsverteilung der Elektronen im Durchschnitt symmetrisch, es ist kein permanenter Dipol vorhanden. Wegen der Bewegung der Elektronen entstehen jedoch momentane Dipole. Diese schnell variierenden Dipole, die sich nur im zeitlichen Mittel zu Null kompensieren, induzieren in den Nachbarmolekülen im Takt ihre eigenen Frequenzen ebenfalls Dipol-Momente [11]. Die Stärke einer durch Dispersionskräfte hervorgerufene Bindung beträgt etwa 1/500 bis 1/1000 derjenigen einer Hauptvalenzbindung.

Wasserstoffbrückenbindung

Eine besonders wirkungsvolle Nebenvalenzbindung zwischen Makromolekülen liegt bei der Wasserstoffbrückenbindung vor. Das Wasserstoffatom wirkt als "Brücke" zwischen einem elektronegativen Atom, an das es kovalent gebunden ist, und einem ebenfalls elektronegativen Atom eines anderen Moleküls, an das es physikalisch gebunden ist. Durch die kovalente Bindung des H-Atoms an das elektronegative N-Atom beim Polyamid 6 (PA 6) in Bild 9 wird die gemeinsame Elektronenwolke in Richtung des N-Atoms verscho-

---

[17] Unter Elektronegativität versteht man die Eigenschaft von Atomkernen, die Bindungselektronen stärker zu sich herüberzuziehen. Ein Atomkern ist um so elektronegativer, je mehr Protonen er hat und je näher die zu ergänzende Schale zum Kernmittelpunkt liegt, da die Anziehungskraft des Atomkerns nach dem Coulombschen Gesetz mit dem Quadrat der Entfernung abnimmt. Die Elektronegativität wird durch eine Vergleichszahl ausgedrückt und beträgt für F = 4; O = 3,5; Cl und N = 3; C und S = 2,5; P und H = 2,1; B = 2 und Si = 1,8. Die Stärke der Polarität hängt neben der Differenz der Elektronegativität der gebundenen Atome vom Abstand der Ladungszentren ab [12].

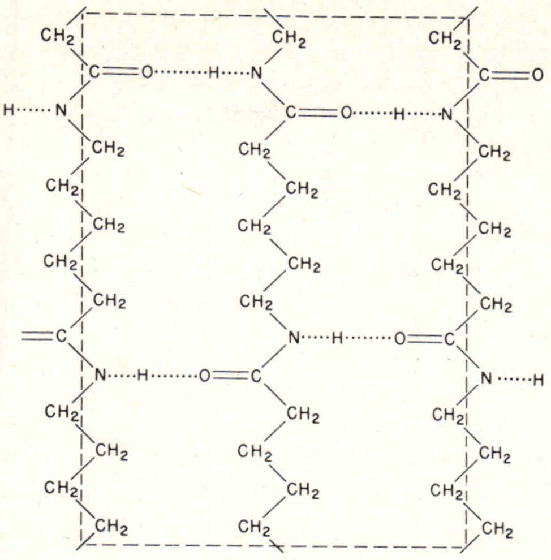

Bild 9: Wasserstoffbrückenbindung in Polyamid 6 (PA 6) [13]

ben. Die positive Ladung des nur noch schwach abgeschirmten Wasserstoffkerns wird durch die negative Ladung des ebenfalls stark elektronegativen O-Atoms des anderen Polyamid-Makromoleküls angezogen. Die Stärke der Anziehung beträgt ~ 20 kJ/mol gegenüber der kovalenten Bindung von 200 bis 500 kJ/mol und ist damit erheblich stärker als die van-der-Waalsche Bindung. Nur bei F, O und N als elektronegativen Atomen haben Wasserstoffbrücken eine Bedeutung. Besonders ausgeprägt ist die Wasserstoffbrükkenbindung bei den Polyamiden (PA) (Bild 9) und den Polyurethanen (PUR) [8,12] .

3.2 Reaktion von Monomeren zu Polymeren

Ausgehend von dem Aufbauprinzip der Aneinanderreihung einer oder wenigen Arten angehörender Monomeren zu linearen, verzweigten oder räumlich vernetzten Strukturen mit relativen Molekülmassen von mehr als 10^4, entstehen Substanzen, die nach Staudinger im deutschen Sprachraum vielfach Makromoleküle oder makromolekulare Verbindungen oder auch allgemein Hochpolymere bzw. in Anlehnung an den angelsächsischen Sprachgebrauch einfach Polymere genannt werden. Der Begriff Monomer bezieht sich immer auf die einzelnen Grundbausteine, die zu einem Polymer durch chemische Bindungen vereinigt werden. Ausgehend von den fertigen Polymeren hat man eine kleinste, ständig wiederkehrende Einheit, das Strukturelement definiert. So besteht das Äthylenmonomer ($CH_2 = CH_2$), das im Polyäthylen-Makromolekül den Grundbaustein - CH_2-CH_2 - darstellt aus zwei -CH_2-Strukturelementen (Methylen). Das Polyamid 66 (PA 66) (s. Bild 72 und Tabelle 8) wird aus den Ausgangsmonomeren Hexamethylendiamin NH_2-$(CH_2)_6$-NH_2 und Adipinsäure HOOC-$(CH_2)_4$-COOH durch Polykondensation (s. Abschn. 3.2.2) synthetisiert. Das Polymer Polyamid 66 (PA 66) enthält in abwechselnder Folge die Grundbausteine - NH-$(CH_2)_6$-NH - (Hexamethylendiaminrest) und - CO-$(CH_2)_4$-CO - (Adipinsäurerest). Erst beide Grundsteine zusammen bilden ein Strukturelement. Strukturelemente können daher größer oder kleiner als ein Grundbaustein sein, d.h. sie können aus mehreren Monomeren bestehen, aber auch nur ein Teil eines Monomeren darstellen [17] .

Der Begriff Makromolekül kennzeichnet den Aufbau aus einer Vielzahl kovalent gebundener Monomere, der Begriff Polymer die synthetisierte Stoffart. Der Begriff Kunststoff betont stärker den Charakter des fertigen Werkstoffs und weniger den Aufbau und die Herstellung. Der Begriff Polymer-Werkstoff faßt die Begriffe Polymer und Kunststoff inhaltlich zusammen.

Ein Polymer kann aus physikalisch gebundenen oder chemisch vernetzten Makromolekülen bestehen. (Zwischen vernetzten Makromolekülen wirken allerdings immer zusätzlich Nebenvalenzkräfte.) Die Zahl der Monomere bei gleichartigen Grundbausteinen bzw. der Strukturelemente bei ungleichartigen Grundbausteinen, die ein Makromolekül bilden, bezeichnet man als den Polymerisationsgrad. So ergibt die relative Molekülmasse des einzelnen Monomers bzw. Strukturelements multipliziert mit dem Polymerisationsgrad die rel. Molekülmasse des Makromoleküls. Bei den Monomeren wie dann auch bei den Polymeren handelt es sich i.a. um rein organische Substanzen, lediglich bei den Silikonen mit Si-O-Bindungen in der Hauptkette und angelagerten CH_3-Gruppen liegen halborganische Substanzen vor. Drei Verfahren der Synthese sind zu unterscheiden:

3.2.1 Polymerisation

Unter einer Polymerisation versteht man die Absättigung freier, reaktionsfähiger Valenzen von Monomeren, deren Doppelbindungen zuvor durch Aktivierung aufgespalten und reaktionsfähig gemacht wurden, z.B. $CH_2 = CH_2$ in $-CH_2 - CH_2 -$.

Die wichtigsten Reaktionsarten sind die radikalische Polymerisation [18] und die ionische Polymerisation [18]. Jede Polymerisation ist durch drei Schritte gekennzeichnet: die Startreaktion, die Wachstumsreaktion und die Abbruchreaktion. Da die Auslösung des ersten Reaktionsschrittes, der Startreaktion, zur Bildung eines reaktionsfähigen Radikals oder Ions allgemein eine höhere Aktivierungsenergie erfordert als die darauffolgenden Wachstumsschritte beim Aneinanderreihen immer weiterer Monomere, ist die Wachstumsgeschwindigkeit sehr viel größer als die Startgeschwindigkeit [14] .

Haben die aktivierten Monomeren zwei freie Valenzen (reaktionsfähige Endgruppen), so ergeben sich linienförmige individuelle Makromoleküle und damit Thermoplaste. Bei mehreren freien Valenzen bilden sich dagegen netzartige Polymere und damit Duroplaste oder Elastomere. Thermoplaste bestehen daher aus bifunktionellen Monomeren, während Duroplaste und Elastomere tri- oder mehrfunktionelle Monomere enthalten. Außer durch sich verbindende Ketten (nur bei der radikalischen Polymerisation) kann das weitere Wachstum der Ketten durch Fremd- oder Regleratome beendet werden, die die reaktionsfähigen Valenzen der wachsenden Makromoleküle absättigen. Regleratome können störende Beimengungen oder Verunreinigungen oder bewußt zugegebene Substanzen sein, die zur Absättigung der reaktionsfähigen Endgruppen führen.

Je größer die Zahl der Aktivatoren ist, um so mehr Startreaktionen werden ausgelöst. Wird gleichzeitig die Zahl der Regleratome erhöht, erhält man kurze Ketten und damit niedrige relative Molekülmassen. Da alle diese Vorgänge statistisch erfolgen, variiert der Polymerisationsgrad der einzelnen Makromoleküle oft erheblich.

---

[18] Begriffserklärung in den folgenden Kapiteln

[19] Ein Ion ist jedes Atom oder Molekül, das mehr oder weniger Elektronen und damit überschüssige negative oder positive Ladung enthält, als zu seiner Neutralisation erforderlich sind.

3.2.1.1 Polymerisationsarten

Radikalische Polymerisation

Die heute wichtigste Polymerisationsart ist die radikalische Polymerisation. Ein Radikal ist eine elektrisch neutrale Atomverbindung, die eine oder mehrere ungepaarte Elektronen enthält. Durch die Aufspaltung eines Bindungselektronenpaares der Doppelbindung eines Monomers entsteht z.B. ein zweifach reaktionsfähiges Radikal mit einer Einfachbindung. Dem Reaktionsansatz zugegebene Aktivatoren oder Initiatoren, die unter Reaktionsbedingungen Radikale bilden, brechen also die Doppelbindungen der Monomere auf, die sich dann fortgesetzt aneinander anlagern, wobei der Radikalcharakter am Ende des zuletzt angelagerten Monomeren erhalten bleibt. Führt man einem Peroxid R - O - O - R Energie (z.B. Hitze) zu, so zerfällt es in zwei Radikale mit je einem ungepaarten Elektron. Trifft ein derartiges Radikal auf ein Styrolmonomer, bricht dessen Doppelbindung auf (Reaktionsgleichung I). Das Monomer wird selbst zum Radikal. Das Peroxidradikal verbindet sich mit dem Styrolmonomer durch Elektronenpaarung kovalent. Es verbleibt eine Radikalstelle, die mit weiteren Monomeren reagiert, bis ein Abbruch durch sich vereinigende Ketten oder Fremdatome erfolgt.

(I)

Radikal + Styrol — Startende Radikalkette + Styrol — Wachsende Radikalkette — **Kettenabbruch durch Kombination**

(II)

Phenylion + Styrol — Startende **Kette** + Styrol — Wachsende **Kette**

Ionische Polymerisation

Anders als bei der radikalischen Polymerisation ist bei der ionischen Polymerisation der Aktivator ein Ion. Bei der Polymerisation von Polystyrol in Tetrahydrofuran als Lösungsmittel mit einem Phenyllithium als Aktivator dissoziiert dieses in ein positives Lithiumion, das mit dem Tetrahydrofuran eine stabile Verbindung, einen Komplex, bildet und neutralisiert wird. Das negative Phenylion bricht die Doppelbindung des Styrols auf und verbindet sich mit einem Ende (Reaktionsgleichung II). Der Elektronenladungsüberschuß des Phenylions wandert an das freie Ende der startenden Kette, so daß das Reaktionsprodukt ionisch bleibt.

Da die Kettenenden zwangsweise immer die gleiche elektrostatische Ladung aufweisen, ist eine Abbruchreaktion nicht durch zwei sich vereinigende Ketten, sondern nur durch zugegebene Verunreinigungen oder Regler möglich. Die ionische Polymerisation benötigt weniger Energie zur Aktivierung als die radikalische Polymerisation, außerdem ist die

Reaktion sehr viel weniger temperaturabhängig und kann bei erheblich tieferen Temperaturen ablaufen. Erfolgt die Reaktion in einem Lösungsmittel, so ist die Reaktionsgeschwindigkeit sehr stark von der Dielektrizitätskonstanten dieses Lösungsmittels abhängig. Mit zunehmenden Dielektrizitätskonstanten steigt die Polymerisationsgeschwindigkeit und häufig auch damit der Polymerisationsgrad [16] . Die ionische Polymerisation ist technisch weniger bedeutend als die radikalische Polymerisation. Nach ihr werden Polyoxymethylen (POM), Polyisobutylen (PIB), Gußpolyamid (PA 6) und das als thermoplastischer Kautschuk bekannt gewordene Styrol-Butadien-Copolymerisat (SBR) polymerisiert.

3.2.1.2 Polymerisationsverfahren

Die Polymerisation der Monomeren kann nach verschiedenen Verfahren stattfinden. Die Bezeichnung erfolgt entsprechend den verfahrenstechnischen Vorgängen, die zur Gewinnung des Polymeren führen.

Substanzpolymerisation

Unter Substanzpolymerisation (auch Blockpolymerisation genannt, nicht zu verwechseln mit der Block-Copolymerisation, s. Abschn. 3.2.1.3) versteht man die Polymerisation der reinen Monomeren unter Anwesenheit einer geringen Menge von Aktivatoren und Reglern. Die Substanzpolymerisation kann zusätzlich durch Wärme, UV-Bestrahlung und durch Druck beeinflußt werden. Kennzeichnend ist bei stark exothermer Wärmereaktion ein schneller heftiger Reaktionsverlauf. Da mit zunehmendem Polymerisationsgrad die Beweglichkeit der Ketten abnimmt, werden wegen der Kürze der zur Verfügung stehenden Zeit die Reaktionen nicht gleichmäßig zu Ende geführt und die Abbruchreaktionen erschwert, so daß eine breite Verteilung der rel. Molekülmasse vorliegt. Die Substanzpolymerisation wird vor allem bei der Polymerisation von Styrol und Methylmethacrylat (beides in flüssigem Zustand) und von Äthylen in der Gasphase zu Hochdruck-Polyäthylen (Polyäthylen niedriger (engl. low) Dichte = LDPE) bei Temperaturen von 180 bis 200 °C und einem Druck von 1500 bis 2000 bar angewandt. Man erhält ein sehr reines, oft glasklares Polymerisat (Polystyrol (PS), Polymethylmethacrylat (PMMA)). Technisch interessant ist außerdem die anionische Substanzpolymerisation von flüssigem Caprolactam zu Gußpolyamid im Formengußverfahren, die es gestattet, besonders großvolumige und dickwandige Teile, wie z.B. Schiffsschrauben und Seilrollen, zu gießen. Wegen der hohen Reaktionsgeschwindigkeit, verbunden mit hohem Reaktionsschwund, ist die Gefahr von Eigenspannungen und Überhitzung groß. Es ist jedoch neben der spanabhebenden Fertigung aus Halbzeug das einzige Verfahren, nach dem technisch anspruchsvolle, dickwandige Formteile hergestellt werden können, da das Spritzgießen von Teilen mit Wanddicken über 10 mm aus kompakten, nicht geschäumten Thermoplasten nur mit erheblichen Schwierigkeiten wegen der Gefahr von Lunkerbildungen, Einfallstellen und Eigenspannungen möglich ist.

Lösungspolymerisation

Unter Lösungspolymerisation versteht man die Polymerisation der Monomeren in einem Lösungsmittel. Durch Zugabe eines inerten Lösungsmittels wird das Monomere verdünnt. Man wählt das Lösungsmittel so, daß seine Siedetemperatur mit der gewünschten Polymerisationstemperatur zusammenfällt. Dadurch ist eine besonders gute Abführung der überschüssigen Reaktionswärme und damit Konstanz der Reaktionstemperatur möglich. Eine besondere Schwierigkeit der Lösungspolymerisation besteht in der oft teuren und technisch aufwendigen Trennung des Polymerisats von dem Lösungsmittel nach der Reaktion. Daher wird dieses Verfahren gerne für die Herstellung von Lacken und Klebstoffen verwendet, bei denen eine Mischung aus Polymeren und Lösungsmittel als Endprodukt erwünscht ist. Ist eine Trennung dagegen notwendig, wird sie in Extrudern mit Vakuumentgasungszonen oder in Spezialverdampfern vorgenommen.

Fällungspolymerisation

Die Fällungspolymerisation, ein Spezialfall der Lösungspolymerisation, ist dadurch gekennzeichnet, daß das Polymere von seinen eigenen Monomeren nicht gelöst wird, so daß es nach der Reaktion ausfällt. Auf diese Art werden z.B. Polyvinylchlorid (PVC) und Polyacrylnitril (PAN) polymerisiert. Ein Vorteil der Fällungspolymerisation ist, daß sich die ausgefällten Polymere meist sehr gut isolieren lassen. Ein weiterer Vorzug ist die relativ niedrig bleibende Viskosität des Reaktionsansatzes [15,16] .

Suspensions- oder Perlpolymerisation

Unter Suspensions- oder Perlpolymerisation versteht man die Polymerisation des Monomeren in einem Dispergiermittel [20] zu einem feinverteilten, perlförmigen Polymeren. Bei einer Suspension ist das Dispergiermittel flüssig und der disperse Anteil fest (bei einer Emulsion dagegen flüssig). Die Monomeren werden in einem wärmeabführenden Medium, im allgemeinen Wasser oder eine wässrige Lösung, in dem sie sich nicht lösen, durch Rühren dispergiert. Um zu vermeiden, daß größere Masseanhäufungen entstehen, werden Schutzkolloide zugegeben, die eine Koagulation verhindern. Die nach der Polymerisation, wie in Bild 10 dargestellt, als feste, harte Perlen von 0,01 bis 1 mm Durchmesser vorliegenden Polymere werden durch Filtrieren und Zentrifugieren vom Wasser getrennt, die Schutzkolloide, die z.B. zu einer erhöhten Wasseraufnahme und einer Verschlechterung der elektrischen Werte des Polymeren führen können, durch intensives Waschen entfernt. Die Suspensionspolymerisate erreichen nicht die hohe Reinheit der Blockpolymerisate. Nach diesem Verfahren wird z.B. Polyvinylchlorid (PVC), sogen. Suspensions-Polyvinylchlorid (S-PVC), und Polystyrol (PS) hergestellt [15,17] .

Emulsionspolymerisation

Unter Emulsionspolymerisation versteht man wie bei der Suspensionspolymerisation die Polymerisation des Monomeren in einem Dispergiermittel. Im Gegensatz zur Suspension ist bei der Emulsion der disperse (feinverteilte) Anteil jedoch flüssig. Bei der Emulsionspolymerisation werden die Monomeren ebenso wie bei der Suspensionspolymerisation im Wasser als Tröpfchen dispergiert. Die Tröpfchen sind allerdings deutlich kleiner als bei der Suspensionspolymerisation; ihr Durchmesser beträgt 0,5 bis 10 µm [16] Dieses wird durch Emulgatoren, z.B. Seifen, erreicht. Diese Emulgatoren ordnen sich im Wasser zu kleinen Mizellen, Bild 11. Darunter versteht man die parallele oder radiale Anordnung der etwa 10 bis 100 Seifenmoleküle zu kleinen Tröpfchen, wobei die hydrophilen, von Wasser gut benetzbaren Gruppen die äußere Begrenzung bilden. Ins Zentrum der Mizelle können sich die meist hydrophoben Monomeren einlagern. Dort setzt die durch Aktivatoren ausgelöste radikalische Polymerisation ein. Die benötigten Monomeren werden aus der wässrigen Lösung durch Diffusion nachgeliefert. Die Kette wächst so lange, bis ein zweites Radikal in die Mizelle eindringt und durch Rekombination der beiden Radikale das Kettenwachstum abbricht.

---

[20] Eine Dispersion ist die Mischung feinverteilter Stoffe (disperser Anteil) in einem Dispergiermittel, z.B. Tusche: Ruß und andere Bestandteile in Wasser dispergiert.

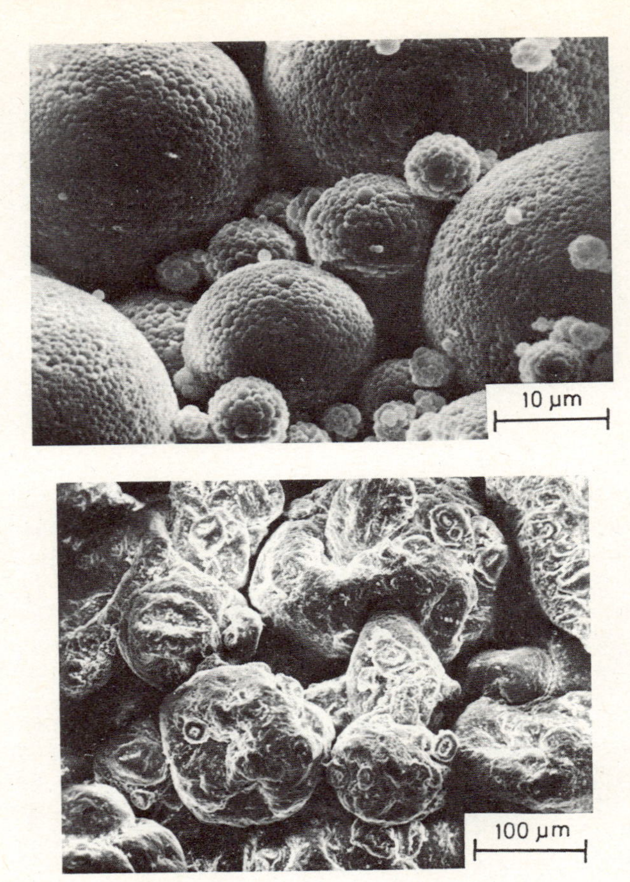

Bild 10: Emulsion-PVC-Pulver, zu größeren Kugeln beim Trocknen agglomerierter Teilchen (oben);
Suspensions-PVC-Pulver (unten)

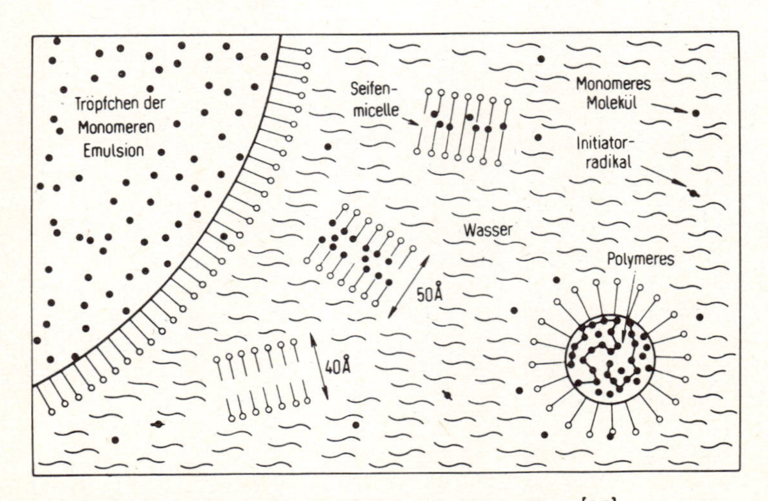

Bild 11: Schematische Darstellung der Emulsionspolymerisation [16]

Die Seifenmizelle wird durch das Wachsen des Makromoleküls zerstört, dennoch hindert der verbleibende Rest die Teilchen an einer Koagulation, so daß Polymerkügelchen in der Größenordnung von 0,05 bis 0,1 µm Durchmesser entstehen (Bild 10). Die Kügelchen haben einen latexähnlichen Charakter. Sie werden durch Zugabe von Koagulierungsmitteln ausgeflockt und durch Trockner oder beheizte Walzen vom Wasser getrennt. Dabei ist es nicht möglich, die Seifenreste vollständig zu entfernen, so daß Emulsionspolymerisate nicht den Reinheitsgrad von Suspensionspolymerisaten erreichen. Der besondere Vorteil der Emulsionspolymerisation liegt in der Möglichkeit, wegen der guten Wärmeabfuhr an das Wasser, bei großer Reaktionsgeschwindigkeit relativ hohe rel. Molekülmassen zu erzielen. Nach diesem Verfahren werden z.B. Polyvinylacetat (PVAC), Polyvinylchlorid (PVC), Butadien (B) mit Styrol (S) zu schlagfestem Polystyrol (SB) und Butadien (B) mit Acrylnitril (AN) zu Acrylnitril-Butadien-Styrol-Copolymerisat (ABS) polymerisiert [14, 15] .

3.2.1.3 Homo- und Copolymerisation

Ist am Aufbau des Polymeren nur eine Monomerenart beteiligt, so spricht man von einer Homopolymerisation, z.B. Polyäthylen (PE):

$$\left[\begin{array}{ccc} H & & H \\ | & & | \\ C & - & C \\ | & & | \\ H & & H \end{array}\right]_n$$

Die Klammern kennzeichnen das Ausgangs-Monomere Äthylen. n dieser Monomere wurden chemisch zu einem Makromolekül (Polyäthylen) verbunden. Die meisten Monomeren sind nicht symmetrisch wie das Äthylen. Typisch unsymmetrische Monomeren sind die Vinylverbindungen:

$$\begin{array}{ccc} H & & H \\ | & & | \\ C & = & C \\ | & & | \\ H & & R \end{array}$$

Der Substituent R steht für verschiedene Atome oder Moleküle. Man spricht bei derartigen Monomeren von einem Kopf und einem Schwanz, ohne daß festgelegt ist, ob nun der Substituent R zum Kopf- oder zum Schwanzteil gehört. Für die Eigenschaften des Polymeren kann es jedoch von Bedeutung sein, ob es sich um eine Kopf-Kopf- oder eine Kopf-Schwanz-Bindung im Makromolekül handelt [15] .

Kopf-Kopf-Bindung

$$\begin{array}{ccccccccccccccccc} -CH_2 & - & CH & - & CH & - & CH_2 & - & CH_2 & - & CH & - & CH & - & CH_2 & - & CH_2\ - \\ & & | & & | & & & & & & | & & | & & & & \\ & & R & & R & & & & & & R & & R & & & & \end{array}$$

Kopf-Schwanz-Bindung

$$\begin{array}{ccccccccccccccc} -CH_2 & - & CH & - & CH_2 & - & CH & - & CH_2 & - & CH & - & CH_2 & - & CH\ - \\ & & | & & & & | & & & & | & & & & | \\ & & R & & & & R & & & & R & & & & R \end{array}$$

Bei den Polyvinylverbindungen überwiegt die Kopf-Schwanz-Bindung. Außer einer unregelmäßigen Folge des Substituenten R kann noch eine weitere Unregelmäßigkeit der Kettenstruktur dadurch gegeben sein, daß der Substituent einmal auf der einen, einmal auf der anderen Seite der Kette angeordnet ist, besonders, wenn dies außerdem unregelmäßig erfolgt. Sind die Substituenten regelmäßig auf einer Seite der Kette angeordnet, so spricht man von einer isotaktischen Kettenstruktur (Bild 12).

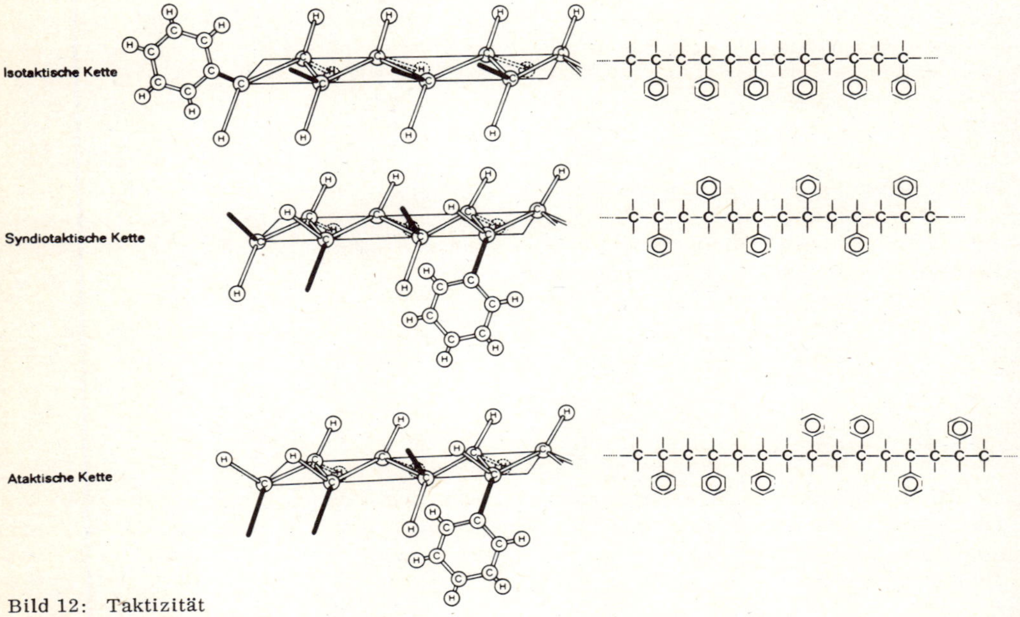

Isotaktische Kette

Syndiotaktische Kette

Ataktische Kette

Bild 12: Taktizität

Ist die Seitenverteilung des Substituenten abwechselnd aber regelmäßig, ergibt sich eine syndiotaktische Struktur. Eine statistisch unregelmäßige Verteilung bezeichnet man als ataktisch. Bei dieser Betrachtung wird von einer ebenen Anordnung der C-Atome der Hauptkette ausgegangen. Räumliche Kettenstrukturen denkt man sich in die Ebene reduziert. Von besonderem Einfluß ist die Taktizität für die Kristallitbildung. Je regelmäßiger die Anordnung der Substituenten ist, um so größer ist die Möglichkeit der kettenförmigen Makromoleküle, sich dichtgepackt parallel zu lagern und kristalline Strukturen zu bilden.

Wird das Polymer aus zwei oder mehreren Monomerenarten aufgebaut, spricht man von einer Misch- oder Copolymerisation. Die verschiedenen Monomerenarten können regelmäßig in alternierender Folge auftreten, aber genauso in einer statistisch unregelmäßigen Verteilung [15] . Polymere, bei denen längere Folgen einer Monomerenart in der Kette auftreten, nennt man Segment- oder Block-Copolymere.

Das Anpolymerisieren von Seitenketten aus andersartigen Monomeren an die Hauptkette nennt man eine Pfropfcopolymerisation. Da sowohl die Hauptkette wie auch die Seitenkette häufig bereits als Makromolekül vorliegen, ist das Anbinden über reaktionsfähige Gruppen oder Aktivatoren notwendig, ohne daß die Seitenketten untereinander reagieren dürfen. Von großer technischer Bedeutung ist die Pfropfcopolymerisation bei dem schlagfesten Polystyrol (SB) und dem Acrylnitril-Butadien-Styrol-Copolymerisat (ABS). Bei beiden wird eine harte Polymer-Werkstoff-Komponente mit einer hochzähen Kautschukkomponente mischpolymerisiert, um Werkstoffe mit außerordentlich hoher Schlagzähigkeit zu erhalten (s. Abschn. 3.3.3.1).

Durch eine Copolymerisation können die Eigenschaften der Polymer-Werkstoffe gezielt verbessert werden, z.B. im Hinblick auf eine höhere Alterungsbeständigkeit, eine geringere elektrostatische Aufladung, eine höhere Zähigkeit oder auch eine bessere Färbbarkeit.

3.2.2 Polykondensation

Ebenso wie bei der Polymerisation können durch Polykondensation bi-, tri- und mehrfunktionelle Monomere zu Thermoplasten, Duroplasten und Elastomeren verbunden werden. Kennzeichnend für die Polykondensation ist die Abspaltung von niedermolekularen Reaktionsprodukten und eine damit verbundene Energieabfuhr. Die miteinander reagierenden Gruppen können zwei verschiedenen Molekülarten angehören. Als typisches Beispiel ist in Bild 13 die Reaktion von Phenol- und Formaldehyd zu Phenolharz (PF) und ε-Aminocapronsäure zu Polyamid 6 (PA6) dargestellt. ε-Aminocapronsäure entsteht intermediär aus ε-Caprolactam und geringen Mengen Wasser.

Polykondensationsreaktionen können reversibel und nichtreversibel sein. Reversible Polykondensationsreaktionen sind Gleichgewichtsreaktionen, z.B. die Bildung von Polyestern und Polyamiden (Bild 13 oben). Da es sich um eine Gleichgewichtsreaktion handelt, kann man die rel. Molekülmasse des Polymeren (den Polykondensationsgrad) durch Entfernen des Wassers erhöhen. Andererseits besteht bei Einwirken von Wasser bei erhöhter Temperatur die Gefahr der Hydrolyse, d.h. ein Abbau der polymeren Einhei-

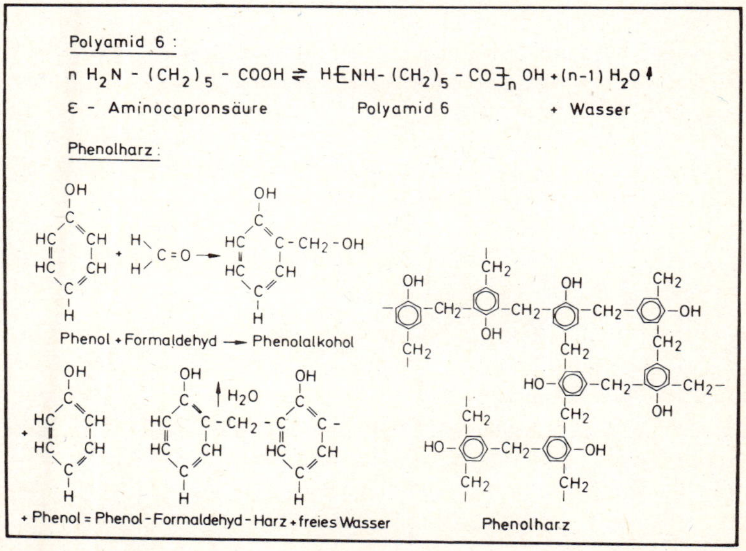

Polyamid 6:

$$n\,H_2N-(CH_2)_5-COOH \rightleftharpoons H{-}[NH-(CH_2)_5-CO]_n{-}OH + (n-1)\,H_2O\uparrow$$

ε - Aminocapronsäure Polyamid 6 + Wasser

Phenolharz:

Phenol + Formaldehyd → Phenolalkohol

+ Phenol = Phenol-Formaldehyd-Harz + freies Wasser

Phenolharz

Bild 13: Beispiel für Polykondensationsreaktionen
oben: Polyamid 6 (PA 6)
unten: Phenolharz (PF)

ten in umgekehrter Richtung der Reaktionsgleichung, der durch erhöhten Druck noch beschleunigt wird. Bekannt ist die Empfindlichkeit von Polyestern gegenüber Hydrolyse. Beim Phenolharz liegt eine irreversible Polykondensationsreaktion vor, da die sich bildenden Bindungen nicht mehr mit Wasser spaltbar sind.

Die Polykondensationsreaktion ist endotherm und wird durch Abstellen der Wärmezufuhr angehalten. Da alle Moleküle gleichmäßig wachsen, können so polymere Reaktionsprodukte mit nahezu gleichem Polymerisationsgrad[21] als Zwischenprodukte erreicht werden.

Bei der abschnittweisen Durchführung der Polykondensationsreaktion sind folgende Stadien definiert: A-Stadium (Resol) = das Reaktionsprodukt ist noch schmelzbar und löslich; B-Stadium (Resitol) = das Reaktionsprodukt ist unlöslich und schwer schmelzbar, aber leicht erweichbar; C-Stadium (Resit) = das Reaktionsprodukt ist unlöslich und unschmelzbar, es ist ausgehärtet. In der Praxis wird z.B. Papier oder Baumwollgewebe mit Phenolharz getränkt und bis zum B-Stadium kondensiert. Nach einer fertigungsbedingten längeren Zwischenlagerung kann es dann unter Einwirkung von Druck und Hitze in die endgültige Form, z.B. als Bremsbelagträger, gebracht und ausgehärtet werden. Typische Polykondensationsprodukte sind neben den Phenolharzen (PF) Polyamide (PA), lineare (thermoplastische)Polyester (PBTP und PETP), Polycarbonat (PC) und Silikone (SI).

3.2.3 Polyaddition

Die Polyadditionsreaktion ähnelt in vielem der Polykondensationsreaktion, ohne daß jedoch niedermolekulare Substanzen abgespaltet werden. Kennzeichnend für die Polyaddition ist, daß einzelne Atome, meistens Wasserstoff, von einer Monomerenart zur zweiten Monomerenart wandern. Dadurch freiwerdende Valenzen verbinden dann die beiden Monomere miteinander unter Ausbildung einer normalen Hauptvalenzbindung [14].

Ein typisches Beispiel ist die Polyadditionsreaktion der Epoxidharze (EP) (Reaktionsgleichung III). Der für Epoxidverbindungen kennzeichnende, sogen. Epoxidring wird durch Anlagern eines H-Atoms aus dem Reaktionspartner Diamin (Härter) aufgebrochen.

$$\underset{\diagdown O \diagup}{CH_2 - CH} - R - \underset{\diagdown O \diagup}{CH - CH_2} + \overset{R'}{\overset{|}{HN}} - R'' - \overset{R'}{\overset{|}{NH}} = \qquad \text{(III)}$$

$$- CH_2 - \underset{OH}{\underset{|}{CH}} - R - \underset{OH}{\underset{|}{CH}} - CH_2 - \overset{R'}{\overset{|}{N}} - R'' - \overset{R'}{\overset{|}{N}} -$$

Die durch die Polyaddition entstehenden Polymere haben keine C-C-Hauptketten, vielmehr bestehen diese aus unterschiedlichen Atomen, bevorzugt C, O und N. Da bei der Polyaddition sich beide Komponenten regelmäßig abwechseln müssen, ist auf eine genaue Ein-

---

[21] Man kennzeichnet auch bei der Polykondensation und der nachfolgenden Polyaddition die Anzahl der gebundenen Monomere bzw. Strukturelemente durch den Begriff Polymerisationsgrad. Daneben sind die Begriffe Polykondensationsgrad und Polyadditionsgrad möglich.

haltung des Mengenverhältnisses der beiden Komponenten (z.B. Harz und Härter bei den Epoxidharzen) zu achten.

Beim Vergleich der Polymerisation auf der einen der Polykondensation und Polyaddition auf der anderen Seite ergeben sich folgende prinzipielle Unterschiede [18] :

Polymerisation	Polykondensation und Polyaddition
An ein reaktives Kettenende wird nur ein Monomeres angelagert, mit Ausnahme der das Wachstum beendenden Rekombination zweier radikalischer Kettenenden.	Jedes reaktive Kettenende hat die gleiche Reaktionswahrscheinlichkeit, d.h. es kann sowohl reagieren: Monomer mit Monomer, Monomer mit Polymer, Polymer mit Polymer.
Die Aktivierungsenergie für den Kettenstart ist sehr viel größer als für das weitere Kettenwachstum.	Die Aktivierungsenergie ist für jede Teilreaktion etwa dieselbe.
Die Monomerenkonzentration nimmt stetig ab.	Die Monomeren verschwinden sehr rasch, wie aus dem Erstgesagten folgt.
Lange Reaktionszeit beeinflußt die Höhe der mittleren rel. Molekülmasse nur wenig.	Lange Reaktionszeiten sind nötig, um hohe mittlere rel. Molekülmasse zu erreichen.
Die Reaktionsmischung enthält neben Reaktionsmitteln gleichzeitig Monomere, fertige Polymere und ca. 10^{-8} Teile (10^{-6} %) wachsende Ketten, d.h. die Polymeren, die unmittelbar nach Reaktionsbeginn gebildet worden sind, haben ihre endgültige rel. Molekülmasse.	Die Monomeren bilden zunächst Oligomere. Erst am Ende der Reaktion entstehen fertige Polymere, d.h. die endgültige rel. Molekülmasse wird erst unmittelbar vor dem Ende der Reaktion erreicht.
Nach Abschluß des Kettenwachstums verändert sich das Makromolekül nicht mehr.	Bei reversiblen Polykondensationen (Polyamid, Polyester) finden Austauschreaktionen der Kettenenden mit den Bindungen innerhalb der Kette statt. Die mittleren rel. Molekülmassen und die Molekülmassenverteilung können sich dadurch ändern. Ebenso kann durch Wasser eine Hydrolyse eintreten. Das gilt auch für Polyadditonsreaktionen, wenn die Bindungen der Kette durch Wasser spaltbar sind.

3.2.4 Relative Molekülmasse

3.2.4.1 Verteilung der relativen Molekülmasse

Bei niedermolekularen Verbindungen hat jede Substanz ihre eindeutige relative Molekülmasse [22]), die z. B. beim Styrol stets 104 beträgt. Eine Verbindung mit einer rel. Molekülmasse von 102 kann daher nie ein Styrol sein. Wird eine Vielzahl dieser Styrolmoleküle chemisch zu einem Makromolekül verbunden, besteht kaum ein Unterschied in den Eigenschaften, ob dieses 1 000 oder 1 010 Styrolmoleküle sind. Die rel. Molekülmasse beträgt dann 104 000 bzw. 105 040. Der Herstellungsprozeß der Polymer-Werkstoffe bedingt, daß die rel. Molekülmassen der Makromoleküle unterschiedlich groß sind und keinen einheitlichen Wert aufweisen, sondern eine mehr oder weniger breite Verteilung. Die Verteilung hängt in erster Linie von der Polymerisationsart ab. So ergibt die ionische Polymerisation im allgemeinen eine enge Verteilung, während die radikalische Polymerisation zu einer breiten Verteilung führt, ebenso wie die Polykondensation und die Polyaddition. Eine Beeinflussung der Verteilung während des Reaktionsprozesses erfolgt durch Änderung der Monomerenkonzentration im Reaktionsansatz, der Aktivatoren-Konzentration, der Temperatur, des Drucks, der Konzentration des gebildeten Polymeren und der Konzentration an störenden oder bewußt zugegebenen Beimengungen.

Allgemein kann man davon ausgehen, daß eine enge Verteilung der rel. Molekülmasse eine höhere Gleichmäßigkeit der Kennwerte bewirkt, einen engeren thermischen Erweichungsbereich, eine geringere Spannungsrißempfindlichkeit und eine bessere Chemikalienbeständigkeit. Bei Elastomeren führt die Verbreiterung des Erweichungsbereichs zu einer Erhöhung der Weiterreißfestigkeit. Eine breite Verteilung der rel. Molekülmasse bringt Vorteile bei der Verarbeitung, weil die niedermolekularen Gruppen als Schmiermittel angesehen werden können. Die Sprödigkeit des Polymer-Werkstoffs nimmt ab, weil die niedermolekularen Verbindungen zwischen den Makromolekülen als Weichmacher (s. Abschn. 3.3.3.2) wirken. Bei teilkristallinen Thermoplasten wird der Kristallinitätsgrad erniedrigt, weil mehr Störungen des gleichmäßigen Aufbaus, z. B. durch die Enden verschieden langer Ketten, möglich sind.

Für die Beurteilung der Eigenschaften eines Polymer-Werkstoffs ist daher die Verteilung der rel. Molekülmasse in Abhängigkeit vom Polymerisationsgrad wichtig. Dabei gibt es nach Bild 14 drei Möglichkeiten der Darstellung. Entweder wird die Anzahl der Makromoleküle n_j eines bestimmten Polymerisationsgrades P_j bezogen auf die Gesamtmenge der ursprünglich vorhandenen Monomeren N_o angegeben als $g(P_j) = n_j/N_o$, oder es wird die Gesamtmasse m_j der Makromoleküle eines bestimmten Polymerisationsgrades auf die Gesamtmasse M_o des eingesetzten Polymeren bzw. Monomeren als $G(P_j) = m_j/M_o$ bezogen. Für die praktische Bestimmung der Verteilung der rel. Molekülmasse ist eine weitere Auftragung von Bedeutung. Bei der Bestimmung der Verteilung wird der Polymer-Werkstoff zunächst in einem Lösungsmittel gelöst. Beginnend mit den hohen rel. Molekülmassen werden die Makromoleküle ausgefällt. Die in der Lösung verbliebene Gesamtmasse wird gravimetrisch bestimmt. Die so entstehende Kurve für $I(P_j)$ gibt an, wieviel Prozent der Gesamtmasse M_o einen kleineren Polymerisationsgrad als P_j hat [9] .

Die zahlenmäßige Verteilungsfunktion liefert gegenüber der Massenverteilung im Bereich

---

[22]) Üblicherweise, aber nicht korrekt Molekulargewicht genannt, da Massenvergleich. Die rel. Molekülmasse ist die Summe der rel. Atommassen der im Molekül enthaltenen Atome. Die rel. Atommasse ist die Masse eines Atoms bezogen auf die Masse des Kohlenstoffisotopes C_{12}.

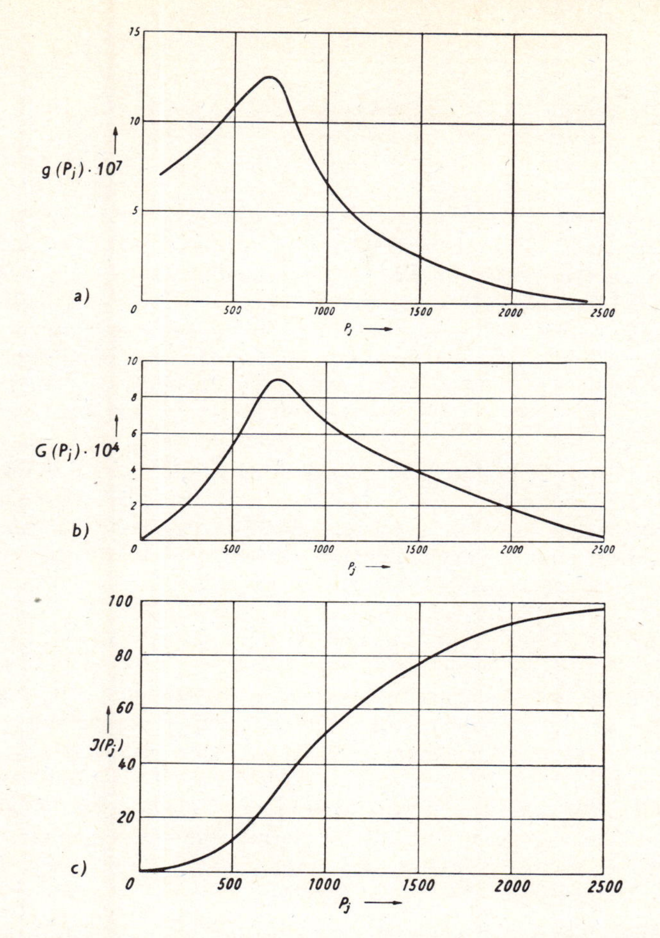

Bild 14: Die Verteilungsfunktionen der rel. Molekülmasse g (P_j), G (P_j) und I (P_j) (schematisch) [9]

geringer Polymerisationsgrade höhere Werte, weil viele kurze Ketten eine vergleichsweise geringere Masse als eine geringere Zahl langer Ketten haben. Da die Handhabung der Kurvendarstellung aufwendig ist, gibt man als Zahlenwerte zur Kennzeichnung der Größe der Makromoleküle Mittelwerte an. Diese bestimmt man entweder aus der Zahl n_j der Makromoleküle eines jeden Polymerisationsgrades P_j nach der folgenden Formel als Zahlenmittelwert $\overline{M}_n$

$$\overline{M}_n = \frac{\sum_{j=1}^{\infty} n_j \cdot P_j}{\sum_{j=1}^{\infty} n_j} \qquad (3.5)$$

oder aus der Gesamtmasse m_j aller Makromoleküle eines jeden Polymerisationsgrades P_j als Massenmittelwert $\overline{M}_m$ [23)]

[23)] Entsprechend Anm. 22) auch mit $\overline{M}_w$ bezeichnet von molecular weight = Molekulargewicht

$$\overline{M}_m = \frac{\sum_{j=1}^{\infty} m_j \cdot P_j}{\sum_{j=1}^{\infty} m_j} \qquad (3.6)$$

Bei sehr enger Verteilung der rel. Molekülmasse fallen Zahlenmittelwert $\overline{M}_n$ und Massenmittelwert $\overline{M}_m$ weitgehend zusammen. Bei breiter Verteilung ergibt sich für den Massenmittelwert ein z.T. deutlich höherer Wert. Je breiter die Verteilung ist, umso größer ist die Abweichung. Eine exakte Bestimmung der Verteilung der rel. Molekülmasse ist meßtechnisch sehr schwierig. Eine Umrechnung von Massenverteilung in zahlenmäßige Verteilung und umgekehrt ist nur bei exakter Kenntnis der Kurven möglich, die selten genau genug bekannt sind, zumal beide Verteilungen nach sehr unterschiedlichen Verfahren gemessen werden.

Zahlen und Massenmittelwerte sind physikalisch eindeutig definierte Größen, die genau sehr aufwendig bestimmt werden können, Zahlenmittel z.B. durch Osmometrie, Massenmittel durch Lichtstreuung. Eine sehr schnelle und einfache und daher weit verbreitete Methode ist die Messung der Lösungsviskosität. Zwischen der Lösungsviskosität $[\eta]$ [24] und der rel. Molekülmasse M besteht folgende Beziehung

$$[\eta] = K_\eta \cdot \overline{M}^a \qquad (3.7)$$

K_η und a sind polymer- und lösungsmittelspezifische Konstanten. Die aus der Lösungsviskositätsmessung erhaltene mittlere rel. Molekülmasse $\overline{M}$ entspricht etwa dem Massenmittelwert $\overline{M}_m$. Die Viskositätsmessung ist keine Absolutmethode, sie muß deshalb mit einer Absolutmethode (Lichtstreuung) geeicht werden. An einer Reihe von Proben mit unterschiedlicher rel. Molekülmasse werden für jeden Polymer-Werkstoff und jedes Lösungsmittel durch Lösungsviskositäts- und Lichtstreuungsmessungen die Werte für $[\eta]$ und $\overline{M}_m$ bestimmt und daraus die Konstanten K_η und a.

3.2.4.2 Beeinflussung der Eigenschaften

Der Einfluß der rel. Molekülmasse und ihrer Verteilung auf das Eigenschaftsbild von Thermoplasten sei im folgenden anhand des Beispiels lineares Polyäthylen (HDPE) erläutert. In Bild 15 sind verschiedene Eigenschaften in Abhängigkeit vom Massenmittelwert $\overline{M}_m$ dargestellt.

Lineare Polyäthylene sind Thermoplaste. Handelsüblich sind rel. Molekülmassen ($\overline{M}_m$) von 10^4 bis $6{,}5 \cdot 10^6$ (beim monomeren Äthylen beträgt die rel. Molekülmasse 28). Ein in der Schmelze leicht fließendes und daher für komplizierte Spritzgußteile geeignetes

[24] Im Unterschied zur dyn. Viskosität η (Pa · s) in Bild 6, ergibt sich die Viskositätszahl $[\eta]$ (cm^3/g) dadurch, daß Polymer-Werkstoffe in Lösungsmitteln gelöst werden. Aus der dyn. Viskosität der Lösung η_L (Pa · s) und des Lösungsmittels η_{LM} (Pa · s) und der Konzentration der Lösung C (g/cm^3) ergibt sich nach folgender Beziehung die Viskositätszahl $[\eta]$ auch intrinsic viscosity genannt

$$[\eta] = \lim_{C \to 0} \frac{\frac{\eta_L}{\eta_{LM}} - 1}{C} \quad (cm^3/g) \qquad (3.8)$$

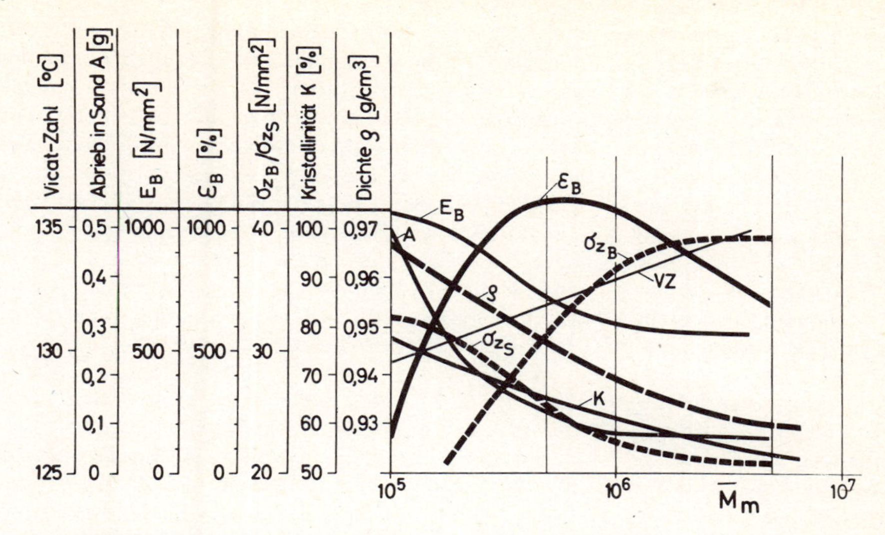

Bild 15: Einfluß des Massenmittelwerts $\overline{M}_m$ der rel. Molekülmasse auf die Eigenschaften von linearem Polyäthylen (HDPE) [19]

E_B = Elastizitätsmodul aus dem Biegeversuch
ε_B = Bruchdehnung
σ_{zB} = Zugfestigkeit
σ_{zS} = Zugspannung bei der Streckgrenze
VZ = Vicat-Zahl [25)]
A = Abrieb [26)]
K = Kristallinitätsgrad [27)]
ρ = Dichte

HDPE hat einen Massenmittelwert $\overline{M}_m$ von 10^5, ein HDPE zum Blasen von Behältern von etwa $5 \cdot 10^5$. Mit steigender Kettenlänge (rel. Molekülmasse) nimmt die Zahl der Verschlaufungen der einzelnen Makromoleküle untereinander zu. Dadurch wird besonders deren Beweglichkeit (Abgleiten voneinander) in der Schmelze behindert. Die Viskosität der Schmelze steigt an, so daß bei den hohen rel. Molekülmassen keine Spritzgußverarbeitung mehr möglich ist. Durch diese Bewegungsbehinderung wird auch die Kristallitbildung erschwert, so daß mit höherer rel. Molekülmasse der kristalline Anteil gegenüber dem amorphen abnimmt. Da eine kristalline Anordnung der Moleküle den Zustand größter Packungsdichte darstellt, bedeutet eine Zunahme der rel. Molekülmasse eine Abnahme der Dichte. Bei kristalliner Anordnung können die intermolekularen Nebenvalenzkräfte optimal wirken. Mit steigendem Kristallisationsgrad nehmen Elastizitätsmodul und die Spannung bei der Streckgrenze zu.

[25)] Die Vicat-Zahl (DIN 53460) kennzeichnet die Formbeständigkeit des Polymer-Werkstoffs in der Wärme. Eine mit 10 bzw. 50 N belastete Nadel von 1 mm² Fläche wird auf die Probekörperoberfläche gesetzt. Als Vicat-Zahl wird die Temperatur bezeichnet, bei der die Nadel 1 mm in den in Luft oder Öl erwärmten Körper bei einer konstanten Steigerung der Temperatur von 50 °C/h eingedrungen ist.

[26)] Als Maß für den Abrieb wurde der Gewichtsverlust genommen, der sich an rotierenden Rechteckkörpern ergab, die ganz in einem Sand-Wassergemisch (3:2) eingetaucht waren, in dem sie bei einer Drehzahl von 900 U/min 7 Stunden liefen.

[27)] Massenanteil der kristallinen Bereiche an der Gesamtmasse.

Mit zunehmenden Kettenlängen können über die Nebenvalenzbindungen höhere Kräfte in die Ketten eingeleitet werden. Dadurch wird die Festigkeit der einzelnen Ketten besser genutzt und das Abgleiten der Ketten voneinander behindert. Sind genügend Nebenvalenzbindungen vorhanden, um einen Kettenbruch (Bruch einer Hauptvalenzbindung) zu erzeugen, führt eine größere Kettenlänge zu keiner Festigkeitssteigerung des Polymer-Werkstoffs mehr. Die geringer werdende Zunahme der Zugfestigkeit σ_{zB} oberhalb von $\overline{M}_m = 2 \cdot 10^6$ ist darauf zurückzuführen, daß der Anteil der abgleitfähigen Makromoleküle mit geringer rel. Molekülmasse immer stärker abnimmt. Ab einer gewissen Kettenlänge tritt nur noch Kettenbruch auf. Eine Festigkeitssteigerung durch Erhöhung der Kettenlänge bzw. der rel. Molekülmasse ist nicht mehr möglich. Zusätzlich nimmt mit zunehmender Kettenlänge die Wahrscheinlichkeit von Verschlaufungen zu. Derartige Verschlaufungen können ebenfalls nur durch Kettenbrüche gelöst werden.

Solange die Bruchfestigkeit der einzelnen Ketten noch nicht erreicht ist, wird durch zunehmende Kettenlänge die Abgleitstrecke der Moleküle untereinander und damit die Bruchdehnung des Polymer-Werkstoffs erhöht. Werden die eingeleiteten Kräfte aber so groß, daß die Festigkeit der Hauptvalenzbindungen erreicht wird, werden Abgleitungen einzelner Ketten voneinander wegen der abnehmenden Zahl kurzer Ketten immer seltener. Damit nimmt die Zahl der Kettenbrüche weiter zu bzw. die Bruchdehnung des Polymer-Werkstoffs ab. Mit dem Kristallinitätsgrad nimmt außerdem die Abriebbeständigkeit zu.

Bei sehr geringen rel. Molekülmassen $\overline{M}_m$ vermindern sich die Zugfestigkeit σ_{zB} und die Dichte ϱ sehr stark, wie Tabelle 4 zeigt [20] .

Tabelle 4: Eigenschaften von Polyäthylen (PE) bei Raumtemperatur mit niedriger rel. Molekülmasse [20]

$\overline{M}_m$	Zugfestigkeit σ_{zB} (N/mm^2)	Dichte ϱ (g/cm^3)	Zustand
1400 - 10 000	3 - 10	0,92 - 0,96	fest
250 - 1400	2	0,87 - 0,93	fest
70 - 240	-	0,63 - 0,78	flüssig
60	-	-	gasförmig

Eine derartige große Variation bestimmter Eigenschaften bei gleichem chemischen Aufbau infolge unterschiedlicher rel. Molekülmassen ist nur bei Thermoplasten möglich.

Geht man davon aus, daß bei Duroplasten und Elastomeren theoretisch im Idealfall ein einziges Makromolekül vorliegt, hat dessen rel. Molekülmasse keinen Einfluß auf die Eigenschaften. Beim Entstehen vernetzter Polymerer sind jedoch zwei Fälle zu unterscheiden. Entweder werden bereits vorhandene Makromoleküle nachträglich vernetzt, oder aber der Makromolekülaufbau und die Vernetzungsreaktion erfolgen gleichzeitig. Im ersten Fall kann daher die rel. Molekülmasse der zu vernetzenden Makromoleküle variieren. So wird z.B. beim ungesättigten Polyesterharz (UP) durch Erhöhen der rel. Molekülmasse der "monomeren", d.h. noch unvernetzten Polyester-Makromoleküle, die mit Styrol zum festen Polymer-Werkstoff polymerisieren, die Erweichungstemperatur, die Zähigkeit und die Chemikalienbeständigkeit des fertigen Harzes gesteigert. Die Auswirkung der rel. Molekülmasse des monomeren UP auf das Erweichungsverhalten des mit etwa gleichem Vernetzungsgrad polymerisierten Polyesterharzes, gekennzeichnet durch den Schubmodul nach DIN 53445, ist auf Bild 16 dargestellt [21] . Die Bezeichnung "UP hochmolekular" beinhaltet eine rel. Molekülmasse $\overline{M}_n$ von ungefähr 1200 bis 1500 für die noch nicht polymerisierten Polyestermoleküle. Die eingetragenen Punkte stellen Meßwerte verschiedener anderer genormter thermischer Prüfverfahren dar. Es ist anzunehmen, daß das UP-Harz mit geringerer rel. Molekülmasse aus strukturellen Gründen stärker verknäuelt ist und eine dichtere Packung, d.h. stärkere Nebenvalenzbindungen, aufweist als das höhermolekulare Harz mit gestreckterer Kettenstruktur. Die stärkere Bindung durch die Nebenvalenzen führt zu einer größeren Steifigkeit bei niedrigeren Temperaturen, allerdings auch zu einer schnelleren Erweichung mit zunehmenden thermischen Molekülbewegungen als bei einer gestreckteren Molekülstruktur.

Einen noch größeren Einfluß auf die Eigenschaften vernetzter Polymer-Werkstoffe hat die Netzkettenlänge, bestimmt durch die Anzahl der Kettenglieder zwischen zwei Ver-

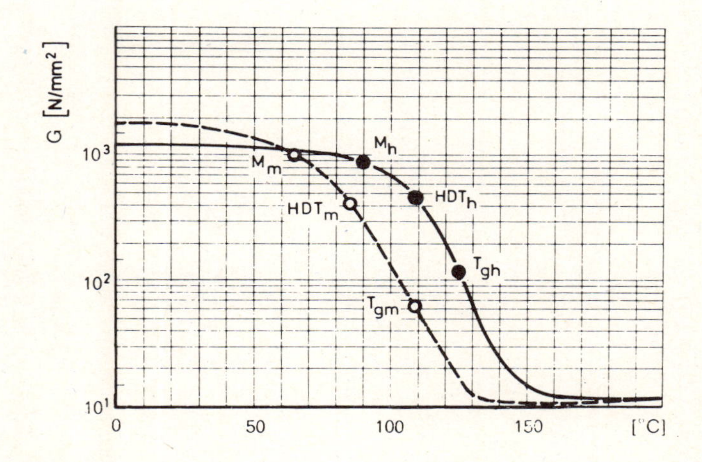

Bild 16: Auswirkung der rel. Molekülmasse des monomeren ungesättigten Polyesters auf den Schubmodul G [28] [21]
Punkte = Formbeständigkeit in der Wärme nach:
M=Martens (DIN 43458) HDT=Heat distortion temperature (ISO/R75A); Tg =Glasübergangstemperatur
Index m = mittlere rel. Molekülmasse ($\overline{M}_n$ = 1200 bis 1500)
h = hohe rel. Molekülmasse ($\overline{M}_n$ = 2200 bis 2500)

---

[28] Die Formbeständigkeit in der Wärme nach Martens (DIN 43458) ist diejenige Temperatur, bei der ein mit 5 N/mm² belasteter Biegestab eine bestimmte Durchbiegung erfährt. Die Erwärmung erfolgt in Luft bei einer Steigerung der Temperatur um 50 °C/h.

HDT (Heat Distortion Temperature nach ISO/R 75 A) ist diejenige Temperatur, bei der ein mit 1,85 N/mm² belasteter Biegestab in einem Ölbad bei einer Temperatursteigerung von 2 °C/min eine festgelegte Durchbiegung erreicht hat. T_g ist die Temperatur der größten Änderung des Schubmoduls.

netzungsstellen, oder der Vernetzungsgrad, das Verhältnis der vernetzten Monomereneinheiten zu der Zahl aller Monomereneinheiten. Bei gleichbleibendem chemischen Aufbau kann entweder eine mehr oder weniger große Anzahl der möglichen Vernetzungsstellen (z. B. Doppelbindungen) reagieren oder es wird durch eine Änderung im chemischen Aufbau von vornherein deren Anzahl erhöht. Mit zunehmendem Vernetzungsgrad steigt vor allem die Steifigkeit, die Sprödigkeit und die Chemikalienbeständigkeit.

Bei der Festlegung der angestrebten rel. Molekülmasse bei der Produktion von Polymer-Werkstoffen ist daher eine sorgfältige Abwägung der Beeinflussung der einzelnen Eigenschaften notwendig. In Bild 17 sind für ein Polystyrol (PS) die Biegefestigkeit und die Schlagzähigkeit als mechanische Kennwerte, die Viskositätszahl als Maß der Fließfähigkeit bei der Verarbeitung und die Vicatzahl [29] als Maß der thermischen Erweichung in Abhängigkeit von der rel. Molekülmasse angegeben.

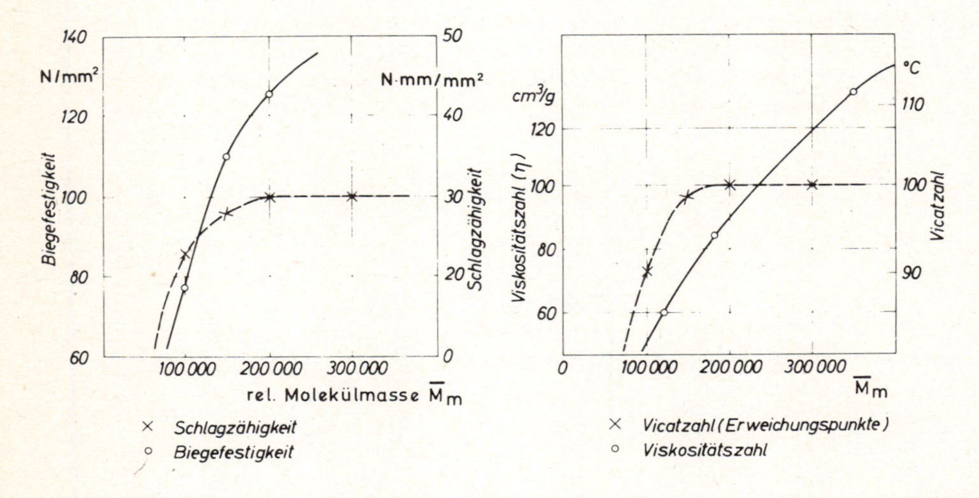

Bild 17: Physikalische Eigenschaften von Polystyrol in Abhängigkeit von der rel. Molekülmasse $\overline{M}_m$ [15]

Deutlich ergibt sich, daß bei rel. Molekülmassen von über 200 000 die Schlagzähigkeit und die Vicatzahl nicht mehr ansteigen, dagegen die Viskositätszahl (Lösungsviskosität)[30] und die Biegefestigkeit. Da eine höhere Viskositätszahl eine schwieriger werdende Spritzgußverarbeitung kennzeichnet, wird bei der Auswahl des Polystyrol-Typs für die Fertigung abzuwägen sein, ob nicht eine niedrigere rel. Molekülmasse zugunsten einer leichteren Verarbeitbarkeit bei niedrigerer Biegefestigkeit, aber gleichbleibender Schlagzähigkeit und Erweichungstemperatur aufgrund der Anforderungen an das Fertigteil akzeptabel ist.

---

[29] s. Anm. 25), S. 43

[30] s. Anm. 24), S. 42

3.3 Ordnungszustände

3.3.1 Allgemeine Betrachtung

3.3.1.1 Struktur des Makromoleküls

Bei der Beschreibung der Struktur der Makromoleküle sind drei Begriffe zu unterscheiden:

Konstitution: das chemische Aufbauprinzip eines Moleküls aus den Atomen; z.B. Typ und Anordnung der Kettenatome, Art der Endgruppen und Substituenten, Art und Länge der Verzweigungen, rel. Molekülmasse.

Konfiguration: die räumliche Anordnung der Atome und Atomgruppen im Molekül bei gleicher Konstitution, z.B. die Taktizität bei PP (Bild 10); die Umwandlung verschiedener Konfigurationen ineinander ist nur durch Lösen und Neuverknüpfen chemischer Bindungen möglich [17].

Konformation: die räumliche Gestalt, die Makromoleküle gleicher Konfiguration durch Umklappen oder Drehen um Bindungsachsen erreichen.

Das Gerüst der kovalent gebundenen Atome in den Makromolekülen besteht meistens aus C-Atomen. Die sechs Elektronen des C-Atoms bewegen sich auf 3 verschiedenen Bahnen, den Orbitalen, um den Atomkern. Das erste, energetisch niedrigste [31] und daher dem Kern nächste Orbital ist kugelförmig und wird als 1 s-Orbital bezeichnet. Es ist mit zwei Elektronen besetzt. Je geringer der Abstand zwischen Kern und Elektronen ist, um so kleiner ist der Energieinhalt des Orbitals und um so größer ist die benötigte Arbeit zur Trennung bzw. um so stabiler ist die Bindung. Das nächsthöhere Energieniveau mit grösserem Kernabstand wird vom 2 s-Orbital eingenommen. Es ist ebenfalls kugelförmig und beim ungebundenen Atom ebenfalls mit zwei Elektronen besetzt. Ein s-Orbital ist in Bild 18 oben dargestellt. Als nächstes folgen drei energiegleiche p-Orbitale. Jedes von ihnen ähnelt einer Hantel, wobei der Atomkern genau in der Mitte liegt (Bild 18 Mitte). Ein ungebundenes C-Atom hat je ein Elektron auf zwei p-Orbitalen.

Bei der chemischen Bindung des C-Atoms an andere Atome wird Energie frei. Um diese freiwerdende Energie zu maximieren und gleichzeitig den Energieinhalt der Bindung zu minimieren, sind die Atome bestrebt, so viele Bindungen wie möglich auszubilden. Daher wird ein Elektron des doppelt besetzten 2 s-Orbitals auf das noch freie, dritte p-Orbital wechseln und dadurch zwei zusätzlich ungepaarte Elektronen für mögliche Bindungen schaffen, die sich z.B. mit den s-Orbitalen von vier H-Atomen überlagern können.

Die drei 2 p-Orbitale und das 2 s-Orbital überlagern sich und bilden zusammen vier Überlagerungsorbitale. Jedes Überlagerungsorbital ist gekennzeichnet durch einen großen vorderen Orbitalteil und den kleinen und daher zu vernachlässigenden hinteren Orbitalteil (Bild 18 unten). Wegen der gleichen elektrischen Ladung versuchen die einzelnen vorde-

---

[31] Je energieärmer ein Zustand, umso mehr Energie muß zur Trennung der Partner zugeführt werden. Um ein Elektron auf eine vom Kernmittelpunkt weiter entfernte Bahn zu heben, muß Energie aufgewendet werden.

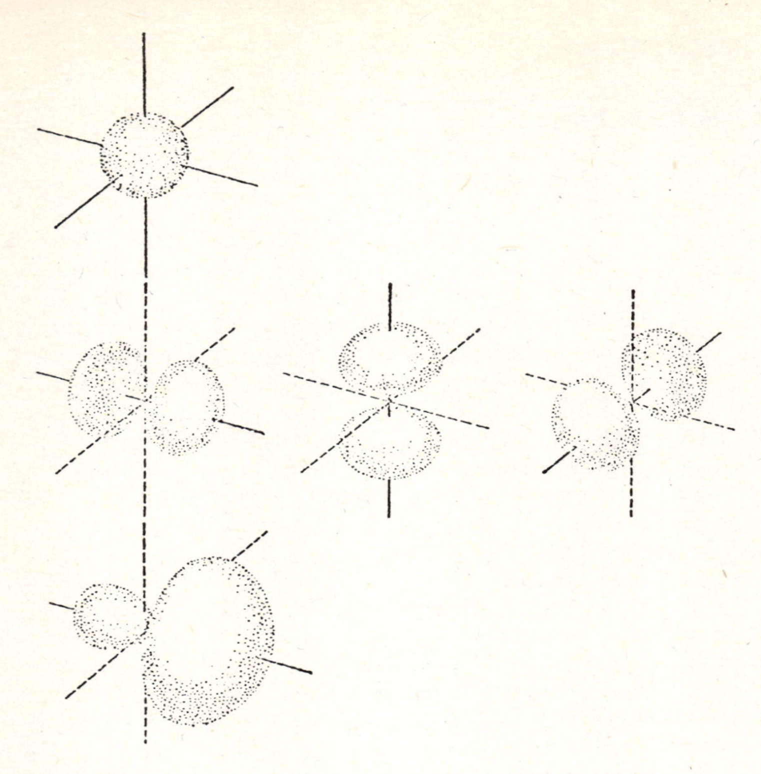

Bild 18: Atomorbitale [8]
s-Orbital (oben)
drei p-Orbitale mit senkrecht zueinander stehenden Achsen (Mitte)
Überlagerung eines s- und eines p-Orbitals (unten)

ren Orbitalteile, wie in Bild 19 dargestellt, die größtmögliche Entfernung voneinander einzunehmen und bilden einen Tetraeder.

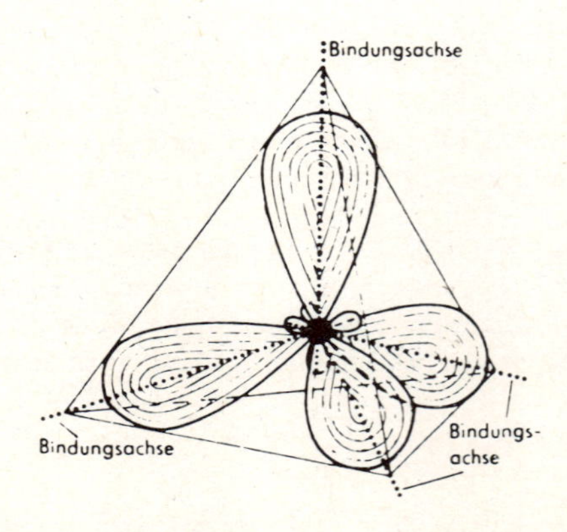

Bild 19: Tretraederanordnung von Überlagerungsorbitalen bei Überlagerung eines 2s-Orbitals mit den drei 2 p-Orbitalen um ein C-Atom [22]

Der Winkel zwischen den Längsachsen der Überlagerungsorbitale beträgt als Tetraederwinkel 109°. Da die Bindung der Atome untereinander durch Überlappen der Orbitale der beteiligten Atome erfolgt, ist er gleichzeitig der Winkel zwischen einfach gebundenen C-Atomen oder auch seitlich an diese angebundene andere Atome und wird als Valenzwinkel oder Winkel zwischen den Bindungsachsen bezeichnet. Die Hauptkette der aus C-Atomen aufgebauten Makromoleküle ist daher nicht gradlinig, sondern zick-zackförmig.

Um die Bindungsachsen sind die einfach gebundenen C-C-Atome des einzelnen Makromoleküls frei drehbar. Die Richtung einer zweiten Bindungsachse befindet sich gegenüber der ersten daher auf einem Kegelmantel. Die dritte Bindungsachse liegt wiederum auf einem Kegelmantel, dessen Lage durch die Richtung der zweiten Achse bestimmt ist. Entsprechendes gilt für die Richtung weiterer Bindungen. Bild 20 veranschaulicht die vorliegenden Verhältnisse.

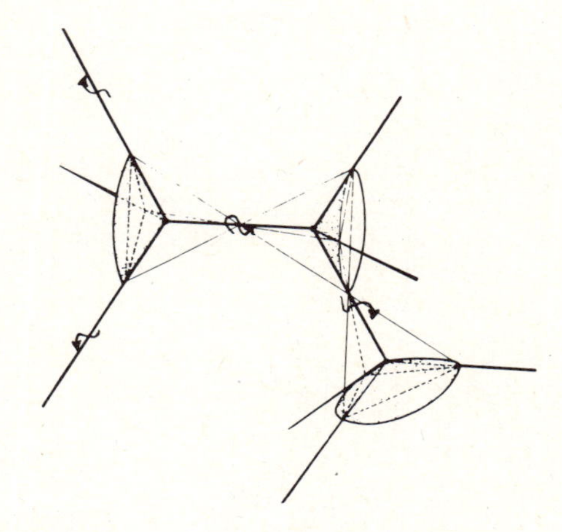

Bild 20: Richtungsmöglichkeit der C-C-Bindungsachsen [15]

Für ein lineares Kettenmolekül ergibt sich daraus eine sehr große Formenvielfalt, wie Bild 4 zeigt.

Die in Bild 19 dargestellte Tetraederanordnung liegt in der einfachsten Form beim Methan CH_4 vor, bei dem an die vier Valenzen des C-Atoms je ein H-Atom angebunden ist. Die Bindungslänge der H-Atome vom zentralen C-Atom beträgt 0,11 nm, der Abstand der H-Atome untereinander ~ 0,18 nm. Nimmt man zwei derartige Methanmoleküle und verbindet sie so untereinander, daß von jedem Methanmolekül ein H-Atom entfernt wird und sich die entstehenden freien Valenzen der C-Atome gegenseitig verbinden, entsteht ein Äthan. Die Stellung der H-Atome des einen ursprünglichen Methanmoleküls gegenüber denen des anderen ist wegen Rotationsmöglichkeit der C-C-Bindung durch zwei Extreme gekennzeichnet. In Richtung der C-C-Bindungsachse gesehen können die H-Atome übereinander oder um 60° versetzt stehen, wie Bild 21 zeigt.

Eine Abstoßung der gleichgeladenen H-Atome findet statt, wenn der Abstand ihrer Zentren kleiner als ihr zweifacher van-der-Waals-Radius, d.h. $<0{,}24$ nm, ist. Bei einer Bindungslänge der C-Atome von 0,154 nm beträgt der Abstand der H-Atome der beiden ursprünglichen Methangruppen in der linken Stellung nur 0,226 nm, in der rechten etwas

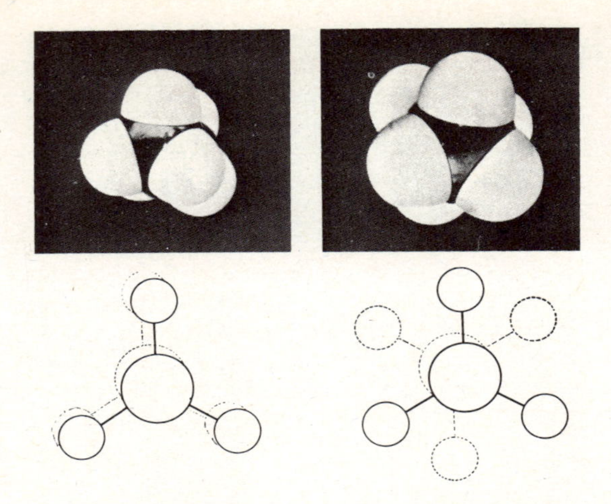

Bild 21: Extreme Rotations-Stellung der H-Atome des Äthans zueinander [15]

mehr als 0,24 nm. Um die linke Stellung zu erreichen, ist Arbeit aufzuwenden, d.h. die potentielle (innere) Energie des Systems wird erhöht. Sie ist energetisch ungünstiger als die rechte. Jede dieser Stellungen tritt dreimal auf, wenn die C-C-Bindung sich einmal um 360° dreht. Die potentielle (innere) Energie eines Äthan-Moleküls in Abhängigkeit vom Rotationswinkel ist in Bild 22 dargestellt.

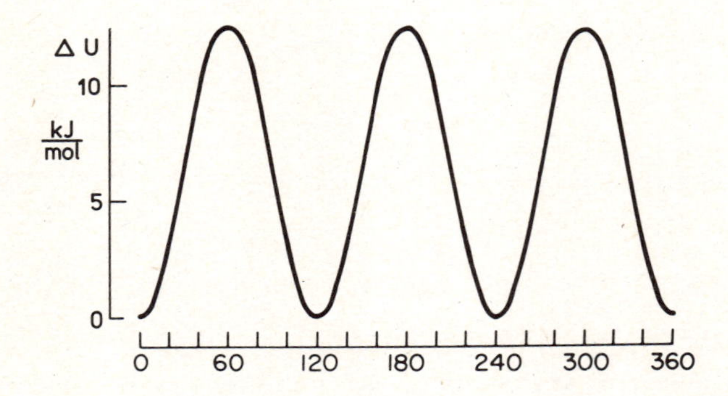

Bild 22: Änderung der potentiellen Energie eines Äthan-Moleküls in Abhängigkeit vom Rotationswinkel [5, 23]

Es ergeben sich daher drei energetisch bevorzugte Stellungen auf dem Kegelmantel, Bild 19.

Lagert man (CH_2)-Gruppen zwischen die beiden Äthanhälften, so ergibt sich das sogen. lineare Polyäthylen.

$$H \left[\begin{matrix} H & & H \\ | & & | \\ C & - & C \\ | & & | \\ H & & H \end{matrix} \right]_n H$$

n gibt an, wie viel Monomerengruppen zum Makromolekül zusammengefaßt sind und ist gleichbedeutend mit dem Polymerisationsgrad. Beim Polyäthylen (PE) sind es im Mittel 3000 bis 60 000 Monomerengruppen.

Für zwei aufeinanderfolgende Monomere des Polyäthylens sind die drei in Bild 23 dargestellten Möglichkeiten energetisch bevorzugt.

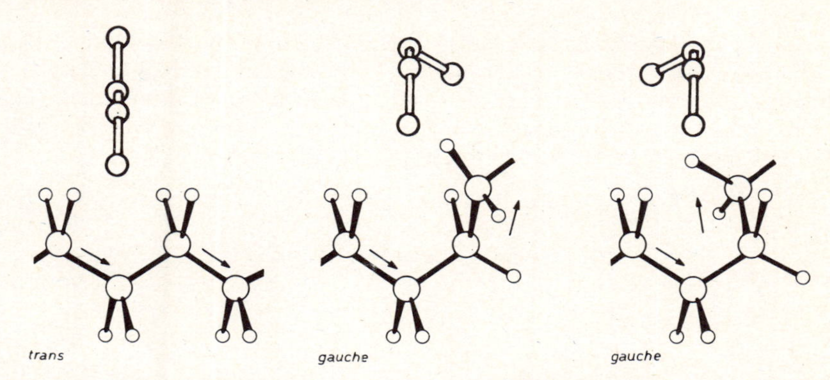

Bild 23: Mögliche Richtungen der Bindungsachsen (C-C) eines Polyäthylens (PE) [7]
trans = Bindungsachsen in ebener Stellung (zweidimensional),
gauche = Bindungsachsen in räumlicher Stellung (dreidimensional);
oben: in Kettenrichtung gesehen, unten: senkrecht zur Kettenrichtung gesehen

Nur in der trans -Stellung ist der geringste Abstand zwischen den Zentren zweier H-Atome mit 0,254 nm größer als ihr doppelter van-der-Waals-Radius von 0,24 nm, so daß keine abstoßenden Kräfte wirken. Eine deutliche Behinderung tritt bei den beiden gauche-Stellungen (Drehung um 120 ^{o}) ein.

Für Butan

```
    H   H   H   H
    |   |   |   |
H - C - C - C - C - H
    |   |   |   |
    H   H   H   H
```

ergibt sich daher die in Bild 24 dargestellte Verteilung der potentiellen (inneren) Energie.

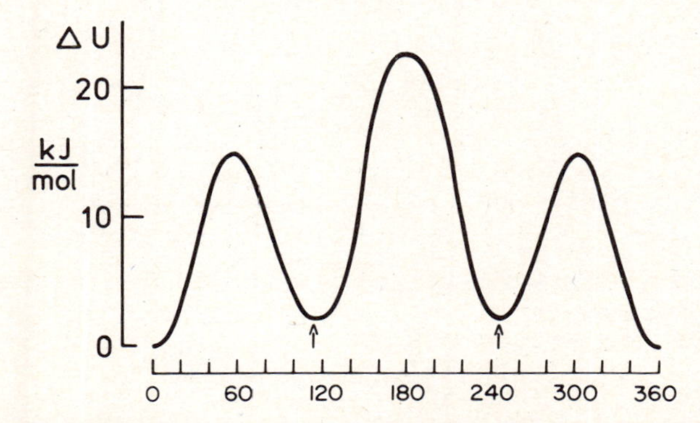

Bild 24: Änderung der potentiellen Energie eines Butan-Moleküls in Abhängigkeit vom Rotationswinkel, die Pfeile kennzeichnen die beiden gauche-Stellungen [5]

Die gauche -Stellungen sind energetisch ungünstiger (es muß Energie zugeführt werden, um sie zu erreichen) als die trans -Stellungen. Die direkte Drehung zwischen den beiden gauche -Stellungen ist besonders stark behindert. Lineares Polyäthylen (PE) wird daher entsprechend Bild 24 rechts bevorzugt eine zick-zack-Stellung in der Ebene einnehmen.

Beim ähnlich aufgebauten Polytetrafluoräthylen (PTFE) (die H-Atome sind durch größere F-Atome ersetzt) ist die ebene zick-zack-Stellung energetisch behindert, da der zweifache van-der-Waals-Radius der F-Atome 0,27 nm beträgt, aber wie beim Polyäthylen (PE) nur 0,254 nm als Abstand der Zentren zur Verfügung stehen. Es kommt zu einer Verdrillung des Makromoleküls. Stellung 1 und 12 in Bild 25 links sind identisch, so daß jede Bindungsachse eine Verdrehung um 15 ° aufweist. Dazu kommt eine geringfügige Aufweitung der C-C-Valenzwinkel. Bild 26 stellt die Energieverteilung dar.

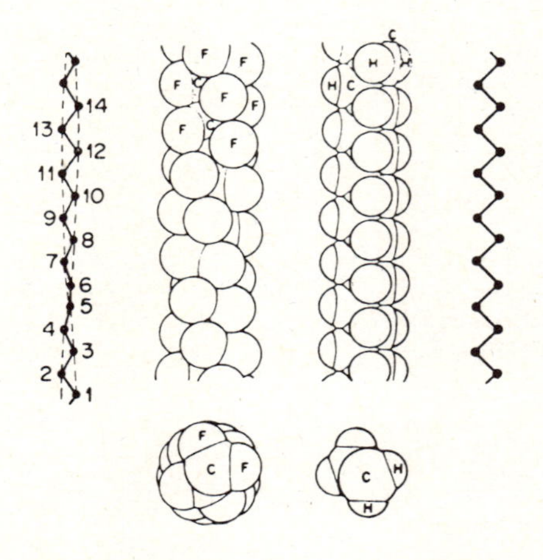

Bild 25: Anordnung der Atome und Bindungsachsen von Polyäthylen (PE) (rechts) und Polytetrafluoräthylen (PTFE) (links) [23]

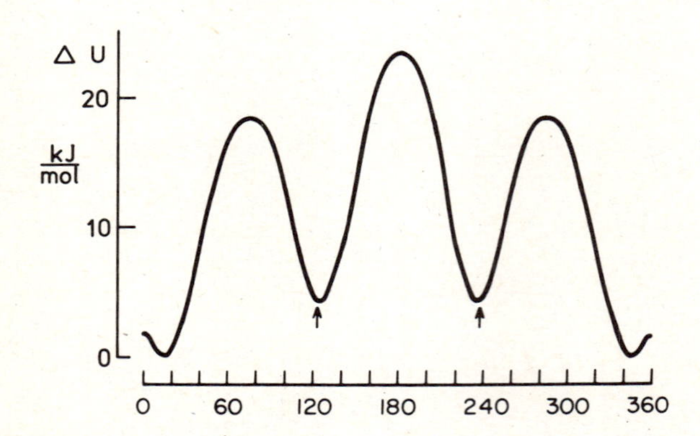

Bild 26: Änderung der potentiellen Energie von Polytetrafluoräthylen (PTFE) in Abhängigkeit vom Rotationswinkel [5]
Pfeile kennzeichnen die gauge-Stellungen

Bestehen die Substituenten aus Molekülen statt Atomen, wird die gegenseitige Behinderung noch größer. Beim Polypropylen (PP) ist jeder vierte Substituent eine Methylgruppe CH_3.

Wären diese Gruppen isotaktisch in einer zick-zack-förmigen Kette angeordnet, müßte z.B. der Abstand ihrer Zentren 0,4 nm statt der vorhandenen 0,25 nm betragen. Eine energetisch günstige Konformation ist nur durch die abwechselnde Folge von trans- und gauche-Stellungen der Hauptkette möglich. Dadurch ergibt sich eine spiralförmige Anordnung der Moleküle, die Helix genannt wird. Eine vollständige Drehung besteht, wie Bild 27 zeigt, aus drei aufeinanderfolgenden Monomeren.

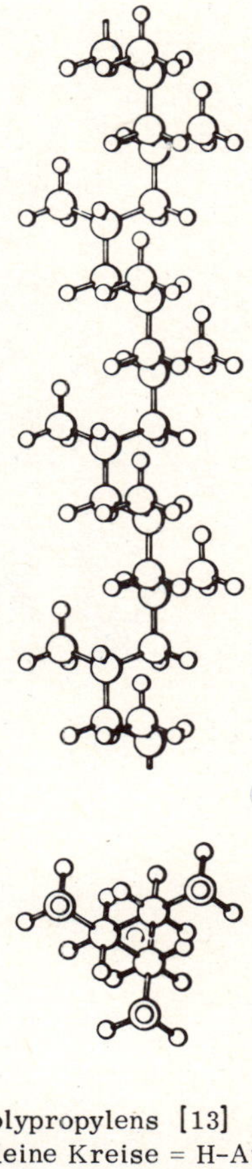

Bild 27: Helix eines isotaktischen Polypropylens [13]
große Kreise = C-Atome, kleine Kreise = H-Atome
oben: senkrecht zur Kettenrichtung gesehen, unten: in Kettenrichtung gesehen

Kinken und Jogs

Neben den vergleichsweise seltenen Unregelmäßigkeiten in der chemischen Struktur (Konstitution) und den sehr viel häufigeren Unregelmäßigkeiten in der räumlichen Anordnung der Substituenten (Konfiguration) gibt es Abweichungen der Ketten von ihrem Idealzustand, wie er sich aufgrund energetischer Betrachtungen ergibt und in Bild 25 und 27 für kurze Kettenabschnitte dargestellt ist. Durch einzelne unregelmäßige Anordnungen z.B. das Einfügen von trans- und gauche-Stellungen, können größere Kettenabschnitte vom idealgeordneten Zustand abweichende Konformationen annehmen. Bei kristalliner Ordnung

(Fernordnung [32]) der Ketten) ist die Parallellagerung dominierendes Prinzip der Kettenanordnung, lokale Störungen wirken sich als Auslenkungen gradliniger Kettenachsen aus. Bild 28 zeigt derartige Abweichungen in eine energetisch kaum ungünstigere Konforma-

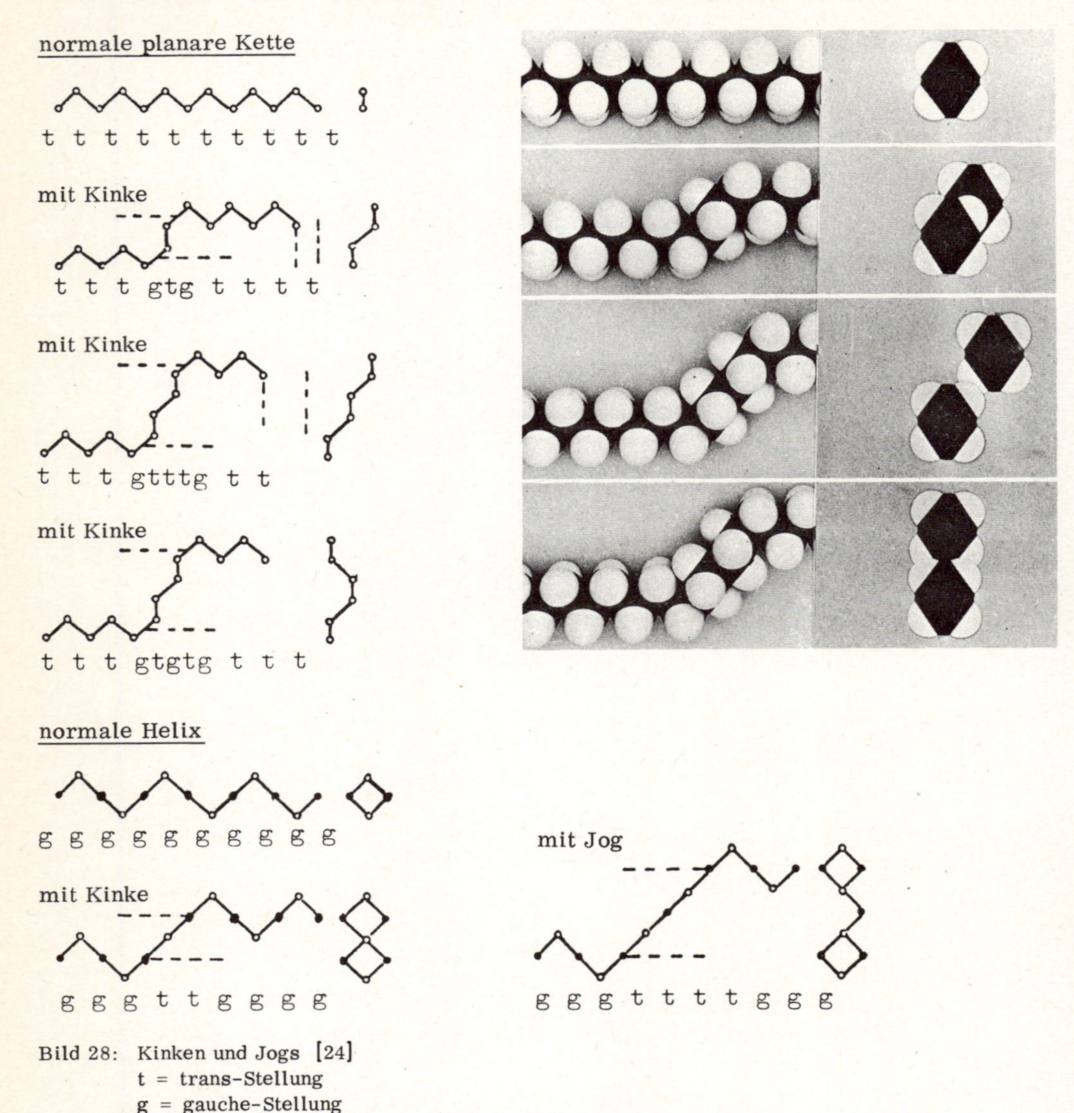

Bild 28: Kinken und Jogs [24]
t = trans-Stellung
g = gauche-Stellung
---- = Mittellinie der Ketten bzw. Auslenkungen

---

32) Unter Fernordnung versteht man eine über die nächsten Nachbarn hinausgehende Ordnung der Makromoleküle bezüglich ihres Abstandes voneinander, ihrer Anordnung und Orientierung. Der Begriff Nahordnung bezeichnet derartige Ordnungszustände, wenn sie sich nur auf die unmittelbaren Nachbarn erstrecken, wobei man davon ausgeht, daß diese Ordnungszustände durch die Wärmebewegungen ständig abgebaut und wieder erneuert werden. Die übliche Anwendung des Begriffs Fernordnung auf den festen Zustand und der Nahordnung auf den flüssigen Zustand läßt sich auf Polymer-Werkstoffe nur bedingt übertragen, da der entropieelastische Zwischenzustand und die Übergangsbereiche nicht erfaßt werden.

tion der Kette. Sie werden Kinken genannt, solange die parallelen Auslenkungen kleiner sind als der Abstand der Zentren (gestrichelte Linie) benachbarter, durch van-der-Waals-Kräfte gebundener Ketten. Größere Auslenkungen als der Abstand der Zentren der Ketten nennt man Jogs. Kinken ergeben sich bei der ebenen zick-zack-Kette, wenn die trans -Stellungen von zwei gauche -Stellungen unterbrochen werden. Bei der Helix sind in die regelmäßige gauche -Folge zwei trans -Stellungen eingebaut. Der Jog der Helix ergibt sich durch zwei zusätzliche trans -Stellungen zur Kinke. Die Buchstaben unter den schematischen Darstellungen bezeichnen die Folge von trans - (t) und gauche -Stellungen (g). Das Verhältnis von Kettendurchmesser zur Auslenkung für verschiedene Kinken der planaren Kette ist in Bild 28 rechts dargestellt. Die Aufsicht auf die vier oberen Anordnungen in Kettenrichtung in Bild 28 rechts außen läßt erkennen, daß es sich wegen der noch vorhandenen Überschneidungen der Kalottenprojektionen um Kinken handelt [24] .

Verzweigungen und Vernetzungen

Wie in Abschn. 2.1 und 3.2.1.1 dargestellt wurde, können sich bei der Polymerisation zwei oder mehrere Ketten unregelmäßig vereinigen. Die längste der vereinigten Ketten gilt als Hauptkette [15]. Man unterscheidet Kurzketten- und Langkettenverzweigungen. Als kurzkettenverzweigt werden Makromoleküle bezeichnet, wenn die Zahl der Strukturelemente in der Hauptkette $\gg 1$, in der Verzweigung aber nur wenig größer oder gleich 1 ist. Bei langkettenverzweigten Polymeren sind die Zahl der Strukturelemente in der Hauptkette und in den Verzweigungen $\gg 1$. In allen Fällen sind Hauptkette und Verzweigung jedoch gleichartig aufgebaut. Bei Polyäthylen (z.B. LDPE) gilt eine Verzweigung $-(CH_2)_3-CH_3$ als kurzkettig, $-(CH_2)_{30}-CH_3$ aber als langkettig. Treten andersartige Grundbausteine in der Seitenkette auf wie z.B. $-CO-O-(CH_2)_{11}-CH_3$, spricht man von Substituenten eines unverzweigten Makromoleküls. Die Bestimmung der Anzahl und der Länge der Verzweigungen sowie der Länge der Hauptkette zwischen den Verzweigungen ist oft schwierig. Da verzweigte Makromoleküle, im Gegensatz zu vernetzten Polymer-Werkstoffen, in Lösungsmitteln gelöst werden können, kann aus der Masse und der Dimension der Makromoleküle auf den Verzweigungsgrad (Anzahl der Verzweigungen) und die Kettenlänge geschlossen werden. Ein weiteres Hilfsmittel ist die IR-Spektroskopie.

Vernetzte Polymere entstehen entweder bei der Polymerisation durch die chemische Bindung mehrfunktioneller Monomere als räumlich nicht geordnete Strukturen oder durch nachträgliche Vernetzung linearer oder verzweigter Makromoleküle über mehrere Vernetzungsstellen pro Einzelketten. Nur mit sich selbst, d.h. intramolekular vernetzte Moleküle, die u.a. durch Lösungsmittel aus der gesamten Polymersubstanz gelöst werden können, werden nicht als vernetzte Polymere bezeichnet. Räumlich vernetzte Makromoleküle sind daher praktisch "unendlich" groß [15] . Ihre Kennzeichnung mittels der rel. Molekülmasse ist sinnlos, sie erfolgt vielmehr durch Angabe des Vernetzungsgrades, d.i. das Verhältnis der Menge (in mol) [33] vernetzter Grundbausteine zu den insgesamt vorhandenen Grundbausteinen, die Art der Verknüpfung und den chemischen Aufbau der Moleküle im Ausgangs- und Vernetzungszustand.

Bei der Bildung räumlich vernetzter Duroplaste, wie sie z.B. in Abschn. 3.2.2 bei der Polykondensation beschrieben wird, entstehen zunächst stark verzweigte Molekülgruppen, die noch löslich sind, solange sie nicht untereinander gebunden sind (A-Stadium), erst ab einem gewissen Polykondensationsgrad wird diese Löslichkeit durch die Vernetzung aufgehoben (B-Stadium). Da der Zusammenhalt in diesem Stadium noch stark durch die

[33] Ein mol ist diejenige Menge eines chemisch einheitlichen Stoffs, die ebensoviele Gramm enthält, wie die relative Molekülmasse des Stoffs beträgt.

zusätzlich immer wirkenden physikalischen Bindekräfte beeinflußt wird, sind die Polymeren in diesem Zustand noch leicht erweichbar. Erst bei vollständiger Vernetzung dominieren die chemischen Bindungen, die Polymeren bleiben hart und werden nicht mehr plastisch.

3.3.1.2 Thermodynamische Betrachtung teilkristalliner Thermoplaste

Thermodynamisch gesehen kann man das System teilkristalliner Thermoplaste als nicht abgeschlossenes System behandeln, d.h. Energieaustausch mit der Umgebung ist zugelassen [25, 28, 111] . Der Zustand dieses Systems kann durch die freie Enthalpie gekennzeichnet werden. Je niedriger deren Wert ist, um so stabiler ist sein Zustand. Eine Zustandsänderung kann durch die Änderung der freien Enthalpie ΔG beschrieben werden, die sich zusammensetzt aus der Änderung der Enthalpie ΔH und der Entropie ΔS, sowie der Temperatur T nach der Gleichung:

$$\Delta G = \Delta H - T\Delta S \qquad (3.9)$$

Die Entropie eines Systems hängt von der Anzahl der Realisierungsmöglichkeiten, d.h. von der Wahrscheinlichkeit möglicher Zustände ab [26] . Die zunehmende Parallelisierung der Ketten im Kristallit und die damit verbundene Zunahme des Ordnungszustands führt zu einer Abnahme der Entropie. Die Entropie eines freien Makromoleküls ist daher größer als die eines an einem Ende in einem Kristallit fixiertes. Da ein bewegliches Kettenstück jedoch nicht als Ganzes wie z.B. die Atome in Metallen, sondern nur abschnittsweise die Kristallgitterplätze einnehmen kann, ist die damit verbundene Entropieänderung der einzelnen Molekülabschnitte ebenfalls nicht gleich. Bei der Kristallisation ändert sich nicht nur die Entropie der sich gerade anlagernden Moleküleinheit, sondern auch die übriggebliebenen, noch nicht kristallisierten Molekülteile. Die Größe der Entropieänderung hängt dann noch von den Bewegungsmöglichkeiten der nicht kristallisierten Kettenabschnitte, deren freier Länge oder möglichen Fixierungen ab. Das System, teilkristalliner Thermoplast wird dann am stabilsten sein, wenn ΔG einen möglichst niedrigen Wert erreicht. Ein stabiler Kristall wird nach Gleichung 3.9 aber nur dann erreicht, wenn die Enthalpie stärker abnimmt als die Entropie. Die Enthalpie ΔH ergibt sich aus der inneren Energie ΔU und der vergleichsweise geringen Volumenarbeit $p \cdot \Delta v$ [27] :

$$\Delta H = \Delta U + p \cdot \Delta v \qquad (3.10)$$

p ist der Druck, der normalerweise als Atmosphärendruck konstant ist, v ist das Volumen des gesamten Systems. Es hängt von der Schwingungsweite (thermisch angeregte Schwingungen) und den durch unterschiedliche Konfigurationen und Konformationen sich ergebenden Hohlräume zwischen den Makromolekülen ab. Z.B. können ataktische PP-Makromoleküle sich nicht so dicht zueinander parallel lagern wie isotaktische (Bild 11).

Die innere Energie U setzt sich erstens aus einem innermolekularen Anteil, der der potentiellen Energie in Abschn. 3.3.1.1 entspricht, zweitens einem intermolekularen Anteil, der die Wechselwirkungen zwischen den Makromolekülen berücksichtigt, und drittens aus einem kinetischen Anteil, der die Schwingungsenergie beinhaltet, zusammen[34].

---

[34] Strenggenommen müßten noch die Atomenergie, die Elektroenergie und ähnliche Energien dazugerechnet werden, die sich bei normalen, hier beschriebenen Prozessen nicht bemerkbar machen, da in der Thermodynamik nicht die absoluten Beträge von H, U und S interessieren, sondern deren Veränderungen [111] .

Die innermolekulare Energie der Makromoleküle ist nach Abschn. 3.3.1.1 je nach ihrer der Konstitution und der Konfiguration als gestreckte Kette oder schraubenförmige Helix am niedrigsten. Der intermolekulare Anteil ist bei der Parallellagerung im Kristallit am geringsten. Eine vollständige Parallellagerung ist jedoch normalerweise bei Polymeren, wie in den folgenden Abschnitten noch gezeigt wird, nicht möglich.

Teilkristalline Thermoplaste bestehen aus kristallinen und amorphen Bereichen. Letztere ergeben sich aus den Faltungsbögen der in die Kristallite zurücklaufenden Ketten, von Kristallit zu Kristallit durchlaufenden Ketten und freien Kettenenden (s.a. Bild 43 und 52). In diesen amorphen Bereichen sind nach dem oben gesagten die Enthalpie und die Entropie deutlich größer als in den kristallinen. Da sowohl die Enthalpie als auch die Entropie - wenn auch unterschiedlich stark - von der Temperatur abhängen, wird ein kristallisationsfähiger Polymer-Werkstoff in Abhängigkeit von der Temperatur den Zustand einnehmen, der die niedrigste freie Enthalpie aufweist.

Die Übergangstemperatur vom kristallinen Zustand in die amorphe Schmelze wird Schmelztemperatur genannt. Sie ergibt sich als:

$$T_m = \frac{\Delta H}{\Delta S} \qquad (3.11)$$

Da ΔH (Enthalpie der Schmelze minus Enthalpie des Kristallits) und ΔS (Entropie der Schmelze minus Entropie des Kristallits) bei einheitlichen, niedermolekularen Stoffen eindeutig gegeben sind, erhält man in diesen Fällen einen scharf fixierten Schmelzpunkt (Schmelztemperatur). Bei polymeren Systemen findet man dagegen grundsätzlich einen mehr oder weniger breiten Schmelzbereich [117] . Dieses sogenannte partielle Schmelzen (Schmelzen einzelner Anteile bei unterschiedlichen, nahe beieinanderliegenden Temperaturen) kann auf unterschiedliche Weise erklärt werden. Entsprechend Gln. (3.11) wird es durch eine Änderung vonΔS und/oderΔH verursacht sein. Folgende anschauliche, molekulare Erklärungen sind möglich.

Beeinflussung von ΔS: Die Entropieänderung je Moleküleinheit der Kette während des Schmelzens ist nicht konstant, d.h. die Entropie der Schmelze und des verbleibenden kristallinen Anteils ändert sich während des Aufschmelzvorganges und ist z.B. von der Größe der beiden Anteile abhängig. Die Auswirkung dieses Effektes auf die Änderung der Schmelztemperatur und damit auf die Ausbildung eines Schmelzbereichs und keines scharfen Schmelzpunktes ist bisher allerdings nur theoretisch beschrieben und noch nicht experimentell nachgewiesen worden [112] .

Beeinflussung von Δ H: Die Enthalpie ΔH kann durch Fehlstellen, Kinken, Jogs usw. erniedrigt werden, was zu einem niedrigeren Schmelzpunkt führt. Ist die Störstellenkonzentration in verschiedenen Kristalliten unterschiedlich groß, so werden diese bei unterschiedlichen Temperaturen aufschmelzen.

Eine andere Erläuterung des partiellen Schmelzens berücksichtigt die unterschiedliche Dicke der Kristallite (Lamellen) in Kettenrichtung.

Kleine Kristallite besitzen als Folge des relativen großen Oberflächeneinflusses am Übergang von den kristallinen Bereichen zur amorphen Grenzschicht einen tieferen Schmelzpunkt [113] . Der Schmelzpunkt einer unendlich breiten Lamelle mit h kristallinen Grundelementen in Kettenrichtung ist durch

$$T_m = T_m^{\infty} \left[1 - \frac{2\,\sigma_e}{h \cdot \varrho_K \cdot \Delta H_o} \right] \qquad (3.12)$$

gegeben. T_m^{∞} ist der Schmelzpunkt eines idealen, unendlich ausgedehnten Kristallits, σ_e die Oberflächenspannung an den Lamellenoberflächen, ΔH_o ist die Enthalpieänderung beim Schmelzen eines Grundelements, ϱ_K die Dichte des Kristallits, h charakterisiert nach obiger Definition die Dicke der Lamelle. Bei Vorliegen unterschiedlich dicker Lamellen ergibt sich ein Schmelzbereich, d. h. dünne Lamellen schmelzen bei niedrigeren Temperaturen als dicke [114] .

3.3.2 Homogene Polymer-Werkstoffe

Als homogen werden Polymer-Werkstoffe bezeichnet, die makroskopisch an allen Stellen die gleichen Eigenschaften haben, d. h. Unterschiede in den Eigenschaften, auch bedingt durch verschiedene Makromolekülarten, sind makroskopisch nicht feststellbar. Es bedeutet nicht, daß nur ein Aggregatzustand [35) vorliegen darf. Die Makromoleküle eines Thermoplasts können gleichzeitig im festen Zustand als Kristallite und im zähflüssigen (entropieelastischen) bzw. im glasig erstarrten Zustand als dazwischenliegende ungeordnete amorphe Bereiche vorliegen. Es handelt sich dann um einen zweiphasigen [36) homogenen Polymer-Werkstoff.

3.3.2.1 Amorpher Zustand

Der amorphe Zustand der Polymer-Werkstoffe ist gekennzeichnet durch das Fehlen von Fernordnungen [37), d. h. in submikroskopischen Bereichen gibt es, bedingt durch den strukturellen Aufbau der einzelnen Ketten oder bei extrem schneller Abkühlung, keinen gleichbleibenden Abstand und keine regelmäßige Anordnung und Orientierung der Makromoleküle.

Da die Struktur der Makromoleküle im festen (glasig erstarrten) und geschmolzenen Zustand sehr ähnlich ist, spricht man auch von einer unterkühlten Schmelze [38) im Gegensatz zur kristallinen Struktur, bei der die Abkühlung aus der Schmelze eine neue Ordnung der Makromoleküle zueinander entstehen läßt. Da bei den amorphen Polymer-Werkstoffen keine Fernordnungen in der Größenordnung der Lichtwellen (Wellenlänge 0,4 bis 0,75 µm) vorhanden sind, gibt es auch keine Änderung des Berechnungsindex innerhalb des Werkstoffs und keine diffuse Streuung. Homogene amorphe Polymer-Werkstoffe ohne Farb- und Füllstoffe sind daher durchsichtig [9] . Über die Anordnung der individuellen Makromoleküle im amorphen Zustand gibt es zwei Vorstellungen, die schematisch Bild 29 zeigt. Die erste, ältere, geht davon aus, daß sich die Makromoleküle gegenseitig

---

35) Man unterscheidet bei Atom- und Molekülanhäufungen je nach Stärke des Zusammenhalts der Teilchen die drei Aggregatzustände fest, flüssig, gasförmig.

36) Unter Phase wird eine Stoffmenge mit homogenen physikalischen und chemischen Eigenschaften verstanden. Phasen sind deutlich voneinander abgegrenzt und i. a. optisch unterscheidbar. Die Grenzfläche zwischen Phasen ist gleichzeitig die Grenzfläche mechanischer Eigenschaften.

37) s. Anm. 32), S. 54

38) Der Unterschied zwischen einer Schmelze und einer unterkühlten Schmelze besteht u. a. darin, daß in der Schmelze ganze Makromolekülsegmente Platzwechsel vornehmen können.

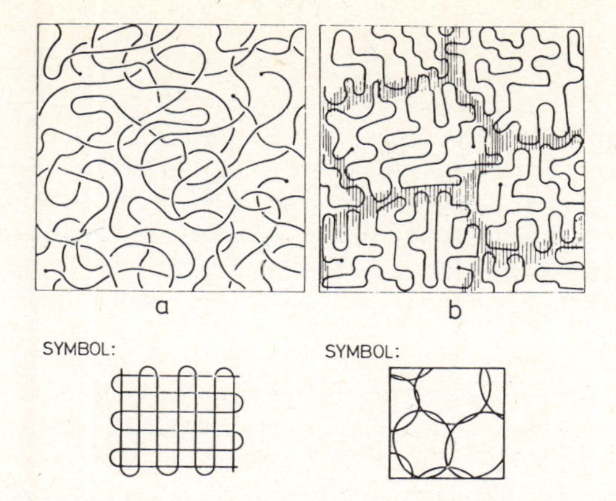

Bild 29: Schematische Darstellung der Anordnung von nicht kristallinen Makromolekülen [30]
a) Filzstruktur (vollständige Knäueldurchdringung)
b) Zellstruktur mit partieller Knäueldurchdringung (Vollmert-Stutz-Modell)

vollständig durchdringen, individuell nicht mehr unterscheidbar sind und eine Filz- oder Spaghetti-Struktur bilden. Nach der zweiten Vorstellung, dem Vollmert-Stutz-Modell, behalten die Makromoleküle ihre Individualität, sie bilden eine Ansammlung von Knäueln, die sich nur in den Randzonen bis zu einem bestimmten Grad überlagern. Man bezeichnet diesen Fall als Zell- oder Polyeder-Struktur [29,30] .

Löst man Makromoleküle in einem Lösungsmittel, sind sie durch Bereiche reiner Lösungsmittel voneinander isoliert. Bei steigender Polymer-Konzentration durch Entfernen des Lösungsmittels werden die Knäuel zunehmend komprimiert, nähern sich an und überlagern sich in Randzonen. Aus dieser neuerdings wieder stärker umstrittenen Vorstellung wird die Zellstruktur mit partieller Knäueldurchdringung abgeleitet.

Die Filzstruktur ergibt theoretisch für ein Polymer im total amorphen Zustand eine Dichte von ca. 65 % der Dichte im kristallinen Zustand. Gemessen wurden aber Werte von 83 bis 95 % [17]. Amorphe Polymer-Werkstoffe müssen daher innerhalb der unregelmäßigen Filz- oder Knäuelstruktur nahgeordnete [39] Bereiche aufweisen, wie Bild 30 zeigt. Diese Nahordnungen treten bei teilkristallinen Thermoplasten bereits in der Schmelze auf und leiten bei der weiteren Abkühlung als Keime die Kristallisation ein.

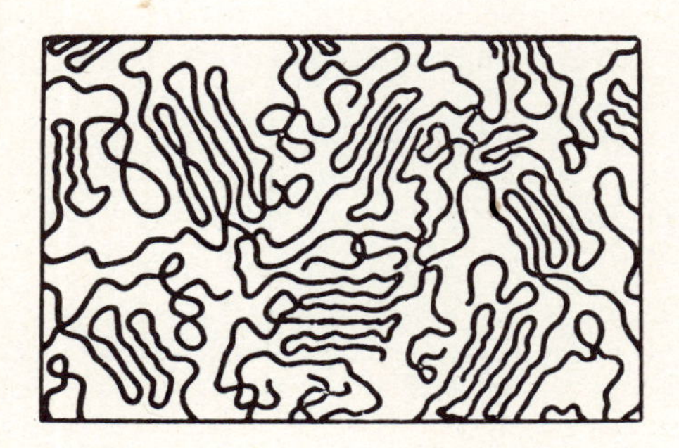

Bild 30: Nahgeordnete Bereiche in einem Thermoplast [31]

[39] s. Anm. 32), S. 54

3.3.2.2 Kristalliner Zustand

Ein Minimum an freier Enthalpie zwischen zwei aufeinander wirkenden Makromolekülen wird entsprechend Bild 7 erreicht, wenn der Abstand zwischen beiden den Gleichgewichtszustand zwischen anziehenden und abstoßenden Bindungskräften darstellt. Dieser Zustand ergibt sich bei der Parallellagerung der Ketten. Voraussetzung für die Ausbildung derartiger geordneter und damit kristalliner Strukturen ist, daß die Makromoleküle einen gleichmäßigen chemischen Aufbau (Konstitution) und eine regelmäßige räumliche Anordnung der Substituenten (Konfiguration) besitzen. Sie dürfen z.B. nicht ataktisch (Bild 11) aufgebaut sein.

Die einfachste Kettenstruktur weist Polyäthylen mit der in Bild 24 rechts gezeigten ebenen zick-zack-Form der Makromoleküle auf. Die in der Ebene zick-zack-förmigen Ketten ordnen sich, wie Bild 31 oben zeigt, in einer orthorhombischen [40] Form an, so daß jede beliebige Kette von vier gleichweit entfernten Ketten umgeben ist, die ihrerseits um die Längsachse um 82° gegen die zentrale Kette gedreht sind. Der Abstand der C-Atome in der Kette beträgt 0,154 nm, der Valenzwinkel 109°, der C-H-Abstand 0,11 nm. Die Größe von Polyäthylen-Kristalliten hängt sehr von der Abkühlungsgeschwindigkeit der Polyäthylen-Schmelze ab. Bei langsam abgekühltem linearen Polyäthylen weisen die Kristallite in a- und b-Richtung ungefähr 20 nm bis 100 nm auf. Die Länge der Kristallite in c-Richtung beträgt etwa 20 nm bis 40 nm. Bei einer Kristallisation unterhalb des Schmelzbereichs bei konstanter Temperatur von ungefähr 130 °C kann die Länge der Kristallite bis über 100 nm betragen [5,11,25] . Aber auch Makromoleküle mit komplizierterer Konstitution und Konfiguration können regelmäßige kristalline Strukturen bilden, wie Polyäthylenterephthalat (PETP) in Bild 31 unten.

Teilkristalline Polymer-Werkstoffe bestehen in ihren kristallinen Bereichen aus vielen kleinen und kleinsten Kriställchen, den Kristalliten. Mehrere dieser Kristallite können zu geordneten Überstrukturen, wie Sphärolithe (s. Abschn. 3.3.2.2.2) zusammengefaßt werden. Die Eigenschaften der Polymer-Werkstoffe hängen dann stärker von dem Gesamtverhalten, der Größe und dem Anteil dieser Überstrukturen ab, als von den Kennwerten der sie bildenden Einzelkristallite.

3.3.2.2.1 Kristallisieren

Keimbildung

Die Kristallisation wird durch die Keimbildung eingeleitet. Die Bildung des Keims läßt sich thermodynamisch mit folgender Gleichung beschreiben [42] [25]

$$G = V \cdot G_c + O \cdot \sigma_s \qquad (3.13)$$

G ist die auf den Keim als Ganzes bezogene freie Keimbildungsenthalpie, je niedriger sie wird, umso stabiler ist der Keim. G_c ist die den Parallelanlagerungs-Prozeß der

---

[40] Orthorhombische Systeme umfassen alle Kristallformen, die sich auf drei zueinander senkrechte, aber ungleichwertige Achsen beziehen lassen.

[41] Trikline Systeme umfassen alle Kristallformen, die sich auf ein Achsenkreuz von drei ungleichen, unter schiefen Winkeln sich schneidenden Achsen beziehen lassen.

[42] s. a. Anm. 34), S. 56 und Abschn. 3.3.1.2, S. 56

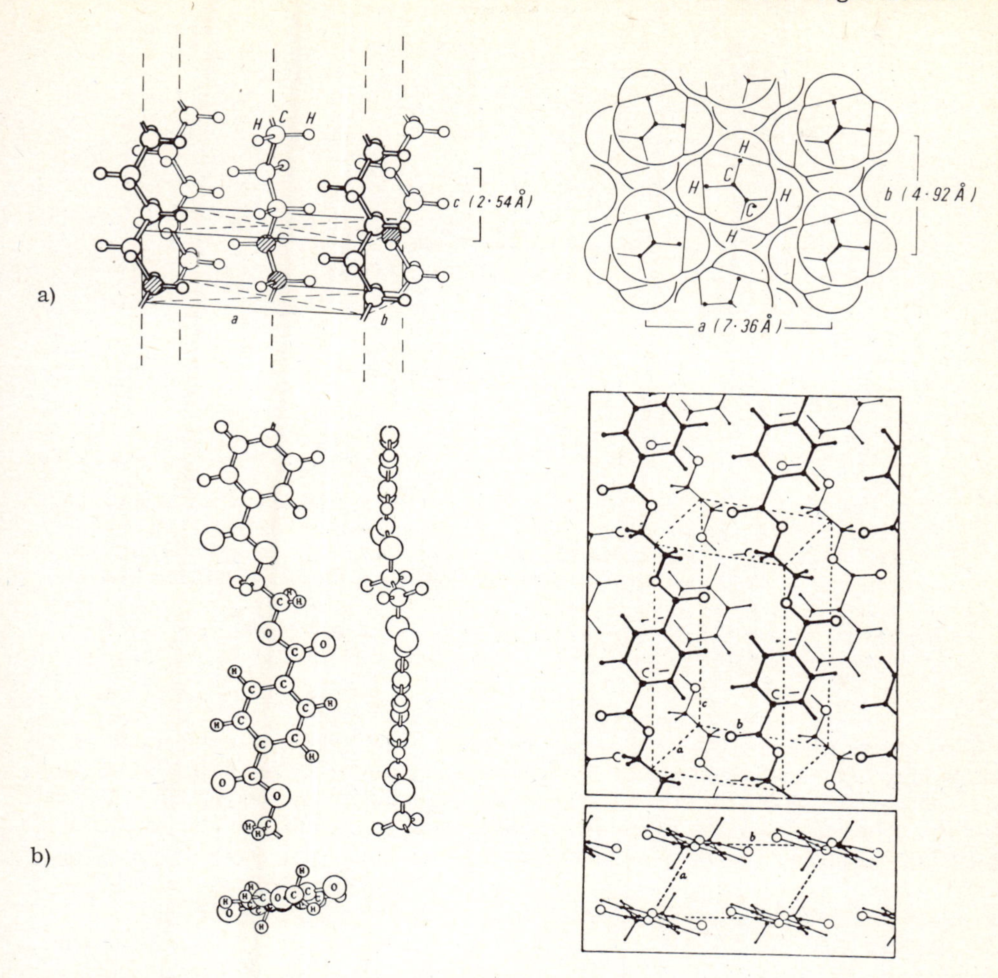

Bild 31: Kristalline Struktur des Polyäthylens (PE) [32] und des Polyäthylenterephthalat (PETP) [13]
a) Polyäthylen (PE)
links: orthorhombische [40] Elementarzelle, schematisch
rechts: Schnitt in Richtung a b, Atome mit van-der-Waals-Radius
b) Polyäthylenterephthalat(PETP)
links: gestrecktes Molekül
rechts: trikline [41] Elementarzelle

Makromoleküle kennzeichnende freie Kristallisationsenthalpie pro Volumeneinheit, die sich aus der Differenz der Enthalpie der Moleküle im festen kristallinen Zustand minus der Enthalpie der nur nahgeordneten Makromoleküle im geschmolzenen Zustand ergibt. Dieser Wert ist normalerweise negativ, da einmal die Temperatur im festen Zustand niedriger als die der Schmelze ist, und zum anderen, da für die Moleküle der geordnetere Zustand der energetisch günstigere ist (G_c wird kleiner). σ_S ist die Oberflächenspannung. Sie ist immer positiv. V ist das Volumen und O die Oberfläche des Keims.

Im Anfangsstadium überwiegt, wie Bild 32 zeigt, der Einfluß der Oberflächenspannung. Mit wachsender Keimgröße nimmt er jedoch im Vergleich zur volumenbezogenen Kri-

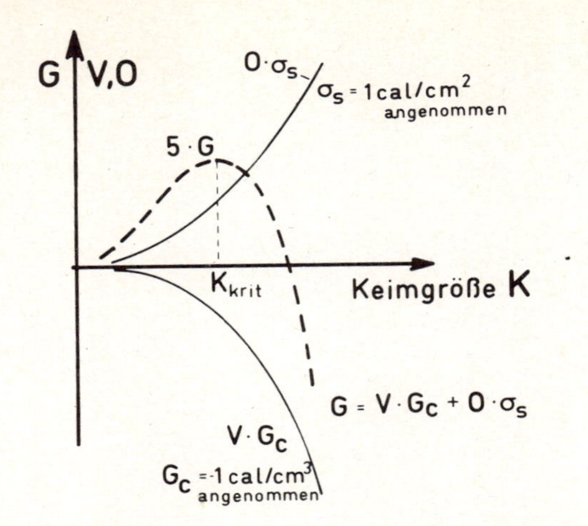

Bild 32: Änderung der freien Keimbildungsenthalpie G als f (Keimgröße) bei einer Temperatur unterhalb des Schmelzpunktes. Das Kurven-Maximum kennzeichnet die kritische Keimgröße, den Zustand maximaler Instabilität. In dem Maße wie G unter gleichseitigem Anlagern weiterer Makromoleküle an den Keim wieder abnimmt, stabilisiert sich der Keim.
O = Keimoberfläche, V = Keimvolumen, σ_s = Oberflächenspannung, G_c = freie Kristallisationsenthalpie.
s.a. Anm. 34) S. 56

stallisationsenthalpie ab. Wenn sich eine bestimmte Anzahl von Ketten zusammengelagert hat und G ein Maximum erreicht hat, liegt ein Maximum an Instabilität vor, entweder löst sich der Keim wieder auf oder er wächst unter Anlagerung weiterer Ketten und wird entsprechend der Abnahme der freien Keimbildungsenthalpie stabiler. Die Keimgröße im Zustand maximaler Instabilität nennt man die kritische Keimgröße K_{krit}.

Ein typisches Polyäthylenmolekül hat ein Volumen von 10^3 nm^3. Keime liegen in der Größenordnung von 1 bis 10^2 nm^3. Es genügen also Teile eines Polymermoleküls zur Bildung eines stabilen Keims [25] .

Ein Keim oberhalb K_{krit} ist umso stabiler, je geringer das Produkt von Oberflächenspannung x Oberfläche im Vergleich zur freien Kristallisationsenthalpie x Volumen ist. Es wird bei einer Kristallisation daher eine möglichst geringe Oberfläche angestrebt, die z.B. im würfelförmigen Kristall am ehesten erreicht wird. Die freie Kristallisationsenthalpie erreicht dagegen ihren günstigsten Wert (minimale inter- und innermolekulare Energie), wenn die einzelnen Makromoleküle in ganzer Länge gestreckt, zick-zack-förmig oder als Helix parallel zu anderen angeordnet sind. Es gibt zwischen dem Bestreben nach einer dem anfänglich geringen Volumen angepaßten Kristallitdicke in Kettenrichtung, die beim Polyäthylenmolekül z.B. durch Kettenfaltung erreicht werden kann, und der vollkommenen Streckung der einzelnen Makromoleküle eine optimale Kristallithöhe, die sogen. kritische Keimbildungslänge.

Bereits in der Schmelze, dem Zustand größter Beweglichkeit der Ketten, sind Nahordnungen, d.h. Parallellagerungen oder Faltungen von wenigen kurzen Kettenabschnitten möglich (Bild 33) [118] . Der größte Teil liegt allerdings ungeordnet (amorph) vor. Die Nahordnungen ergeben jedoch bereits eine genügend große Anzahl von Primärkeimen, die beim Abkühlen thermodynamisch stabil werden und weiterwachsen können. Die Kinkenkonzentration soll dabei bei Polyäthylen (PE) von etwa 25 % der CH_2-Gruppen kurz oberhalb des Schmelzpunktes (Bild 33 a) mit dem Erstarren auf 0,5 % abnehmen (Bild 33 b) [33] .

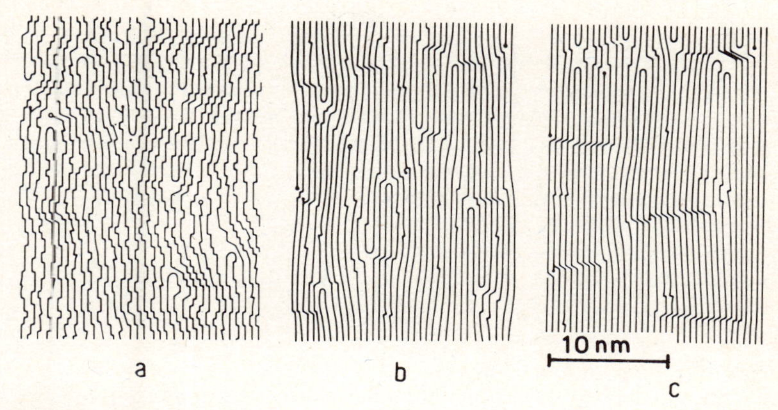

Bild 33: Modellvorstellung
Nahordnungen in der Schmelze (a) und größere geordnete Bereiche (Parallellagerungen) unterhalb der Kristallisationstemperatur (b) und bei tiefen Temperaturen (c) [24]

Im Bild 34 sind verschiedene Keimbildungsart-Modelle dargestellt. Der sogen. Franzenmizellenkeim ergibt sich durch Parallellagerung einzelner Abschnitte verschiedener Ketten. Da derartige Anordnungen bereits bei einer relativ geringen Beweglichkeit der Ketten, d.h. bei tiefen Temperaturen möglich sind, spricht man auch von einer Kaltkristallisation, die z.B. bei Polyamid beobachtet wird [25] .

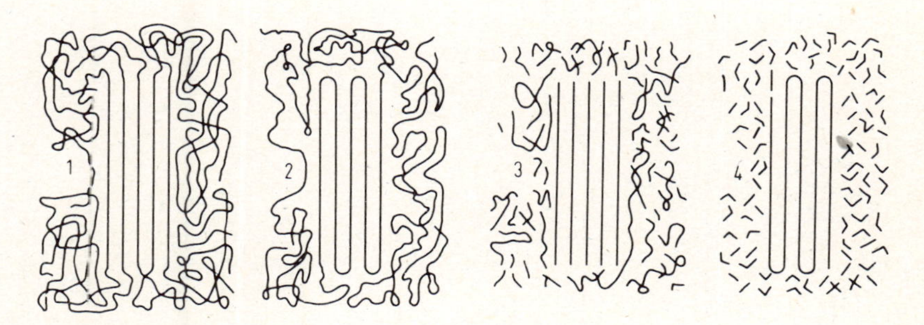

Bild 34: Schematische Darstellung von Polymerkeimen [25]
1. Franzenmizellenkeim (intermolekular)
2. Faltkeim (innermolekular)
3. Oligomerkeim (intermolekular)
4. Einzelmolekülkeim (innermolekular)

Sobald die Beweglichkeit der Polymerketten bei höherer Temperatur genügend groß ist, werden derartige Keime zunehmend instabil. Es bilden sich dann bevorzugt sogen. innermolekulare Faltkeime, die aus einem Abschnitt eines einzelnen Makromoleküls bestehen. Das besondere an dieser Keimbildung ist, daß durch die Faltungsbögen an der Oberfläche amorphe Bereiche entstehen, an denen ein Weiterwachsen der Keime durch Anlagern weiterer Ketten nicht ohne weiteres erfolgen kann (s.a. Bild 42). Daher sind die endgültigen Abmessungen der Kristallite in Kettenrichtung durch die anfängliche kritische Keimhöhe vorgegeben. Die sogen. Oligomerkeime bilden sich aus Oligomeren der kritischen Keimlänge (einige wenige chemisch aneinander gebundene Monomere bilden Oligomere). Zu Beginn der Polymerisation ist die Beweglichkeit der ersten sich bildenden Ketten innerhalb der Monomere noch sehr wenig behindert. Sobald die Beweglichkeit und auch der Anteil der Oligomeren bei fortschreitender Polymerisation sinkt, wird diese Art der Keimbildung stark behindert. Der Einzelmolekülkeim ist relativ selten und bisher wenig erforscht, er bildet sich, wenn nicht genügend Oligomere zur Keimbildung bei der Polymerisation zur Verfügung stehen. Im Gegensatz zum Faltkeim, der sich nach der Polymerisation aus der Schmelze oder der technisch weniger interessanten Lösung bildet, entsteht der Einzelmolekülkeim bereits während der Polymerisation.

Bei den Keimen werden Primär-, Sekundär- und Tertiärkeime unterschieden (Bild 35). Bei den in Bild 34 gezeigten Polymerkeimen handelt es sich ausschließlich um Primärkeime, d.h. sie bilden sich ohne Hilfe vorgeformter Oberflächen, z.B. bei Unterkühlung einer Polyäthylen-Schmelze um mehr als 50 °C unter dem Kristallitschmelzpunkt. Da die vorgegebenen Oberflächen zusätzliche intermolekulare Kräfte ausübt, ist eine Anlagerung von gestreckten, zick-zack- oder helixförmigen Makromolekülen energetisch begünstigt. Wirken diese zusätzlichen Kräfte nur in einer Ebene, handelt es sich um eine Sekundärkeimbildung (b), bei zwei Ebenen um eine Tertiärkeimbildung (c). Dabei genügt bereits eine Unterkühlung um 20 °C [25] .

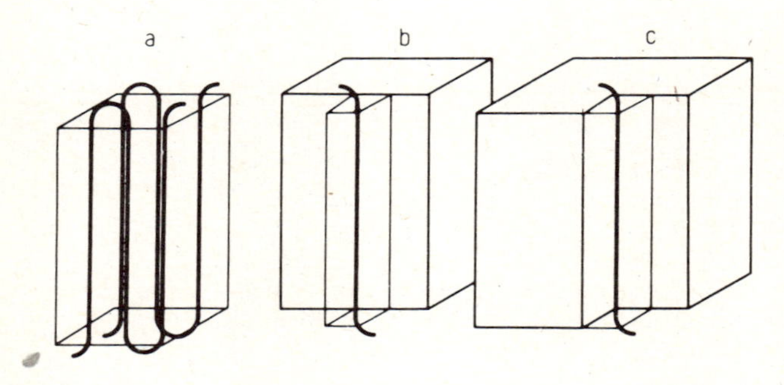

Bild 35: Keimbildungstypen [25]
a) Primärkeim
b) Sekundärkeim
c) Tertiärkeim

Diese vorgegebenen Oberflächen können sogen. Keimbildner oder Kristallisationsbeschleuniger sein. Es handelt sich um anorganische, kristalline Substanzen, die als Zusätze die Keimbildung des Polymeren bereits bei geringerer Unterkühlung einleiten. Dadurch wird die Zahl der Keime erhöht, die Kristallisation beschleunigt und ein feines Kristallitgefüge erreicht. Der Kristallisationsgrad [43)] ist jedoch im Endstadium etwa gleichgroß wie bei Polymer-Werkstoffen ohne Keimbildnerzugabe, denen genügend Zeit zum Wachsen der Kristallite in einem dafür günstigen Temperaturbereich gegeben wird. Ein günstiger Temperaturbereich liegt vor, wenn die Temperatur hoch genug ist, um eine ausreichend große Beweglichkeit der Makromoleküle zu ermöglichen, gleichzeitig aber auch niedrig genug ist, um die Stabilität der Keime und Kristallite zu gewährleisten.

---

43) Massenanteil der kristallinen Bereiche

Angewandt werden Kristallisationsbeschleuniger z.B. bei Polyamid-Spritzgußmassen. Polyamide (PA) nehmen bei normaler Luftfeuchte (60 % rel. Feuchte) ungefähr 3 % Wasser auf. Bei diesem Wassergehalt erreichen sie ihre außerordentlich hohe Zähigkeit. Im völlig trockenen Zustand sind sie ausgesprochen spröde. Werden die Formteile zur beschleunigten Feuchtigkeitsaufnahme unmittelbar nach dem Spritzgießen in kaltes Wasser geworfen, befinden sie sich nur kurze Zeit in einem für das Kristallitwachstum günstigen Temperaturbereich, so daß nur mit Keimbildnern der gewünschte Kristallisationsgrad erzielt werden kann. Im allgemeinen wirken nur solche Zusätze keimbildend, die sich in der Polymerschmelze nicht lösen, d.h. die unverträglich sind. Unlösliche anorganische Farbpigmente fördern daher die Keimbildung, während organische Pigmente wegen ihrer Löslichkeit zu einer langsameren Kristallisation führen.

Zusammenfassend ergibt sich: mit höherem Kristallisationsgrad steigen die Festigkeit und Steifigkeit (besonders im entropieelastischen Bereich), und die Maßhaltigkeit bei erhöhter Gebrauchstemperatur (geringere Nachkristallisation und damit Nachschwindung). Zusätzlich wird der Zeitpunkt der zur Entformung notwendigen Formbeständigkeit schneller erreicht und damit die Zykluszeit der Fertigung erniedrigt.

Wachstum

Kristallisiert ein niedermolekularer oder atomarer Stoff, so ist die Änderung der Energie und Entropie für jedes Molekül gleich groß. Bei Makromolekülen lagern sich die Kettenabschnitte nacheinander auf die bevorzugten Kristallit-Plätze, wobei jeder Platzwechsel eines Kettenabschnitts durch inner- und intermolekulare Bindungskräfte auf nachfolgende Abschnitte wirkt (Bild 36).

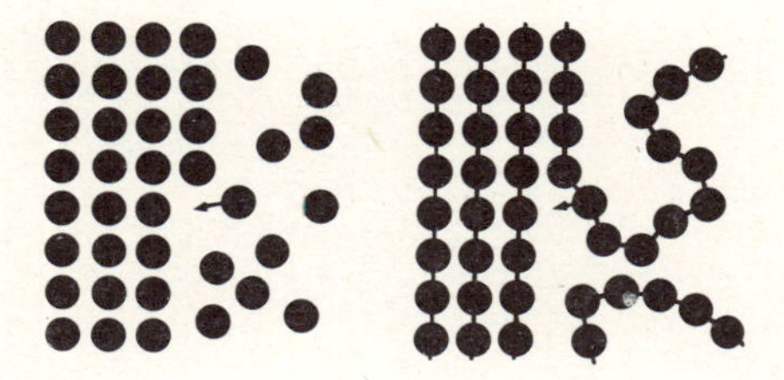

Bild 36: Schematische Darstellung des Elementarschritts bei der Kristallisation eines niedermolekularen oder atomaren Stoffs (links) und eines Makromoleküls (rechts) [35]

Dabei ändern sich nicht nur die Entropie und die Energie der sich gerade anlagernden Kettenabschnitte, sondern auch der noch freien Kettenbereiche in Nähe der Kristallitoberfläche im Übergang amorph-kristallin, die in Bild 37 durch die gestrichelte Linie eingefaßt sind. Neuere Vorstellungen betrachten die Beeinflussung dieser Bereiche als zusätzliche Oberflächenspannung, die umso größer ist, je weiter die Beeinflussung geht und je mehr Moleküle betroffen sind [27,34] .

Durch diese zusätzliche Oberflächenspannung ergeben sich für die verschiedenen Polymerkeime entsprechend Gln. (3.13) unterschiedliche Werte für die freie Keimbildungs-Enthalpie. Bild 38 zeigt für die Kristallisation aus dem Faltenkeim und dem Franzenmizellenkeim mit frei herausragenden Ketten die Änderung der freien Enthalpie in Abhängigkeit vom Kristallisationsgrad.

Zu Beginn des Kristallwachstums steigt die freie Enthalpie an (Bild 32). Der Zustand

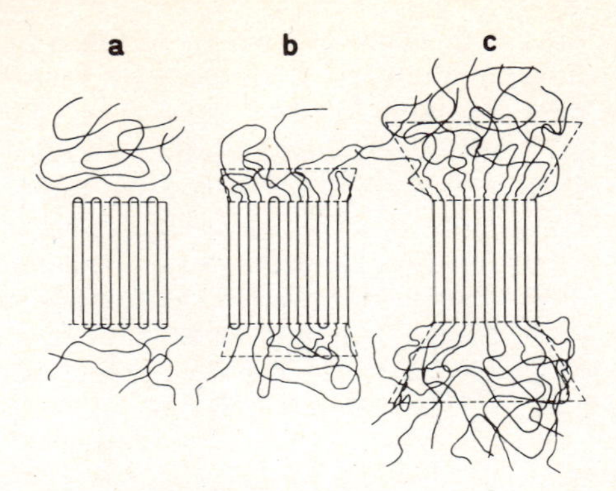

Bild 37: Nicht gebundene Kettenenden bei Faltkeimen (a) und Franzenmizellen mit freien (b) und gebundenen (c) Kettenenden [35]

Übergang amorph-kristallin

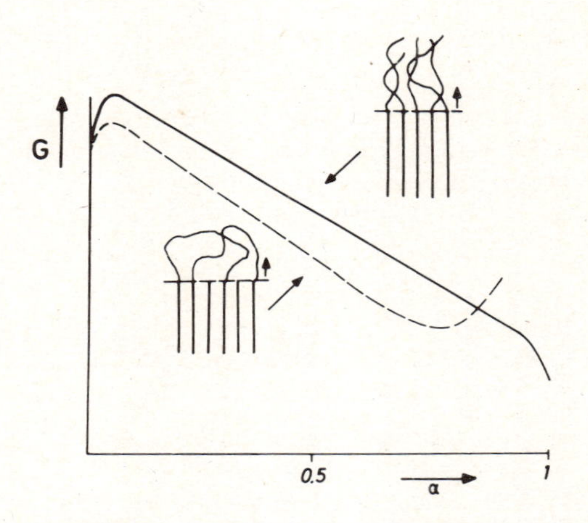

Bild 38: Änderung der freien Enthalpie als Funktion des Kristallisationsgrades
α = Kristallisationsgrad [25]
(s. a. Anm. 34) S. 56

maximaler freier Enthalpie ist der instabilste. Mit zunehmendem Kristallitwachstum nimmt die freie Enthalpie wieder ab, der Keim wird stabiler. Im Fall der Keimbildung durch Franzenmizellen mit frei herausragenden Ketten (ausgezogene Kurve) fällt die freie Enthalpie kurz vor der vollständigen Kristallisation des gesamten Volumens nochmals stark ab, da die Beeinflussung der sich gerade parallellagernden Ketten durch die noch nicht geordneten folgenden Kettenstücke umso geringer wird, je kürzer diese sind. Im häufigeren Fall der Kristallbildung mit Faltungen (gestrichelte Linie in Bild 38) werden mit zunehmender Kristallisation die Schlaufenenden immer stärker verspannt, so daß die freie Enthalpie [44] nach Durchlaufen eines Minimums zum Ende hin wieder ansteigt. Da die Prozesse in der Umgebung des Minimums der freien Enthalpie sehr langsam verlaufen, treten in diesem Zustand auch nur langsame Änderungen ein.

---

44) Faltungsbögen erfordern energetisch ungünstigere gauche-Stellungen der Bindungsachsen. Mit zunehmender Kristallisation (Verkürzung der Faltungsbögen) ergeben sich zusätzlich Valenzwinkelverzerrungen.

Dazu kommt der Umstand, daß ein langes, bewegliches Kettenmolekül nicht als Ganzes, sondern nur segmentweise eine bestimmte Lage einnehmen kann. Bei Raumtemperatur wird daher im festen Polymer fast nie der Zustand niedrigster freier Enthalpie erreicht, d.h. Polymer-Werkstoffe befinden sich normalerweise in einem langlebigen metastabilen Zustand, der auch als gehemmter Nicht-Gleichgewichtszustand bezeichnet wird[36,37,117].

Da die Kristallisation mit Abschluß der Fertigung des Formteils i.a. nicht abgeschlossen ist, erfolgt danach ein sich über sehr lange Zeiträume (Wochen und Monate) erstreckender Nachkristallisationsprozeß. In der Praxis werden daher Formteile, von denen eine hohe Maßhaltigkeit gefordert wird, in Werkzeugen mit erhöhter Temperatur gespritzt, um den Ketten von vornherein die Möglichkeit zur schnellen und möglichst vollständigen Kristallisation zu geben. Dadurch können auch zunächst vorhandene kleine und gestörte Kristallite in größeren Einheiten mit einem höheren Ordnungsgrad umgewandelt werden. Kristalline Strukturen, die sich erst bei bestimmten Temperaturen bilden, werden auch erst bei etwa den gleichen Temperaturen schmelzen. Bei bestimmten Polyurethan-Elastomeren kann so das Ende des entropieelastischen Bereichs und somit die thermische Einsatzgrenze um mehr als 100 °C zu höheren Temperaturen hin verschoben werden.

In Bild 39 ist als Beispiel der Einfluß der Werkzeugoberflächentemperatur bei der Verarbeitung und einer nachträglichen Lagerung der Formteile bei erhöhter Temperatur auf die Schwindung und Nachschwindung von Polyoxymethylen (POM) dargestellt. Teilkristalline Thermoplaste gelten wegen des oben gesagten i.a. als weniger maßbeständig als amorphe.

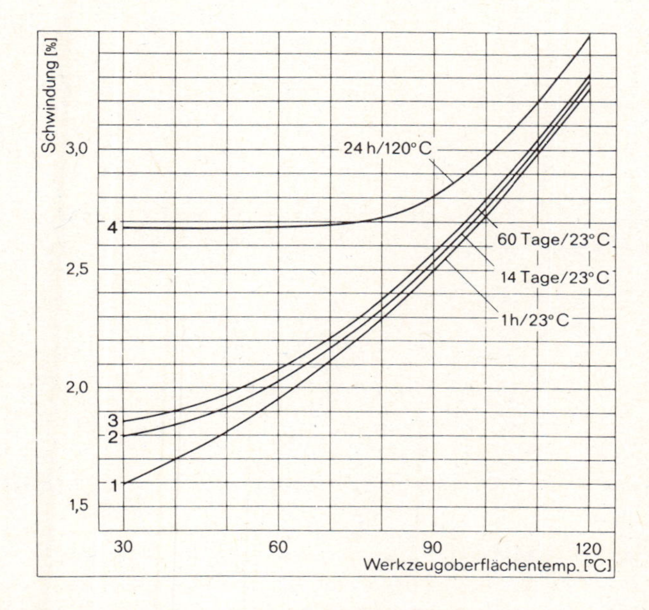

Bild 39: Schwindung und Nachschwindung von Polyoxymethylen (POM) in Abhängigkeit von der Werkzeugoberflächentemperatur, Lagerzeit und Lagertemperatur, Wanddicke 1,5 mm
Kurve 1: Verarbeitungsschwindung, gemessen 1 Stunde nach Herstellung
2: Nachschwindung nach 14-tägiger Lagerung bei Raumtemperatur
3: Nachschwindung nach 60-tägiger Lagerung bei Raumtemperatur
4: Nachschwindung nach 24-stündiger Temperung bei 120 °C.

Entsprechend dem Kristallisationsgrad ändern sich die von ihm abhängigen Materialeigenschaften mit der Zeit. Mit wachsendem Kristallisationsgrad nehmen Dichte, Elastizitätsmodul (Bild 40), Zugfestigkeit (Streckgrenze), Härte, Abriebfestigkeit, Beständigkeit gegen Lösungsmittel, Wärmeleitfähigkeit und Schmelzwärme zu. Es verringern sich dagegen mechanische Dämpfung, Schlagzähigkeit, Bruchdehnung (Verstreckbarkeit), Volumen, Kompressibilität, thermische Ausdehnung, Beständigkeit gegen Spannungsrißbildung, Quellung, Permeation von Gasen und Dämpfen und Lichtdurchlässigkeit.

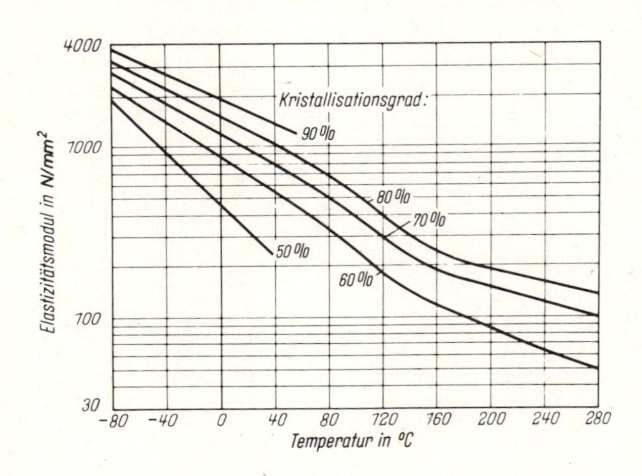

Bild 40: Einfluß des Kristallisationsgrades auf den Elastizitätsmodul von Polytetrafluoräthylen (PTFE)

3.3.2.2.2 Kristalline Überstrukturen

Faltungen

Kristallisationsfähige Makromoleküle falten sich, wie Bild 41 schematisch zeigt, bevorzugt zu lamellenförmigen Einkristallen, auch Faltungsblöcke genannt (s. a. Bild 44).

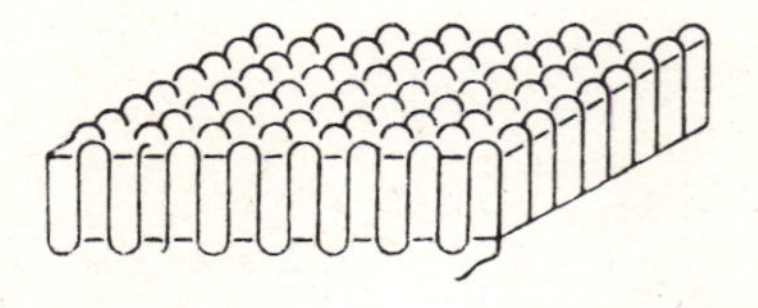

Bild 41: Schematische Darstellung eines Polymer-Einkristalls [6] oder Faltungsblocks

Obwohl die Kinetik der Faltung noch nicht eindeutig geklärt ist, ergibt sich schon auf Grund der im vorangegangenen Abschnitt diskutierten thermodynamischen Betrachtungen, daß bestimmte Höhenabmessungen bevorzugt sind.

Der kristalline Anteil derartiger Faltungsblöcke beträgt etwa 80 bis 85 %. Die Störungen und nichtkristallinen Bereiche sind neben den Faltungsbögen an der Oberfläche (nicht geordnete Grenzschicht) auf Defekte im Kristallinneren zurückzuführen, die in Bild 42 schematisch gezeigt sind. Defekte im Kristallinneren können durch Kettenenden, Faltungen und Kinken (s. Bild 28 und 69) hervorgerufen werden. Statistisch ergibt sich z.B. für ein Polyamid mit einer rel. Molekularmasse $\overline{M}_m$ von 15 000 ein durchschnittlicher Abstand der Kettenenden von 2 nm [5] .

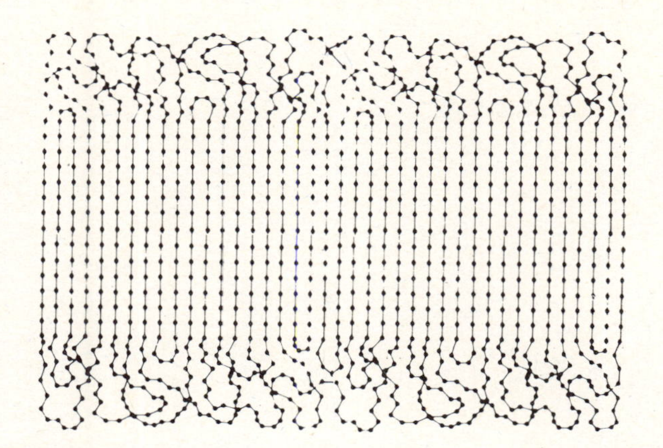

Bild 42: Modell für die nichtgeordneten Grenzschichten eines Polymer-Einkristalls bzw. Kristallits [115,116]

Die nichtgeordnete (amorphe) Grenzschicht, hervorgerufen durch die Faltungsbögen, läßt sich bei Polyäthylen (PE) mit rauchender Salpetersäure entfernen. Untersuchungen an diesem nahezu hundertprozentig kristallinen Material haben jedoch gezeigt, daß es mechanisch außerordentlich spröde ist, und daß die gewünschte hohe Zähigkeit der Polymer-Werkstoffe die amorphen Bereiche notwendig macht. Es ist anzunehmen, daß nicht alle gefalteten Ketten in die Kristallite zurücklaufen, wie dies in Bild 42 und 43 c (zur besseren Übersicht sind nur zwei Schlaufen eingezeichnet) dargestellt ist. Es ist vielmehr wahrscheinlich, daß auch einige Ketten von einem zum anderen Kristallit verlaufen und die dazwischen liegenden amorphen Bereiche bilden (Bild 43 b). Daß alle Ketten von einem zum anderen Kristallit verlaufen bzw. sich als amorphe Bereiche zwischen die Kristallite legen (Bild 43 a), ist wenig wahrscheinlich, zumal amorphe Anordnungen eine sehr viel größere Querschnittsfläche benötigen als kristalline.

Der Zusammenhalt der amorphen Grenzschichten verschiedener Faltungsblöcke wird durch die Anzahl der durchlaufenden Ketten und die wechselseitigen Kettenverschlaufungen bestimmt. Sie ist häufig als Schwachstelle anzusehen.

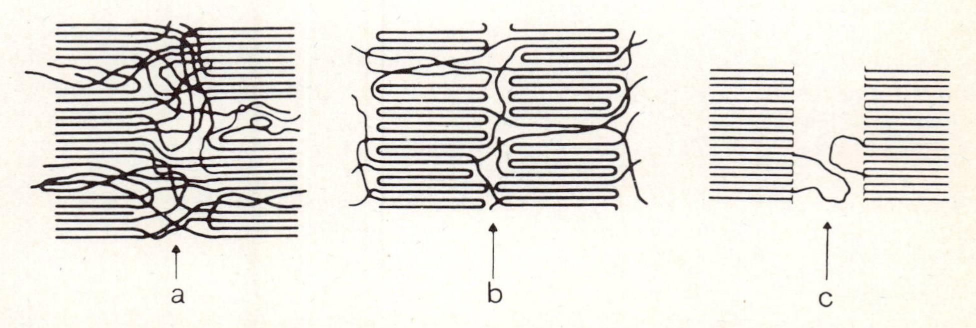

Bild 43: Modelle für nichtkristalline Bereiche zwischen den Kristalliten [34]

Senkrecht zu den Ketten ist das Wachstum durch Anlagerung von gefalteten oder gestreckten Ketten bei günstigen Kristallisationsbedingungen nahezu unbegrenzt, so daß sich z.B. bei Polyäthylen regelrechte 15 bis 100 nm dicke Schichten bilden (Bild 44, 52 und 106). Unter normalen Bedingungen entstandene Lamellen weisen eine sehr viel ungleichmäßigere Anordnung der Lamellen auf (Bild 52).

Bild 44: Bruchfläche von geschichteten Faltungen mit gestreckt-kettigen Lamellen (rechts) bei günstigen Kristallisationsbedingungen
(Elektronenmikroskopische Aufnahme, Abdruckverfahren)
links: Polyäthylen (HDPE) [39]
rechts: Polychlortrifluoräthylen (PCTFE) unter einigen tausend bar Druck kristallisiert [5]

Die Ursache der Entstehung gestrecktkettiger (nicht gefaltete Makromoleküle) Kristallite ist noch nicht vollständig geklärt [45]. Man nimmt an, daß sie direkt bei gleichzeitiger Polymerisation und Kristallisation bei sehr hohen Drücken, z.B. 2000 bar, oder bei Temperung bei Temperaturen kurz unter der Kristallitschmelztemperatur durch Umwandlung aus gefalteten Makromolekülen entstehen [25,43] . Bei dem breiten Band gestrecktkettig kristallisierter Makromoleküle in Bild 44 rechts entspricht die Höhe des Bandes der Länge der Moleküle.

Sphärolithe

In den meisten Fällen ordnen sich die etwa 15 bis 100 nm dicken Faltungsblöcke beim Abkühlen aus der Schmelze zu größeren polyedrischen Einheiten, den sogen. Sphärolithen. an. Sphärolithe sind zentralsymmetrische Überstrukturen aus zahlreichen Faltungsblökken, mit in den kristallinen Bereichen überwiegend tangential zum Radius angeordneten Makromolekülen. Der Sphärolithdurchmesser beträgt 0,1 bis 1 mm. Typische Spärolith-Strukturen, wie sie im polarisierten Licht zu erkennen sind, zeigt Bild 45.

Die Faltungsblöcke ordnen sich so an, daß z.B. beim Polyäthylen die b-Achse der Kristallite parallel zum Radius und die a- und c-Achse senkrecht dazu orientiert sind (s. Bild 31 a und 46). Die c-Achse ist gleich der Richtung der Makromoleküle (C-C-Ketten-

---

[45] Im vollständig gestreckten Zustand beträgt die Kettenlänge eines Polyäthylenmakromoleküls (HDPE) mit $\overline{M}_m$ = 280 000 ungefähr 2,5 μm

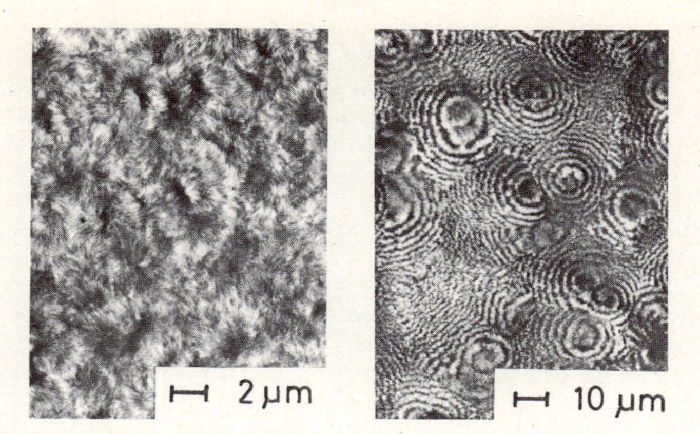

Bild 45: Sphärolithe von verzweigtem Polyäthylen (LDPE) (links) und linearem Polyäthylen (HDPE) im polarisierten Licht (Mikrotomschnitte)

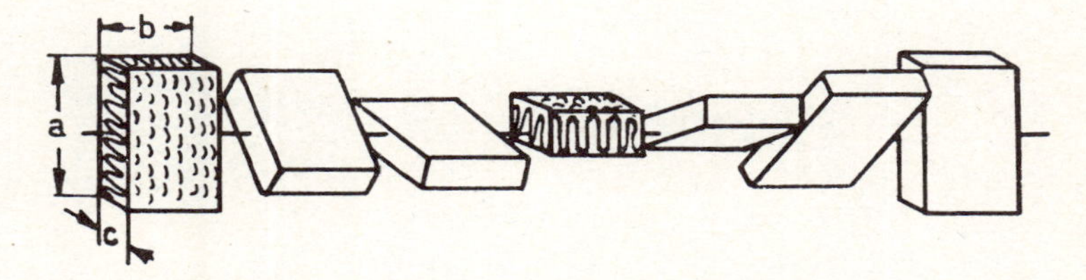

Bild 46: Schraubenförmige Anordnung der gefalteten kristallinen Bereiche im Sphärolith [40]

richtung). Die im polarisierten Licht sichtbaren Ringstrukturen können einer schraubenförmigen Anordnung der gefalteten Kristallite zugeordnet werden, wobei die Ganghöhe der Schraube gerade dem Abstand identischer Ringe entspricht (Bild 47).

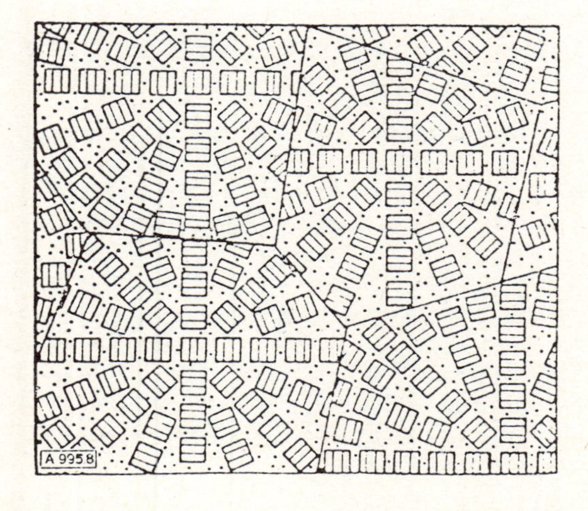

Bild 47: Schematische Darstellung des Aufbaus eines Sphäroliths mit ebener Anordnung der gefalteten kristallinen Bereiche [41]

Die schraffiert dargestellten, blockartigen kristallinen Bereiche sind, wie Bild 47 ohne Berücksichtigung der schraubenförmigen Verdrehung erkennen läßt, radial angeordnet. Die punktierten Bereiche sind die nicht kristallinen Bereiche, z.B. Verzweigungen, die nicht in dem kristallinen Verband eingeordnet, sondern in die amorphen Zwischenräume geschoben werden (s.a. Bild 52). Die großen, durch die längeren Geraden begrenzten Polygone kennzeichnen die Sphärolithe. Allerdings sind in dieser Darstellung der Anschaulichkeit halber die Kristallite im Vergleich zu den Sphärolithen übergroß gezeichnet. Die Kristallite liegen in der Größenordnung von 10 - 50 nm, die Sphärolithe von 10 - 1000 µm.

Die elektronenmikroskopischen Aufnahmen von Oberflächenabdrücken in Bild 48 lassen deutlich die schraubenförmige Anordnung der Kristallite erkennen. In den glatten Bereichen liegen die Faltungsblöcke parallel zur Bildebene, d.h. die Ketten verlaufen senkrecht zu ihr.

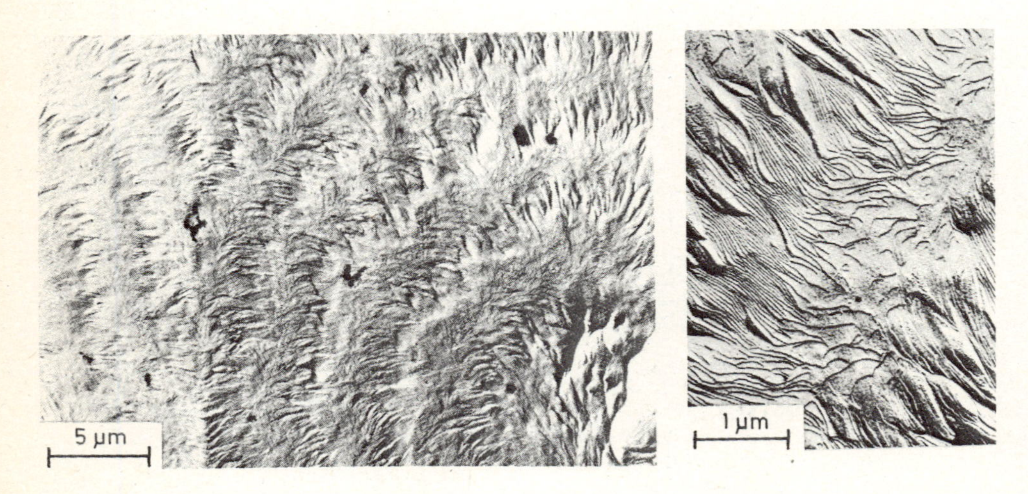

Bild 48: Schraubenförmige Anordnung der Faltungen im Sphärolith, Oberflächenabdruck eines Polyäthylens (HDPE) [42]
(Elektronenmikroskopische Aufnahme)

Die in Bild 45 sichtbaren Ringe ergeben sich dadurch, daß in Richtung der Lamellennormalen, d.h. parallel zu den Molekülen, keine Depolarisation des polarisierten Lichts stattfindet, es erscheinen dunkle Ringe. Im Gegensatz dazu ergeben sich senkrecht dazu, d.h. senkrecht zu den Molekülachsen, wegen der Depolarisation die Aufhellungen.

Neben der schraubenförmigen Anordnung der kristallinen Bereiche gibt es auch ausgesprochen ebene Anordnungen der Faltungen, wie sie in Bild 49 dargestellt sind. Da die Kristallisation in diesen Fällen unter besonders günstigen Bedingungen erfolgte, (erhöhter Druck von mehreren tausend bar und sehr langsame Abkühlung aus der Schmelze) hatten die in der Schmelze verknäuelten und nur wenig vorgeordneten Moleküle in dem für sie günstigen Temperaturbereich genügend Zeit, um sich zu entknäueln und zu strekken, so daß sich keine Faltungen bildeten.

Die in Bild 46 bis 49 gezeigten Sphärolithe bestehen aus Faltungsblöcken oder Lamellen, die in sternförmiger Anordnung ohne Verzweigungen vom Sphärolithzentrum zum Sphäro-

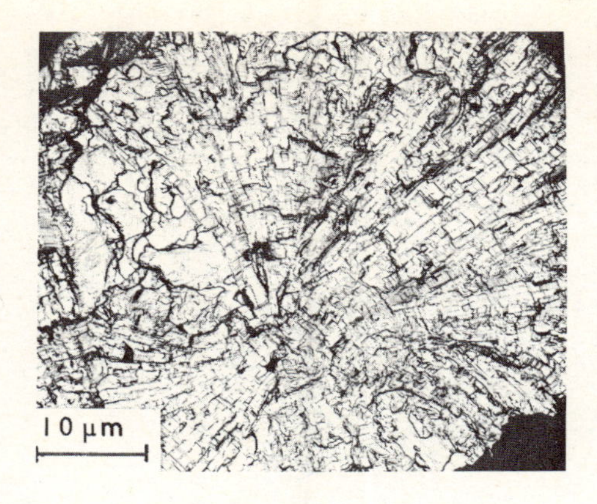

Bild 49: Bruchflächen von Sphärolithen aus gestreckten Makromolekülen [5]
links: Polyäthylen (HDPE)
rechts: Polytetrafluoräthylen (PTFE)
(Elektronenmikroskopische Aufnahme von Abdrücken)

lithrand verlaufen. Daneben gibt es im Prinzip ähnliche, garbenförmige Sphärolithe. Die vom Zentrum ausgehenden Faltungen verzweigen vielfach, wenn sie radial nach außen wachsen, ohne die Gleichmäßigkeit der o.a. Sphärolithe aufzuweisen, wie Bild 50 erkennen läßt.

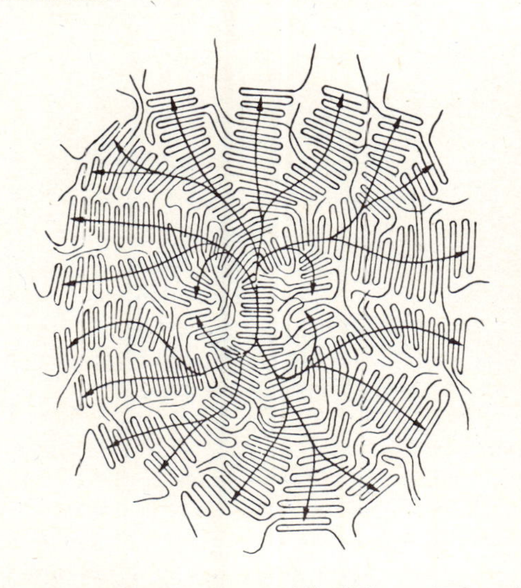

Bild 50: Garbenförmiger Sphärolith aus Polyamid (PA)
links: Schema [23]
rechts: Bruchfläche [43]
(Elektronenmikroskopische Aufnahme eines Abdrucks)

Bei der Verarbeitung von Polymer-Schmelzen orientieren sich die Makromoleküle aufgrund eines starken Schergefälles parallel. Dabei bilden sich Franzenmizellenkeime, die als Sekundär- oder Tertiärkeime eine weitere Anlagerung von Makromolekülen begünstigen. Kommt es im Laufe des Verarbeitungsprozesses zum Abschluß der die Scherungsfälle hervorrufenden Strömungsvorgänge, kann ein ganz normales kristallines Aufwachsen der sich faltenförmig anlagernden Ketten beginnen.

Bild 51 zeigt links ein Schema und rechts ein Bild derartiger Strukturen, die als Schaschlik- oder Shish-Kebab-Strukturen bezeichnet werden.

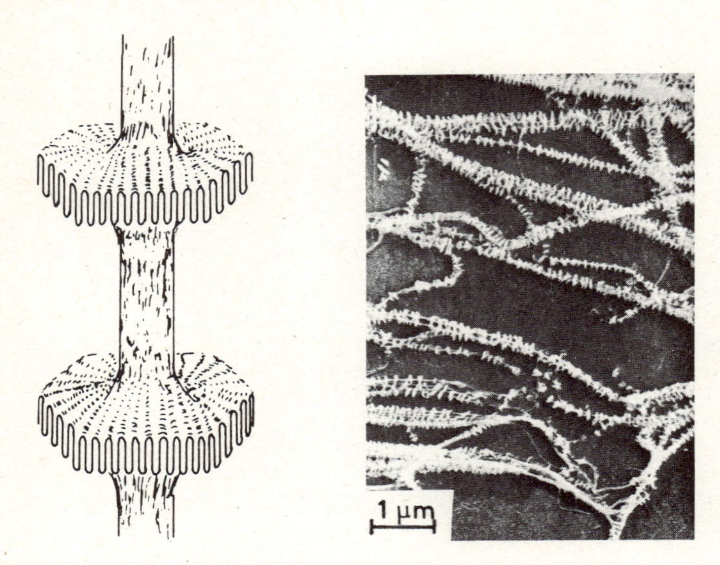

Bild 51: Shish-Kebab- (Schaschlik-) Strukturen bei linearem Polyäthylen
links: Schema [120]
rechts: Elektronenmikroskopische Aufnahme [121]

3.3.2.2.3 Realkristalle - teilkristalline Polymer-Werkstoffe

In Bild 52 links sind für einen teilkristallinen Thermoplast die verschiedenen Ordnungsmöglichkeiten zusammengestellt. Die einzelnen Punkte der Ketten kennzeichnen jeweils die chemischen Gundbausteine. Die einzelnen Molekülketten liegen in einigen Bereichen parallel geordnet als Kristallite vor und laufen dann durch die amorphen Bereiche in den nächsten Kristallit oder mehr oder weniger stark gefaltet wieder zurück.

Der Form des gefalteten Idealkristalls kommt der Zustand E am nächsten. Derartige Kristallitstrukturen bilden sich aus Faltkeimen, vor allem aus verdünnten Lösungen, aber auch aus Schmelzen. Wird ein zunächst überwiegend amorphes Material unterhalb der Kristallit-Schmelztemperatur und oberhalb der Erweichungstemperatur der amorphen Phase getempert, so lagern sich zunehmend Ketten parallel, wie dies im Bereich U vorliegt. Die gegenläufigen Pfeile rechts unten sollen eine Verbindung kennzeichnen, die durch Aneinanderlagern der Zustände E und U zustande gekommen ist, aber noch keine optimale intermolekulare Bindung erreicht hat, so daß es bei einer mechanischen Beanspruchung zu Ableitungen kommen kann. Die mit I bezeichnete Struktur soll in kalt verstreckten Fasern angetroffen werden und wird auch Fibrille genannt [46]. Sie unter-

---

[46] Die auch in Bild 105 angedeutete und von Peterlin beschriebene Unterteilung der Makrofibrillen (einige 100 nm dick) in Mikrofibrillen von 10 bis 30 nm Durchmesser wird vielfach bestritten, da interfibrillare Moleküle einen starken Zusammenhalt bewirken [119,126] .

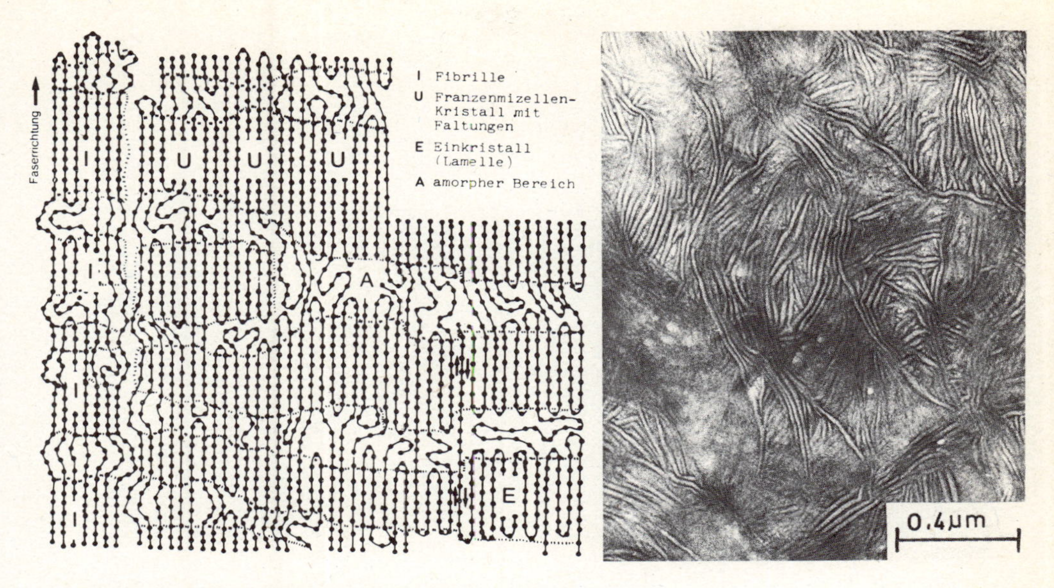

Bild 52: Lamellenstruktur in teilkristallinen Thermoplasten
links: Modell für verschiedene Kristallitanordnungen [44]
rechts: Anordnung der Lamellen von gepreßten HDPE-Proben, kristalline Bereiche sind hell, amorphe dunkel, Kontrastierung in Chlorsulfonsäure und Uranylacetat. Lamellendicke ungefähr 25 nm, Kristallinitätsgrad = 80 %, $\overline{M}_m = 3 \cdot 10^5$ [119]
(Ultradünnschnitt)

scheidet sich von den anderen Strukturen durch den größeren Anteil von Ketten, die von einem Kristallit zum anderen durch amorphe Bereiche hindurchlaufen.

Die in der Praxis üblichen Kristallisationsgrade und die Dichten im total amorphen und im total kristallinen Zustand sind in Tabelle 5 angegeben.

Wie sehr die Verarbeitungsbedingungen die kristalline Struktur beeinflussen, geht aus Bild 53 und 54 hervor. Bild 53 zeigt einen Schnitt durch einen Druckknopf, der aus einem Polyamid 66 (PA 66) mit zu niedriger Schmelzentemperatur gespritzt wurde. Als Schmelzen-(Masse-)Temperatur bezeichnet man die Temperatur der Schmelze beim Eintritt in das Formwerkzeug. Im Zusammenwirken mit der ebenfalls zu niedrigen Formwandtemperatur ergaben sich an den Randzonen hohe amorphe Anteile. Im Inneren erfolgte wegen der thermischen Isolierung durch die amorphen Randzonen eine einwandfreie Kristallisation. Die Lunker sind auf ungenügenden Spritzdruck zurückzuführen.

Bei erhöhter Masse- und Werkzeugtemperatur und größerer Entfernung von der Werkzeugoberfläche sind die Umordnungsmöglichkeiten der Moleküle über einen längeren Zeitraum gegeben, so daß sich, wie in dem in Bild 54 dargestellten Schnitt durch einen Zahn eines Kammes aus Polyamid 66 (PA 66) im Inneren erheblich größere kristalline Strukturen ergeben.

Die mit zunehmender Kristallisation verbundene Dichteerhöhung bewirkt, daß innerhalb des Polymer-Werkstoffs von den Sphärolithzentren ausgehend Schwindungsvorgänge stattfinden, die zwischen den Spärolithen Zugspannungen hervorrufen. Diese Spannungen stei-

Tabelle 5: Übliche Kristallisationsgrade verschiedener Thermoplaste und Dichten im total kristallinen, total amorphen und üblichen Zustand [17]

Polymer-Werkstoff	üblicher Kristallisationsgrad (%)	Dichte (g/cm^3)		
		kristallin	amorph	üblich
Polyamid (PA)	35 - 45	1,22 (PA 66)	1,07 (PA 66)	1,14
Polyoxymethylen (POM)	70 - 80	-	-	1,41
Polyäthylenterephthalat (PETP)	30 - 40	1,455	1,335	1,38
Polybutylenterephthalat (PBTP)	40 - 50	-	-	1,3
Polytetrafluoräthylen (PTFE)	60 - 80	-	-	2,1
Polypropylen (PP), überwiegend isotaktische Ketten	70 - 80	0,937	0,834	0,905
Polypropylen (PP) mit größerem Anteil ataktischer Ketten	50 - 60	-	-	0,896
Polyäthylen hoher Dichte (HDPE)	70 - 80	1,0	0,855	0,95
Polyäthylen niedriger Dichte (LDPE)	45 - 55	1,0	0,855	0,92

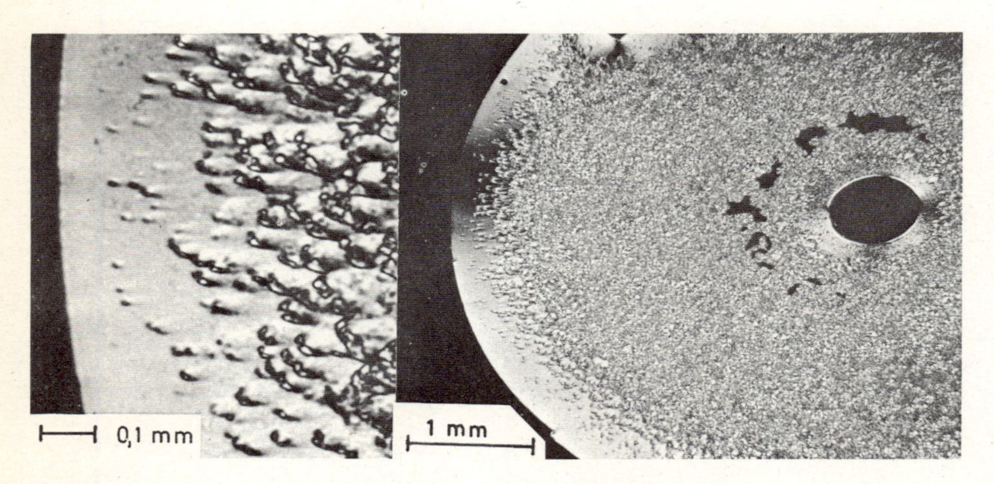

Bild 53: Schnitt durch einen Druckknopf aus Polyamid 66 (PA 66) mit amorpher Randzone und Lunker mit Ausschnittvergrößerung (links)
(Mikrotomschnitt im polarisierten Licht, ~0,01 mm dick)

gen mit wachsender Sphärolithgröße und dadurch bedingter zunehmender Schwindung. Da nur relativ wenig Kettenmoleküle von einem Sphärolith zum anderen laufen, können diese Zugspannungen besonders bei großen Sphärolithen zu Rissen führen. Risse und hohe Zug-

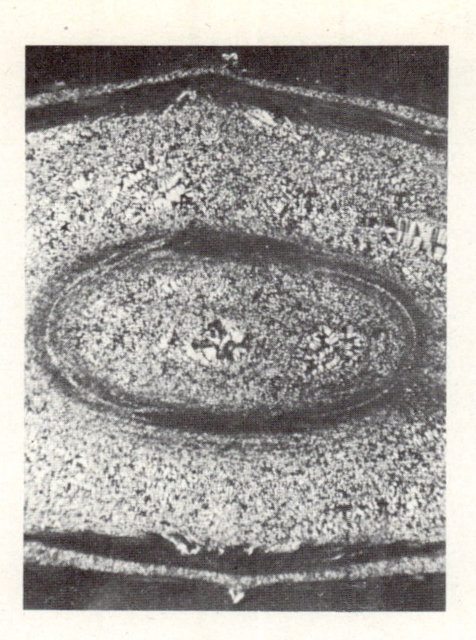

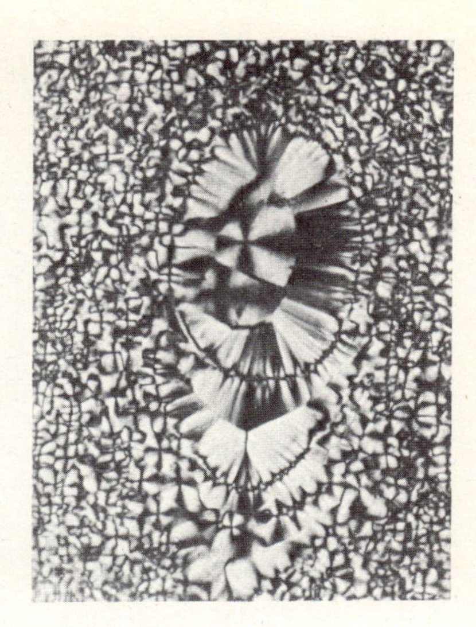

Bild 54: Schnitt durch den Zahn eines Kammes aus Polyamid 66 (PA 66)
rechts: Ausschnitt, 5-fache Vergrößerung von links, 90 ° gedreht.
(Mikrotomschnitt, ~20 µm dick, Aufnahme im polarisierten Licht)

spannungen an den Sphärolithgrenzen setzen besonders die Schlagzähigkeit und die Bruchdehnung herab und begünstigen die Spannungsrißbildung.

Wegen der Dichteunterschiede zwischen kristallinen und amorphen Bereichen ergeben sich bei Nachtemperungen rund um die Sphärolithe Vertiefungen, wie sie in Bild 55 für eine Polypropylen-Blasfolie dargestellt sind.

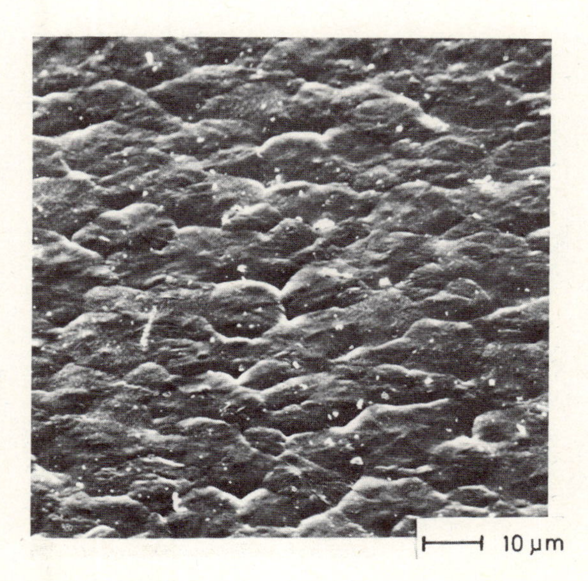

Bild 55: Oberfläche einer Polypropylen-Blasfolie
(Rasterelektronen-Mikroskopaufnahme) [45]

Derartige Vertiefungen an den Spärolithgrenzen führten verschiedentlich zu Annahmen, daß allein die Sphärolithgrenzen als die Schwachstellen des Verbundes anzusehen sind, und beanspruchungsbedingte Risse jeweils nur entlang der Sphärolithgrenzen verlaufen. Durch Netzmittel ausgelöste Spannungsrisse in einem linearen Polyäthylen (HDPE) lassen jedoch erkennen, daß auch Risse quer durch die Sphärolithe laufen. Bild 56 zeigte einen durch 5 %-ige Lösung ausgelösten Spannungsriß (s. Abschn. 6.1.4: Nichtlineares Verformungsverhalten), der sowohl durch Sphärolithe als auch entlang der Sphärolithgrenzen verläuft.

Ein weiteres Beispiel für Rißbildung durch und um Sphärolithe zeigt Bild 57. Norm-Kleinstäbe (50 x 6 x 4 mm) aus Polyamid 6 (PA 6) wurden 5 Jahre lang normaler Freibewitterung ausgesetzt. Eine elektronenmikroskopische Aufnahme zeigt, daß der Riß an seinem unteren Ende einen im Wege liegenden Sphärolithen umgeht, während er unmittelbar danach an seiner Spitze durch einen weiteren verläuft.

Bild 56: Spannungsriß in kristallisiertem linearen Polyäthylen (HDPE) [45]
(Elektronenmikroskopische Aufnahme eines Dünnschnitts)

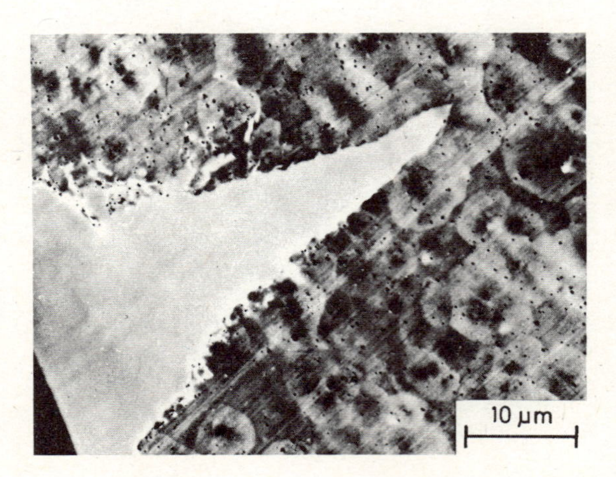

Bild 57: Riß in Normkleinstab aus Polyamid 6 (PA 6) nach 5 Jahren natürlicher Bewitterung [46]
(Elektronenmikroskopische Aufnahme eines Dünnschnitts)

3.3.3 Heterogene Polymer-Werkstoffe

Heterogene Polymer-Werkstoffe bestehen aus mindestens zwei chemisch verschiedenen organischen Stoffen, von denen einer ein kohärenter [47] Polymer-Werkstoff ist. Die häufig zu makroskopischen Einheiten zusammengefaßten Stoffe können chemisch oder physikalisch untereinander gebunden sein. Die Eigenschaften der heterogenen Polymer-Werkstoffe werden entscheidend von den einzelnen Komponenten bestimmt.

3.3.3.1 Kautschukmodifizierte Styrolpolymerisate

Die Erhöhung des mechanischen Arbeitsaufnahmevermögens (Schlagfestigkeit) von Styrol-Co- und Homopolymerisaten erfolgt durch eine Modifizierung mit Kautschukpartikeln. Dabei wird innerhalb der Polymerisate eine möglichst gleichmäßige Verteilung von Kautschukpartikelchen (Butadienkautschuk, Acrylesterkautschuk oder beide) angestrebt. Bild 58 zeigt als Beispiel ein kautschukmodifiziertes Styrol-Acrylnitril-Copolymerisat (SAN), das als Acrylnitril-Butadien-Styrol-Copolymerisat (ABS) bezeichnet wird.

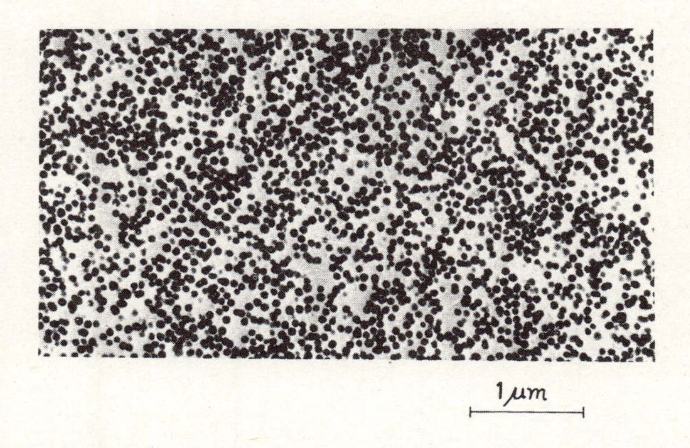

Bild 58: Feinverteilte Butadien-Kautschuk-Partikel (BR) in Styrolacrylnitril (SAN) = Acrylnitril-Butadien-Styrol-Copolymerisat (ABS) [47]
(Elektronenmikroskopische Aufnahme eines Ultradünnschnitts, ~0,1 µm)

Wird unvernetztes Polybutadien in Styrol gelöst und die Lösung polymerisiert, so bilden sich Homopolystyrol und Butadienkautschuk mit gepfropftem, d.h. durch Hauptvalenzen gebundenes Polystyrol. Da die Komponenten weitgehend unverträglich sind, kommt es zu einer Entmischung, bei der sich im kohärenten Polystyrol (PS) gleichmäßig verteilte Kautschukpartikelchen bilden, die ihrerseits im Inneren wiederum Polystyrol enthalten. Bild 59 zeigt einen Schnitt durch Teilchen eines schlagfesten Polystyrols (SB).

Wegen ihres unterschiedlichen Elastizitätsmoduls bezeichnet man das Polystyrol als Hart- und den Kautschuk als Weichkomponente des Polymer-Werkstoffs. Während die Polymerisation des schlagfesten Polystyrols (SB) als Ganzes in einem Schritt in Lösung erfolgt, wird das Acrylnitril-Butadien-Styrol-Copolymerisat (ABS) in einer Emulsion polymerisiert. Die aufzupfropfenden Styrol-Acrylnitril-Monomeren werden zunächst mit einer wässrigen Kautschukdispersion gemischt und polymerisieren dort. Diese gepfropfte Dispersion und eine getrennt hergestellte Dispersion eines Styrol-Acrylnitril-Copoly-

---

[47] kohärent = zusammenhängend

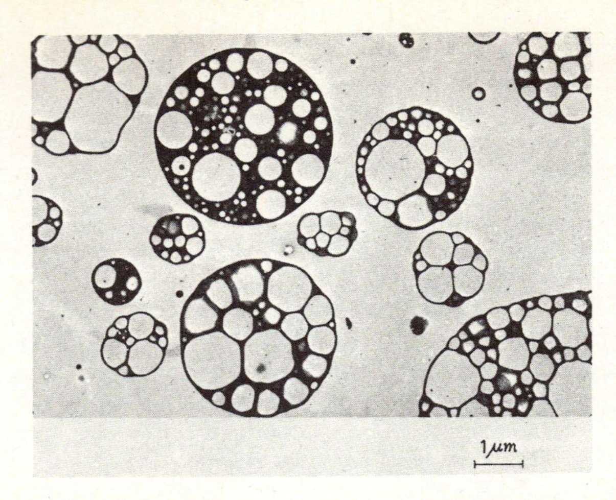

Bild 59: Aufbau und Kautschukteilchenstruktur eines durch Lösungspolymerisation hergestellten schlagfesten Polystyrols [47]
(Elektronenmikroskopische Aufnahme eines Ultradünnschnitts, ~0,1 µm dick)

merisats (SAN) werden vermischt, gemeinsam ausgefällt und aufbereitet. Durch dieses aufwendige Verfahren erzielt man - wie Bild 60 belegt - eine feinere Verteilung der Hartkomponente in dem Kautschukteilchen als beim schlagfesten Polystyrol. Abhängig vom Vernetzungsgrad [48] des Kautschuks erfolgt die Pfropfung mehr im Kautschukteilchen selbst oder an dessen Oberfläche (stark vernetzt) (Bild 61). Der in Abschn. 6.3.1 (Kaut-

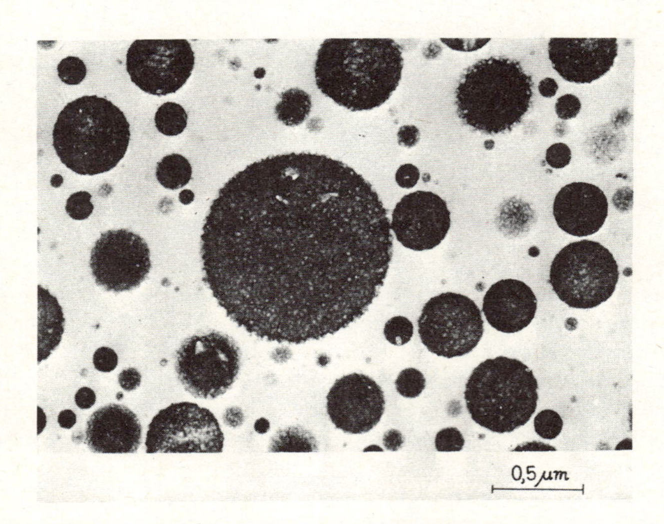

Bild 60: Schnitt durch ein Acrylnitril-Butadien-Styrol-Copolymerisat (ABS)
schwarze Kugel = gepfropfte Kautschukpartikel [47]
(Elektronenmikroskopische Aufnahme eines Ultradünnschnitts, ~0,1 µm dick)

---

[48] Unter Vernetzung wird die intermolekulare, chemische Verbindung von Makromolekülen verstanden. Der Vernetzungsgrad gibt das Verhältnis der Menge (in mol) vernetzter Grundbausteine zu den insgesamt vorhandenen Grundbausteinen an [17] .

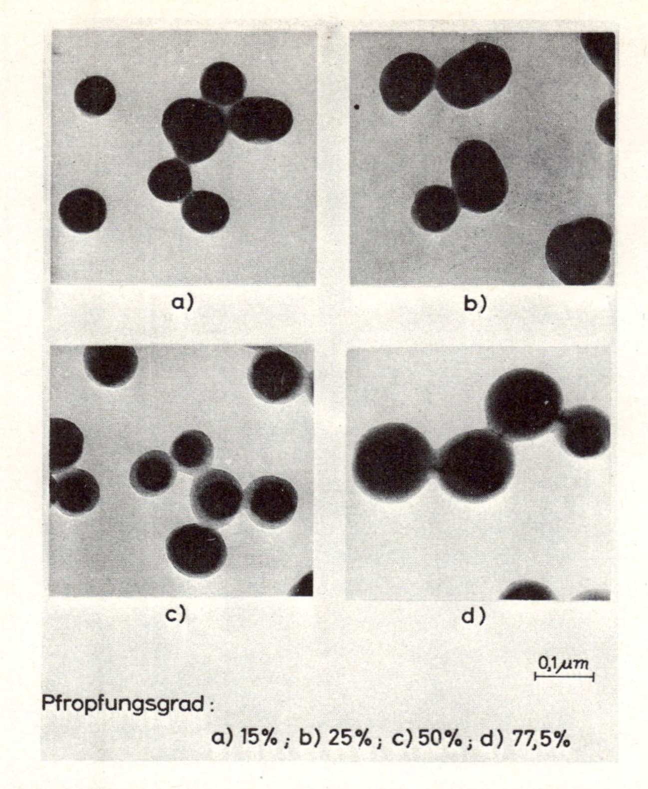

Bild 61: In Emulsion gepfropfte Kautschukteilchen mit vorwiegend an der Oberfläche befindlicher Pfropfkomponente [47]
Pfropfgrad = Verhältnis von SAN zu Kautschuk (massenbezogen)
(Direktdurchstrahlungsaufnahme im Elektronenmikroskop)

schukmodifizierte Styrolpolymerisate) beschriebene Wirkungsmechanismus wird einerseits behindert, wenn Polystyrolteile im Kautschuk copolymerisieren und dadurch dessen Verformungsmöglichkeiten einschränken, zum anderen werden durch hohen Vernetzungsgrad (= hohen Elastizitätsmodul) die Verformungswerte des Kautschuks denen der Hartkomponente angenähert und damit die Wirkung des Kautschuks herabgesetzt. Neuerdings werden weniger hochwertige Acrylnitril-Butadien-Styrol-Copolymerisate (ABS) auch in einem Schritt polymerisiert.

Bild 61 zeigt die bevorzugt an der Oberfläche des Kautschukteilchens durch Pfropfung angelagerten SAN-Makromoleküle, an denen dann die Hartphase (SAN) durch intermolekulare Nebenvalenzbindungen fest verankert wird.

3.3.3.2 Weichmachung

Ungefüllte Thermoplaste und Duroplaste weisen Elastizitäts-Moduln in der Größenordnung von etwa 200 bis 4 000 N/mm^2 auf, Elastomere etwa von 2 bis 600 N/mm^2. Elastomere erfordern normalerweise wegen des bei der Verarbeitung ablaufenden chemischen Vernetzungsprozesses eine - verglichen mit Thermoplasten - aufwendigere Verarbeitungstechnik. Um bei Thermoplasten ähnliche mechanische Eigenschaften zu erreichen wie bei den Elastomeren, wird ihr Elastizitäts-Modul durch sogen. Weichmacher erniedrigt. Auf diese Weise ist es möglich, die relativ einfache und vielseitige Verarbeitungstechnik der Thermoplaste anzuwenden. Genau genommen bedeutet eine Weichmachung die Verschiebung des Erweichungsbereiches zu niedrigeren Temperaturen, einer Erniedrigung der Festigkeit, des Elastizitäts-Moduls und der Schmelzviskosität und gleichzeitig eine Erhöhung der Zähigkeit und Dehnbarkeit, wie in Abschn. 6.3.2 noch gezeigt wird. Dies ist durch die äußere und durch die innere Weichmachung möglich, wobei der äußeren Weichmachung die weitaus größere Bedeutung zukommt. Am häufigsten wird die Weichmachung bei Polyvinylchlorid (PVC) angewendet.

Äußere Weichmachung

Unter äußerer Weichmachung versteht man das Mischen von Makromolekülen mit niedermolekularen, meist teureren Weichmachermolekülen mit rel. Molekülmassen zwischen 350 und 450 oder auch mit Oligomeren, sogen. Polymer-Weichmachern mit rel. Molekülmassen von 2 000 bis 4 000. Die Wirksamkeit der Weichmacher ist um so größer, je kleiner die Weichmachermoleküle sind. Kleinere Weichmacher neigen wegen ihres höheren Dampfdrucks wiederum zu größerer Flüchtigkeit, der technisch unerwünschten Weichmacherwanderung.

Die Wirksamkeit der Weichmacher beruht auf einer Erhöhung der Beweglichkeit von Kettensegmenten. PVC-Ketten enthalten in unregelmäßiger Anordnung Dipole (HCl-Gruppen). Wegen der amorphen Struktur können nicht alle Dipole einen Partner finden. Die nicht fixierten Kettensegmente können sich daher bei Anregung in gewissen Bahnen frei bewegen, wie Bild 62 andeutet. Wird dem PVC nur eine geringe Menge (<10 %) dipolhaltiger Weichmacher zugegeben, lagert er sich zunächst an die nicht gebundenen Dipole und behindert die Bewegungsmöglichkeiten der PVC-Makromoleküle, das Material versprödet. Bei höherem Weichmachergehalt wird der auf intermolekularen Nebenvalenzkräften beruhende Zusammenhang zwischen den Ketten durch zwischengelagerte Weichmachermoleküle und damit Vergrößerung des Kettenabstandes gelockert und dadurch die Beweglichkeit der Ketten erhöht.

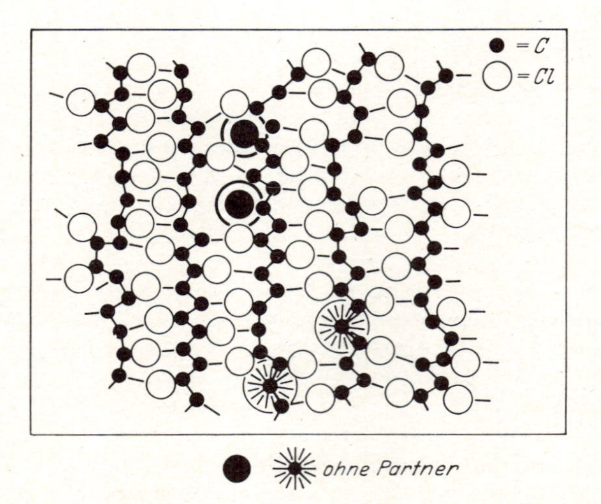

Bild 62: Schematische Darstellung von Dipol-Dipol-Bindungen beim Polyvinylchlorid (PVC). Da das PVC ataktisch ungeordnete Dipole enthält, können nicht alle Dipole einen Partner finden [48]

Ähnlich wie geringe Mengen Weichmacher können auch Lösungsmittel wirken, die sich nach dem Eindiffundieren in die Polymer-Werkstoffe zunächst an die freien Dipole anlagern, so daß eine Versprödung eintritt, bevor durch höheren Lösungsmittelzusatz der Polymer-Werkstoff erweicht und zunehmend gelöst wird.

Weichmacher besitzen mindestens eine polare Gruppe, die in den meisten Fällen durch Sauerstoffatome in Estergruppen gebildet wird. Neben Sauerstoff ist häufig noch Phosphor oder Schwefel vorhanden. Außer diesen polaren Gruppen enthalten die Weichmacher noch weitere unpolare Molekülteile, die entweder durch Induktion polarisiert werden können, wie z.B. Benzolringe in Bild 63 links, oder aber ihren unpolaren Charakter beibehalten wie aliphatische Gruppen, z.B. CH_2-Verbindungen, in Bild 63 rechts.

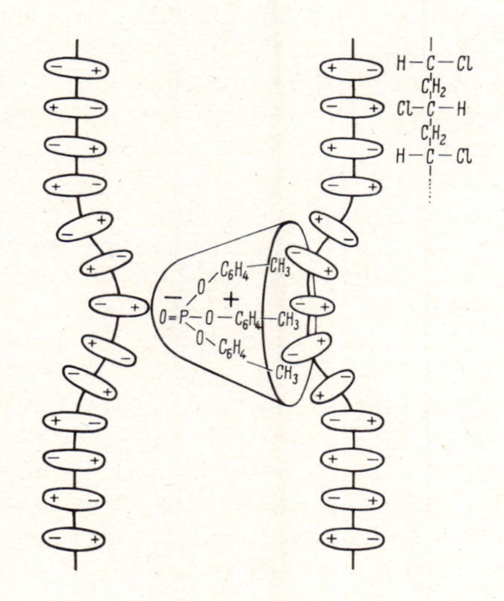

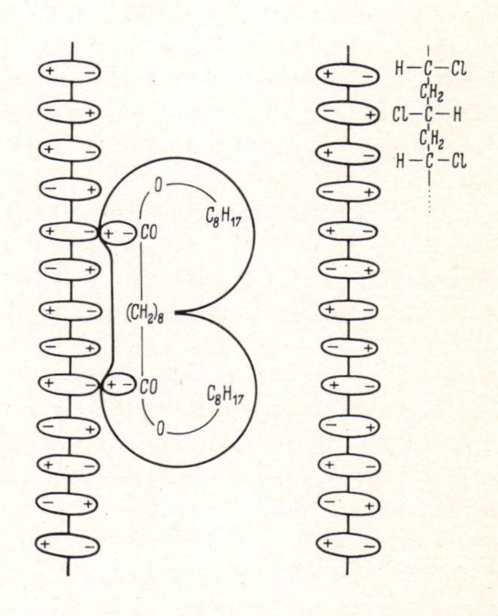

Bild 63: Weichmachung durch Scharnierweichmacher (Übertragungswirkung) Trikresylphosphat (TKP)-Molekül zwischen zwei PVC-Ketten-Molekülen [49]

Weichmachung durch Abschirmweichmacher (Trennwirkung) Dioctylsebazat (DOS)-Molekül zwischen zwei PVC-Kettenmolekülen [49]

In Bild 63 links ist die Wirkungsweise für ein Trikresylphosphat (TKP)-Molekül schematisch dargestellt, das einen starken polaren Charakter aufweist. Wegen der freien Drehbarkeit der Benzolringe kann man sich die Wirksamkeit des TKP-Weichmachers etwa in Form des dargestellten Paraboloids veranschaulichen. Die in ihrer Wirkungsweise vergleichbaren Phthalsäureester machen heute wegen ihrer wirtschaftlich günstigen Herstellbarkeit, verbunden mit guten technischen Eigenschaften, etwa 90 % des Marktes aus. Die geringere Polarität des in Bild 63 rechts dargestellten Dioctylsebazats (DOS) ergibt sich durch die geringere Polarisierbarkeit der aliphatischen CH_2-Ketten. Sie behalten ihren unpolaren Charakter bei und schirmen den Dipol am anderen Ende ab, so daß die Wirkung in einer Richtung beschränkt bleibt.

Bedingt durch den abweichenden polaren Charakter ergeben sich Unterschiede in der Wirkungsweise der Weichmacher. Während die in Bild 63 links dargestellten polarisierten Weichmacher einen zweiseitigen Dipol-Charakter aufweisen und daher beide Enden mit den stark polaren PVC-Dipolen in Wechselwirkung treten können, wird bei den in Bild 63 rechts wiedergegebenen Weichmachern mit einer nicht polarisierbaren Gruppe nur eine Seite physikalisch gebunden. Wegen dieser unterschiedlichen Wirkungsweise unterscheidet man zwischen sogen. Übertragungs- oder Scharnierweichmachern (polarisierbare Gruppen) und Abschirmweichmachern (nicht polarisierbare Gruppen). Die Bezeichnung Scharnierweichmacher besagt, daß die polaren Gruppen des Weichmachers mit relativ wenig Gruppen des PVC in Wechselwirkung stehen im Gegensatz zu direkt aufeinanderliegenden PVC-Ketten, bei denen sich eine Vielzahl von Dipol-Dipol-Bindungen ergibt. Durch das Auseinanderschieben der Ketten und die Unterbrechung der Nebenvalenzbindungen wird die Beweglichkeit der Kettensegmente in der Nähe der Weichmacher stark erhöht, das PVC wird "weichgemacht". Der Name Übertragungsweichmacher ergibt sich dadurch, daß die polarisierten Weichmacher-Molekülteile die Anziehungskraft der PVC-Dipole über Entfernungen übertragen, die sonst für die Anziehung zu groß wären. Die Wirkungsweise der Abschirmweichmacher beruht darauf, daß durch die Anlagerung des Weichmachers über das eine polare Ende der PVC-Kette der Abstand zwischen den PVC-Molekülen derartig vergrößert wird, daß die Wirkung der intermolekularen Nebenvalenzbindung (Dipolkräfte) in diesen Bereichen nicht zum Tragen kommt. Zudem ergeben sich zwischen dem unpolaren Ende des Weichmachermoleküls und der PVC-Kette keine Dipol-Dipol-Bindungen.

Typisch für stark polare Weichmacher ist, daß sie sich schlecht vom völlig unpolaren Benzin extrahieren lassen, während die Extrahierbarkeit z.B. durch polares Benzol dagegen häufig gut möglich ist. Abschirmweichmacher enthalten sowohl polare als auch unpolare Gruppen und lassen sich daher durch Benzol, aber auch durch Benzin extrahieren [48]

Im geringen Maße werden neben den eben beschriebenen niedermolekularen Weichmachern auch Oligomere, sogen. Polymer-Weichmacher, z.B. Polyester und Perbunane, ebenfalls als äußere Weichmacher verwendet. Die Weichmacherwirkung beruht auf den unpolaren, aliphatischen, zwischen den Estergruppen angeordneten Zwischengliedern, die die Wirksamkeit eines Teiles der PVC-Dipole durch Abschirmung aufheben [49] . Ihr Hauptvorteil liegt in der sehr geringen Neigung zum Ausschwitzen (Wandern).

Innere Weichmachung

Die Erweichungstemperatur eines Polymeren hängt primär von der Flexibilität der Ketten und sekundär von den zwischen den Ketten wirkenden Kräften ab [17] . Beide Effekte macht man sich bei der inneren Weichmachung durch das Einpolymerisieren einer zweiten Komponente zunutze. In Bild 64 ist links die Glasübergangstemperatur T_g eines Styrol-Butadien-Copolymerisats in Abhängigkeit vom Styrolanteil aufgetragen. Das copolymerisierte Butadien bewirkt eine leichtere Drehbarkeit der C-C-Bindungen der Hauptkette und erniedrigt die Wirkung intermolekularer Bindungen. Mit zunehmendem Styrolgehalt erhöht sich die sterische Behinderung durch die raumfüllenden Benzolringe, wodurch die Glasübergangstemperatur T_g angehoben wird. Eine zweite Möglichkeit der inneren Weichmachung besteht in der Copolymerisation mit einer zweiten Komponente, mit raumfüllenden Seitengruppen, die gezielt die Abstände zwischen den einzelnen Makromolekülen erweitern. Durch die damit verbundene Verringerung der Wirkung der intermolekularen Kräfte wird die Kettenbeweglichkeit erhöht. Beispielsweise besitzt PVC eine Glasübergangstemperatur von 84°C. Durch Copolymerisieren von Vinylchlorid mit Acrylsäuremethylester entsteht ein sogen. innerlich weichgemachtes PVC mit einer Erweichungstemperatur je nach Anteil von z.B. 60 °C. Die Glasübergangstemperatur T_g von Polyacrylsäuremethylester beträgt 8 °C. Bild 64 rechts veranschaulicht den Weichmachungsvorgang.

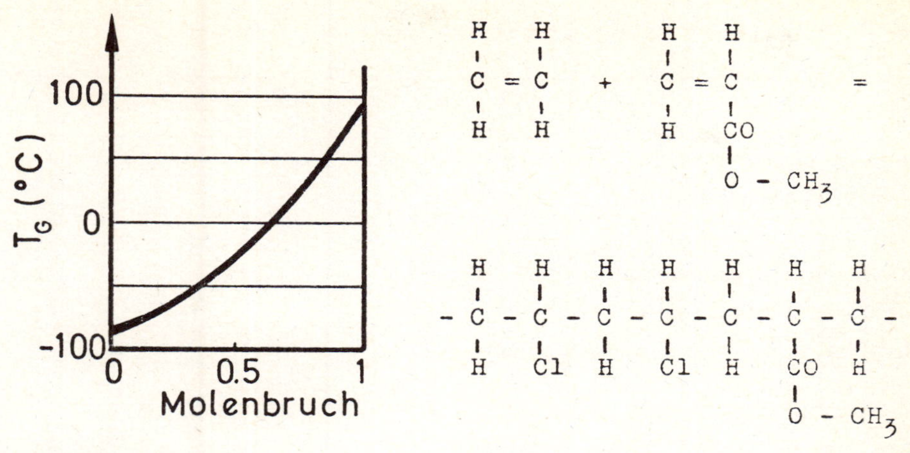

Bild 64: Innere Weichmachung
links: Glasübergangstemperatur T_G von Butadien-Styrol-Copolymerisat in Abhängigkeit vom Molenbruch des Styrols [49] [50] .
rechts: Vinylchlorid - Acrylsäuremethylester - Copolymerisat

3.3.4 Heterogene Verbund-Werkstoffe

Heterogene Verbundwerkstoffe bestehen aus mindestens zwei chemisch verschiedenen Stoffen, von denen einer ein kohärenter Polymer-Werkstoff ist. Der oder die anderen Stoffe können organisch oder anorganisch sein. Sie unterscheiden sich meistens erheblich in ihrem Verformungsverhalten vom kohärenten Polymer-Werkstoff. Die zum Verbundwerkstoff zusammengefaßten Komponenten sind i.a. physikalisch, selten chemisch untereinander gebunden. Die Herstellung von Verbundwerkstoffen erfolgt normalerweise unter dem Gesichtspunkt gezielter Eigenschaftsänderung und/oder Verbilligung.

Glasfaserverstärkte Polymer-Werkstoffe

Die wichtigsten heterogenen Verbundwerkstoffe sind heute die glasfaserverstärkten Polymer-Werkstoffe, an denen sich die grundsätzlichen Probleme einer Faserverstärkung gut aufzeigen lassen.

Kennwerte für als kohärente Polymer-Werkstoffe (auch Bindemittel oder Matrix genannt) Verwendung findendes ungesättigtes Polyesterharz (UP) und Polyamid 6 (PA6), trocken, und als Verstärkungsmittel eingelagerte anorganische Glasfasern sind in Tabelle 6 zusammengestellt.

Die Steifigkeits- und Festigkeitskenngrößen unterscheiden sich etwa um den Faktor 20 bis 30, ebenso wie die thermische Ausdehnung. Die Werte für die Bruchdehnung bzw. Dehnung bei Streckspannung bei PA 6 und z.T. auch bei UP liegen bei den drei Werkstoffen in vergleichbarer Größenordnung.

[49] Molenbruch gibt das Verhältnis der Anzahl der Styrolmoleküle zur Gesamtsumme der Styrol- plus der Butadienmoleküle an.

Tabelle 6: Eigenschaften von PA 6 (trocken), UP-Harzen und Glasfasern

	PA 6 (trocken)	UP-Harz	Glasfaser
Zugfestigkeit (N/mm^2)	80	60	1 200–1 500
Elastizitätsmodul (N/mm^2)	3 000	4 000	75 000
Querkontraktionszahl	0,4	0,35	0,18
Dehnung (%) bei Streckspannung bzw. Bruch	5	2–8	2
therm. Ausdehnungkoeffizient ($1/^{o}C$)	$100 \cdot 10^{-6}$	$100 \cdot 10^{-6}$	$4,6 \cdot 10^{-6}$
Erweichungs- bzw. Schmelztemperatur (^{o}C)	220	40–110	600
Dichte (g/cm^3)	1,14	1,25	2,52

Der Durchmesser der einzelnen Glasfasern beträgt üblicherweise etwa 10 µm. Sie werden entweder als Kurzglasfasern in Längen von 0,1 bis 0,5 mm für die Thermoplastverstärkung oder als Fasern von ca. 50 mm Länge bzw. als endlose Fasern für die Verarbeitung mit duroplastischen Gießharzen verwendet (Bild 65).

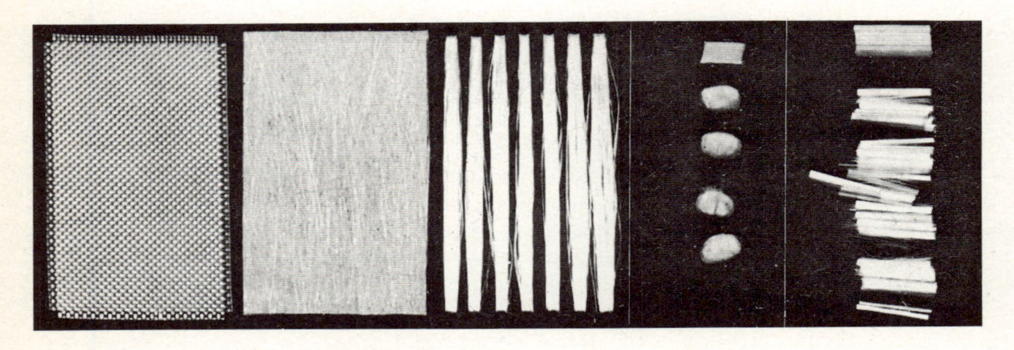

Bild 65: Die wichtigsten Glasfaserverstärkungen, von links:
für Gießharze: Gewebe, Matte, Roving
für Thermoplaste: veraschte Granulatkörner mit Kurzglasfasern (~0,22 mm lang)
Langfasern (~5 mm lang)

Ausgangsmaterial für die drei wichtigsten Glasfaserverstärkungen für Gießharze sind die Spinnfäden, die aus mindestens 200 Elementarfasern zusammengefaßt sind und zu Geweben, Rovings (30 oder 60 Spinnfäden) oder Matten weiterverarbeitet werden. Matten bestehen aus 50 mm langen, regellos in der Ebene angeordneten oder aus endlosen, schlingenförmig gelegten Spinnfäden.

Für die Weiterverarbeitung müssen die Glasfasern mit sogen. Schlichten ausgerüstet sein. Diese enthalten Haftvermittler, polymere Filmbildner und Netzmittel. Haftvermittler verbessern die Haftung der organischen Matrix auf der anorganischen Glasfaser. Ihre Wirkung beruht darauf, daß ihre organische Gruppe mit der Matrix reagieren soll, während ein anorganisches Teil über Wasserstoffbrücken an die OH-Gruppen enthaltenden Glasoberflächen gebunden ist [51] . Zwischen die OH-Gruppen von Haftvermittler und Glas kann sich Wasser schieben. Aus oberflächenenergetischen Gründen schlägt sich auf der Glasfaser während des Herstellungsprozesses Feuchtigkeit nieder. Da Wasser eine höhere Oberflächenspannung als alle Polymer-Werkstoffe hat, wird sich bei einer Oberflächenspannung des Glases von etwa 0,3 N/m und des Wassers von 0,072 N/m der größte Energiegewinn und damit das thermodynamisch stabilste System ergeben, wenn sich Wasser auf der Oberfläche anlagert. Wegen seiner niedrigen Viskosität ist Wasser jedoch nicht in der Lage, nennenswerte Kräfte in dem Verbundsystem zu übertragen. Aufgabe der Haftvermittler ist es, den Wasserfilm zu verdrängen bzw. ihn auf weitgehend monomolekularen, kaum verschiebbaren Wasserschichten zwischen Haftvermittler und Glasoberfläche zu beschränken [52,53] . Der Filmbildner dient zum Schutz der scheuerempfindlichen Glasfasern bei der Weiterverarbeitung. Es ist daher nicht sinnvoll, Glasfasern nur mit Haftvermittlern zu versehen. Die mechanischen Eigenschaften der Schlichten sind nicht bekannt. Zur besseren Benetzung der Glasfasern dienen die Benetzungshilfsmittel.

4. Thermisch-mechanische Zustandsbereiche

Bei sinusförmiger Schwingungsbeanspruchung tritt bei linear-viskoelastischen Stoffen (lineare Viskoelastizität, s. Abschn. 6.1.2) eine Phasenverschiebung zwischen Spannung σ und Dehnung ε um den Phasenwinkel δ auf (Bild 66 links). In komplexer Schreibweise wird dabei der Quotient aus dem Scheitelwert der Spannung $\hat{\sigma}$ und der Dehnung $\hat{\varepsilon}$ als komplexer Modul mit dem Betrag $|E|$ bezeichnet [54].

Der in der komplexen Ebene dargestellte komplexe Modul kann in einen Realteil E' und in einen Imaginärteil E'' zerlegt werden (Bild 66 rechts). Der Realteil E' ist ein Maß für die wiedergewinnbare, beim Verformungswechsel gespeicherte Energie. Er wird auch dynamischer Elastizitätsmodul oder Speichermodul genannt. Der Imaginärteil E'' ist ein Maß für die nicht wiedergewinnbare, in Wärme umgesetzt Energie. Er wird auch Verlustmodul genannt. Der Tangens des Phasenwinkels δ ist gleich dem Quotient aus Imaginärteil und Realteil, $\mathrm{tg}\,\delta = E''/E'$ [50]. Er wird auch als mechanischer Verlustfaktor d bezeichnet und stellt ein Maß für den bei der Schwingung eingetretenen Energieverlust im Vergleich zur wiedergewinnbaren Energie dar.

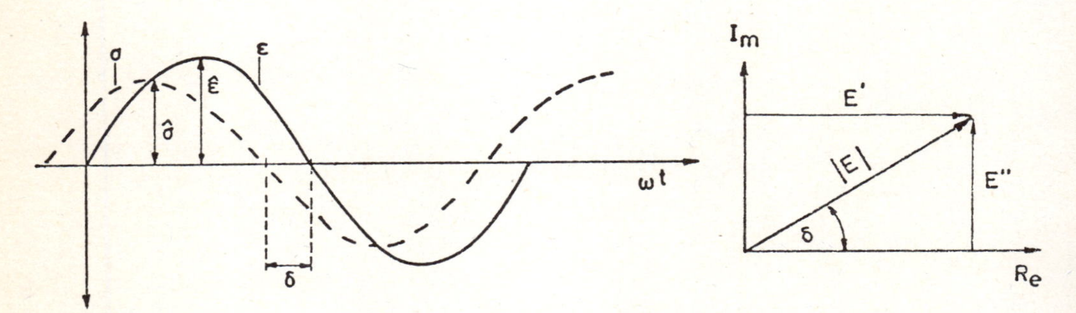

Bild 66: Bestimmung des dynamischen Elastizitätsmoduls und des mechanischen Verlustfaktors bei sinusförmiger Schwingungsbeanspruchung
links: Phasenverschiebung zwischen Spannung und Dehnung
rechts: dynamischer Elastizitätsmodul E' und Verlustmodul E'' bei komplexer Darstellung des komplexen Elastizitätsmoduls

Der Schubmodul als spezieller Elastizitätsmodul ist bei viskoelastischen Stoffen ebenso eine komplexe Größe. Er wird daher zur Darstellung des mechanisch-thermischen Verhaltens von Polymer-Werkstoffen verwendet, so auch in der folgenden Diskussion und in Bild 67 sowie 75 bis 79.

Die Eigenschaften der Polymer-Werkstoffe ändern sich nicht gleichmäßig mit ihrer Temperatur. Vielmehr ergeben sich, wie schon Bild 5 zeigt, drei Zustandsbereiche, in denen die Abhängigkeit von der Temperatur gering ist, und zwei Übergangsbereiche (zwischen den drei Zustandsbereichen), in denen geringe Änderungen der Temperatur zu starken Eigenschaftsänderungen führen. Anschaulich lassen sich die verschiedenen

---

[50] E'' ist proportional der dissipierten Energie. Da sich E' u. U. stark mit der Temperatur ändert, wird $\mathrm{tg}\,\delta$ nur ein Relativmaß für die dissipierte Energie. Dies führt auch dazu, daß das Maximum von $\mathrm{tg}\,\delta$ nicht unbedingt mit dem Maximum der dissipierten Energie zusammenfällt.

Bereiche durch den Temperaturverlauf des im Torsionsschwingversuch nach DIN 53 445 gemessenen Schubmoduls [51] und des mechanischen Verlustfaktors (mech. Dämpfung), wie Bild 67 zeigt, darstellen [54].

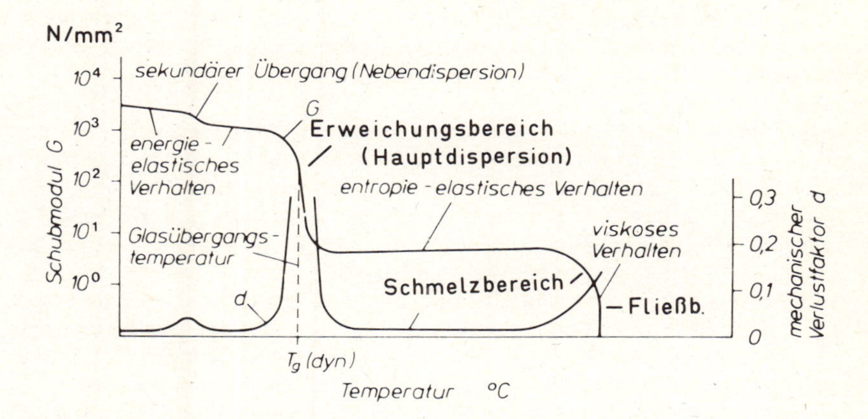

Bild 67: Schematische Darstellung [52] der Zustands- und Übergangsbereiche amorpher Polymer-Werkstoffe

T_g(dyn) = Glasübergangstemperatur gemessen im dynamischen Versuch, d.i. die Temperatur der größten Moduländerung im Erweichungsbereich (s.a. Bild 70)

Es werden drei Zustands- und zwei Übergangsbereiche unterschieden: der energieelastische und der entropieelastische Bereich sowie der Fließbereich (deutlicher noch in Bild 6 für PA 6 zu erkennen); und die zwei Übergangsbereiche, der Erweichungs- oder Einfrierbereich (Glasübergang) zwischen energie- und entropieelastischem Zustand und nur bei Thermoplasten der Übergang vom entropieelastischen in den Fließbereich, der bei Teilkristallinen auch Schmelzbereich genannt wird. Die im energieelastischen Bereich angedeutete Stufe in der Schubmodulkurve (sekundärer Übergang oder Nebendispersion) ist auf das Erweichen einer zweiten Phase z.B. bei einem Copolymerisat zurückzuführen. Näheres im nächsten Abschnitt.

4.1 Energieelastischer Bereich

Der energieelastische Zustand ist durch eine elastische Verformung der Polymer-Werkstoffe bei Beanspruchung gekennzeichnet, die auf reversiblen Änderungen des Abstandes von Atomen und der Valenzwinkel von chemischen Bindungen beruht. Bei tiefen Temperaturen sind Polymer-Werkstoffe spröde und hart. Die Atome führen geringe Wärme-

---

[51] Dem im Torsionsschwingversuch nach DIN 53 445 gemessenen Schubmodul lieg kein eindeutiger Spannungszustand zugrunde. Im Versuch wird eine an dem unteren und oberen Ende verformungsbehindernd eingespannte Flachprobe (60 x 10 x 1 mm) tordiert, so daß sich den Schubspannungen Zug- und Druckspannungen überlagern.

[52] Die Darstellung erfolgt üblicherweise mit logarithmisch geteilter Ordinate für den Schubmodul und linear geteilter Abszisse für die Temperatur. Dadurch wird allerdings der Abfall des Moduls besonders im für den Ingenieur interessanten energieelastischen Bereich weniger anschaulich.

schwingungen um ihre Ruhelage aus. Umlagerungen von ganzen Kettenteilen, die die Voraussetzung für viskose Verformungen sind, sind sehr selten. Bei diesen Platzwechseln müssen die sich umlagernden Teilchen vergleichbar der Rotation von Ketten, wie sie in Abschn. 3.3.1.1 beschrieben wurde, Behinderungen = Potentialschwellen überwinden, um wieder energetisch günstige Lagen zu erreichen. Die Energie, die zusätzlich aufzuwenden ist, um die Potentialschwellen zu überwinden, ist die sogen. Aktivierungsenergie.

Mit steigender Temperatur fällt der Elastizitätsmodul zunächst geringefügig infolge der Wärmeausdehnung und der damit verbundenen Abstandsvergrößerung der Atome ab (Schubmodul in Bild 67). Bei weiter steigender Temperatur beginnen zunehmend Molekülsegmente mit der kleinsten Aktivierungsenergie sich umzulagern. Erkennbar sind diese Umlagerungen an einem stärkeren Abfall des Moduls über einen bestimmten Temperaturbereich, dem sogen. Nebenerweichungsbereich, auch Nebendispersion genannt. Zu Beginn des Nebenerweichungsbereiches sind die Platzwechsel noch nicht möglich, sie sind eingefroren, am Endes des Bereichs jedoch mit verminderter Behinderung möglich [53]. Im Bereich dazwischen treten jedoch noch Behinderungen auf, die überwunden werden müssen. Diese Behinderungen führen zu einer Erhöhung des mechanischen Verlustfaktors, der sein Maximum an der Stelle größter Moduländerung erreicht. Die Platzwechselprozesse ermöglichen es, den Makromolekülen Spannungsspitzen bei schlagartiger Beanspruchung abzubauen. Frieren diese Umlagerungsmöglichkeiten aber ein, versprödet der Polymer-Werkstoff. Der Nebenerweichungsbereich kennzeichnet daher beim Erwärmen den Beginn einer erhöhten Zähigkeit, bzw. beim Abkühlen den Beginn einer extremen Versprödung. Im Anschluß an den Nebenerweichungsbereich setzt sich der energieelastische Bereich fort, da die Bewegungsmöglichkeiten der Hauptkette in größeren Segmenten weiterhin behindert sind.

Strenggenommen ist rein elastisches Verhalten bei Polymer-Werkstoffen nicht gegeben. Zusätzlich tritt zeit-, temperatur- und beanspruchungsabhängig ein mehr oder weniger starker viskoelastischer und viskoser Verformungsanteil auf. Solange die Verformung je nach Polymer-Werkstoff unterhalb von 0,1 ÷ 1 % bleibt, kann jedoch bei kurzzeitiger Belastung mit ausreichender Genauigkeit mit reversiblen Verformungen gerechnet werden, auch wenn die Rückverformung einer gewissen zeitlichen Verzögerung (Relaxation [54]) unterliegt (näheres Abschn. 6.1.1).

Im energieelastischen Temperaturbereich nehmen die Modulwerte mit steigender Temperatur nur geringfügig ab. Charakteristische Schubmoduln liegen zwischen 10^2 und 10^4 N/mm^2. Thermoplaste und Duroplaste liegen bei Raumtemperatur (23 °C) gewöhnlich im energieelastischen Zustand vor.

---

53) Strenggenommen ist die hier dargestellte Temperaturabhängigkeit ein Relaxationsphänomen. Mit steigender Temperatur werden die Relaxationszeiten, die die Gleichgewichtseinstellungen sich umlagernder Molekülgruppen kennzeichnen, kürzer. Das Maximum des mechanischen Verlustfaktors und dementsprechend die größte Änderung des Moduls liegen an der Stelle, an der die Relaxationszeit mit dem reziproken Wert der Beanspruchungsfrequenz übereinstimmt.

54) Unter Relaxation versteht man die verzögerte Wiederherstellung eines durch irgendeine äußere Einwirkung gestörten Gleichgewichtes.

4.2 Entropieelastischer Bereich

Oberhalb des Erweichungs- und unterhalb des Schmelzbereichs liegt der sogen. entropieelastische Zustandsbereich, in dem der Schubmodul und der mechanische Verlustfaktor nur wenig von der Temperatur abhängen.

In diesem Temperaturbereich lassen die Rotations- und Umlagerungsmöglichkeiten von Kettensegmenten und Seitenketten, die sogen. Mikrobrownschen Bewegungen, es zu, daß die Moleküle unter Belastung eine gestreckte Gestalt annehmen können. Die Streckung bedeutet eine unwahrscheinlichere Gestalt und damit eine Abnahme der Entropie. Infolge der Wärmebewegung streben die Kettensegmente jedoch die geknäuelte Form (Zustand größter Entropie) an. Dadurch entsteht eine elastische Rückstellkraft. Da die Polymer-Werkstoffe in diesem Zustand einen gummielastischen Charakter aufweisen, wird dieser Zustand auch als gummielastisch bezeichnet. Diese Entropie- oder Gummielastizität läßt sich in einem einfachen Versuch leicht anschaulich zeigen. Wird ein Polymer-Werkstoff, z.B. ein Gummiband, im entropie- oder gummielastischen Zustand auf Zug beansprucht und gedehnt, hat es unter Temperatureinwirken das Bestreben, sich zusammenzuziehen, im Gegensatz zum energieelastischen Bereich, in dem es sich zusätzlich ausdehnen würde. Der Anstieg des Schubmoduls G von UP im entropieelastischen Bereich mit zunehmender Temperatur in Bild 6 ist auf diese Effekte zurückzuführen.

Diese Vorstellungen über den entropieelastischen Zustand gehen von idealisierten Bedingungen aus, wie sie nur bei Elastomeren, d.h. chemisch vernetzten Systemen, gelten. In realen Polymer-Werkstoffen gibt es, wenn auch nur in geringem Umfang, entropieelastische Rückstellkräfte im energieelastischen Bereich und umgekehrt. Der Schubmodul im entropie- oder gummielastischen Bereich beträgt 0,1 bis 10^2 N/mm^2. Der Abstand zwischen den Verbindungspunkten der Ketten (bei Thermoplasten Verschlaufungen oder kristalline Ordnungen, bei Duroplasten Vernetzungsstellen) ist wesentlich kleiner als die Kettenlänge zwischen diesen Punkten. Infolge der Beweglichkeit der Ketten ist die Bruchdehnung der Polymer-Werkstoffe im entropieelastischen Bereich sehr viel größer als im energieelastischen Bereich.

Besonders bei unvernetzten Polymer-Werkstoffen überlagert sich der Entropieelastizität zeit-, temperatur- und belastungsabhängig ein viskoses Fließen. Der Übergang zwischen dem energie- und dem entropieelastischen Zustand ist der Glasübergang oder Erweichungs- bzw. Einfrierbereich.

4.3 Erweichungsbereich

Der Erweichungsbereich (auch Einfrierbereich, Glasübergangsbereich [55]) und Hauptdispersionsbereich genannt) ist der Übergang vom energie- in den entropieelastischen Bereich.

---

55) Der Name "Glasübergangsbereich" leitet sich daraus ab, daß amorphe Polymer-Werkstoffe bzw. die amorphen Bereiche bei teilkristallinen Thermoplasten im energieelastischen Bereich angeblich einem dem Glas ähnlichen spröden Zustand aufweisen und diesen beim Erweichen verlieren, d.h. in den zähen Zustand übergehen.

Im Erweichungsbereich können im Gegensatz zum energieelastischen Bereich zunehmend Kettensegmente Umlagerungen oder Rotationsbewegungen ausführen. Die Rotationsbewegungen von Kettensegmenten eines knäuelförmigen Makromoleküls zeigt Bild 68.

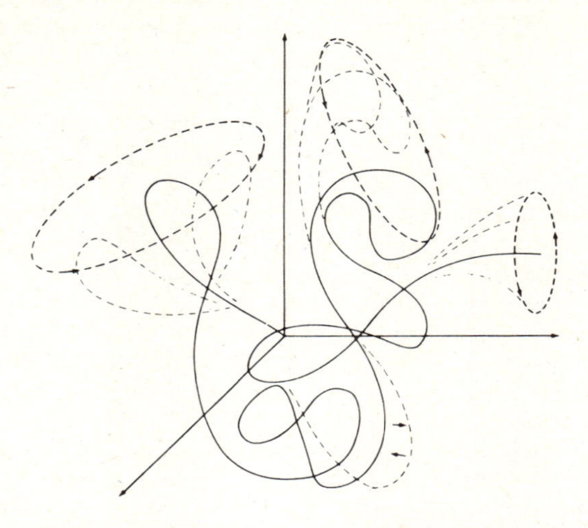

Bild 68: Rotationen von Kettensegmenten eines Makromoleküls im entropieelastischen Bereich [6]

Damit diese Überlagerungen möglich sind, müssen genügend Hohlräume (freies Volumen [56])) im Polymer-Werkstoff vorhanden sein, in denen sich die Kettensegmente umlagern können. Diese Vorstellung des freien Volumens ermöglicht eine anschauliche Erklärung für den Erweichungsbereich [31, 38, 55] .

Rein geometrisch verhindern Kettenenden, Faltungen, Verschlaufungen, Kinken und Jogs eine dichtestmögliche Packung der Ketten, wie es Bild 69 für Kinken und eine Faltung zeigt. Dadurch entstehen sogen. Leerstellen, die die Größe kleiner Atome erreichen. Die Zahl und die Größe der Leerstellen nimmt mit steigender Temperatur zu.

Das freie Volumen ist das Partialvolumen der Leerstellen dividiert durch die Summe aus dem Partialvolumen der Leerstellen plus dem Partialvolumen der Moleküle bei der Glasübergangstemperatur. Das Partialvolumen der Moleküle bei der Glasübergangstemperatur ist die Summe des Partialvolumens der Moleküle bei 0 K und dem Schwingungs-Dehnvolumen der Moleküle bei der Glasübergangstemperatur.

Erst wenn das freie Volumen der Leerstellen einen Anteil von etwa 2,5 % am Gesamtvolumen erreicht hat, sind die geometrischen Bewegungsbehinderungen so gering, daß einzelne Kettensegmente neben den Schwingungsbewegungen auch Rotationsbewegungen ausführen können. Es kommt zu einer verstärkten Zunahme des Volumens.

---

[56]) Das freie Volumen wird durch Messen des spezifischen Volumens von total amorphen Polymer/Monomer-Mischungen bei verschiedenen Konzentrationen bestimmt. Mit steigendem Polymergehalt nimmt das spez. Volumen zunächst linear ab. Extrapoliert auf den Massenanteil von 100 % des Polymeren ergibt sich ein spez. Volumen V_1. Bei experimentellen Messungen mit zunehmendem Polymeranteil der Mischung wird die Viskosität der Mischung so hoch, daß sich die Kettenelemente nicht mehr frei bewegen können. Es bleiben Hohlräume. Das gemessene spez. Volumen V_a eines erstarrten, amorphen Polymeren ist höher als das extrapolierte V_1. Das freie Volumen ergibt sich als $(V_a - V_1)/V_a$. [17]

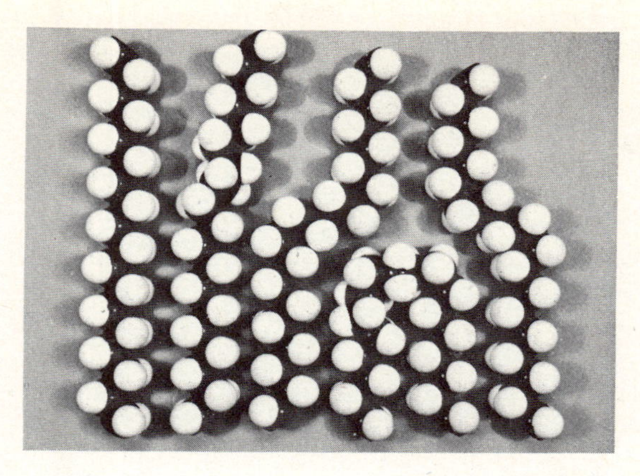

Bild 69: Leerstellen in einer durch Faltung und Kinken gestörten Packung eines Kettenbündels [11]

So lange die Größe der Leerstellen einen bestimmten Wert nicht erreicht hat, sind Bewegungen von Kettensegmenten nur möglich, wenn die benachbarten Ketten Ausweichbewegungen, sogen. kooperative Platzwechsel durchführen.

Dabei geht man von folgenden Voraussetzungen aus: es sind erstens eine große Anzahl von Hohlräumen vorhanden, sie sind zweitens gleichmäßig über den Polymer-Werkstoff verteilt und drittens wird die für die Umlagerungen notwendige temperaturabhängige Größe der Hohlräume in einem relativ engen Temperaturbereich, dem Erweichungsbereich, erreicht. Die Umlagerungen sind im energieelastischen Bereich nicht, im entropieelastischen dagegen leicht möglich. Im Erweichungsbereich muß zusätzlich Arbeit aufgewendet werden, um die noch behinderte Umlagerung zu bewirken. Diese Arbeit drückt sich in dem mechanischen Verlustfaktor (mech. Dämpfung) aus, die in allen Übergangsbereichen parallel zum Abfall des Schubmoduls stark ansteigt und ihr Maximum bei der größten Änderung des Schubmoduls, z.B. bei der Glasübergangstemperatur aufweist, wenn die mittlere Platzwechselgeschwindigkeit gleich der Lastwechselgeschwindigkeit ist.

In Bild 70 ist für Polystyrol (PS) das spezifische Volumen über der Temperatur aufgetragen. Im entropieelastischen Zustand nimmt das spezifische Volumen mit sinkender Temperatur ab, zum einen, weil die Zahl der Leerstellen, wie in Bild 33 dargestellt, mit steigendem Ordnungsgrad abnimmt, zum anderen, weil die Schwingungsweite und damit auch die Größe der Leerstellen reduziert wird. Bei weiterer Temperaturabnahme wird ein Punkt erreicht, an dem die Rotations- und Umlagerungsbewegungen der Kettensegmente nahezu plötzlich unmöglich werden. Gleichzeitig wachsen die Wirkungsmöglichkeiten der intermolekularen Kräfte, die die Ketten in den energetisch günstigsten Lagen fixiert. Man sagt auch, der Rotations- und Umlagerungsmechanismus (das sind die Mikrobrownschen Bewegungen) friert ein. Eine weitere Volumenabnahme beruht dann nur noch auf der Abnahme der Schwingungsweite der Moleküle, ähnlich wie innerhalb kristalliner Bereiche. Bezogen auf die Temperatur wird die Abnahme daher deutlich geringer, während die Zahl und Größe der Leerstellen unterhalb der Einfriertemperatur praktisch konstant bleibt.

Diejenige Temperatur, bei der der Einfriervorgang beginnt, ist die Einfriertemperatur T_E, das Ende wird mit T_g' = Erweichungstemperatur oder Beginn des Erweichungsbereiches bezeichnet. Die Temperatur der größten Änderung wird als Glasübergangstemperatur T_g genannt. In Bild 70 sind die zur Kennzeichnung dieser Erscheinung üblichen Begriffe definiert.

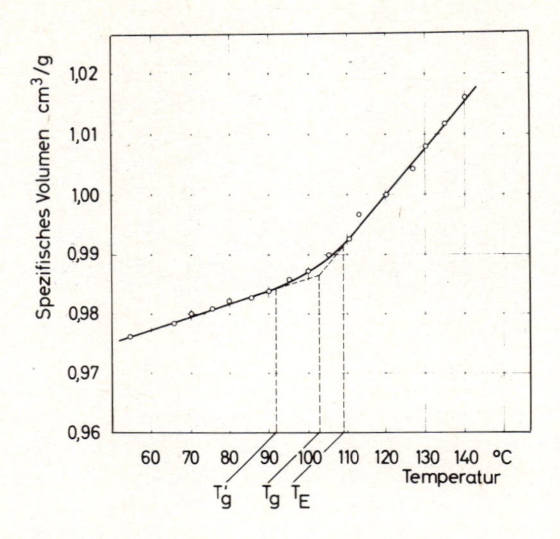

Bild 70: Spez. Volumen als f (Temp.) bei Polystyrol (PS) [55]
T_E = Einfriertemperatur, obere Grenze des Erweichungsbereiches
T'_g = Erweichungstemperatur, Beginn des Erweichungsbereiches
T_g = Glasübergangstemperatur, Temperatur bei größter Änderung der Eigenschaften

Die einzelnen Makromoleküle können umso mehr (d.h. bei umso geringeren Temperaturen) ihre thermischen Bewegungen in die Leerstellen durchführen, je weniger fest die Moleküle durch intermolekulare Kräfte aneinander gebunden oder durch sperrige Seitengruppen oder Vernetzungen in ihren Bewegungsmöglichkeiten behindert sind. Daher weisen eng vernetzte Duroplaste eine höhere Erweichungstemperatur auf als weitvernetzte. Zwischen kristallin angeordneten Makromolekülen innerhalb der Kristallite ist die intermolekulare Bindung so groß, daß Mikrobrownsche Bewegungen unterhalb des Kristallitschmelzpunktes nicht möglich sind. Es besteht daher für die kristallinen Bereiche bis zum Aufschmelzen eine reine Energieelastizität ohne Glasübergang und entropieelastischen Bereich.

Einen Erweichungsbereich gibt es daher nur für amorphe Phasen, wie Bild 75 und 76 zeigen. Bei teilkristallinen Polymer-Werkstoffen (Thermoplaste) besteht daher oberhalb der Erweichung des amorphen Bereichs ein Nebeneinander eines energieelastischen (kristallin) und eines entropieelastischen (amorphen) Zustands. Das Absinken des Moduls im Erweichungsbereich der amorphen Phase hängt vom Kristallinitätsgrad ab. Bei hochkristallinen Thermoplasten ist dieser Erweichungsbereich praktisch kaum erkennbar, wie Bild 76 zeigt.

Die im Torsionsschwingversuch gemessene Glasübergangstemperatur wird in Bild 67, 75 und 78 als T_g (dynamisch) bezeichnet, weil die Werte im dynamischen Versuch bei ungefähr 1 bis 10 Hz gemessen werden.

4.4 Fließbereich

Oberhalb des entropie- oder gummielastischen Bereichs beginnt bei Thermoplasten der plastische Zustand der Schmelze, auch Fließbereich genannt. Bei teilkristallinen Thermoplasten ist er eindeutig durch das Schmelzen der kristallinen Bereiche (Schmelztemperatur) gekennzeichnet. Bei den amorphen Thermoplasten ist der Übergang weniger deutlich ausgeprägt. Die im entropieelastischen Bereich vorhandenen Verschlaufungen und Nahordnungen werden allmählich gelöst. Durch die zunehmende Schwingungsenergie der Moleküle werden die vorhandenen physikalischen Bindungen überwunden und die einzelnen Ketten können voneinander abgleiten, d.h. translatorische Bewegungen ausüben. Man sagt, die Makrobrownschen Bewegungen werden frei.

Bei teilkristallinen Polymer-Werkstoffen mit hohem Kristallinitätsgrad kommt das allmähliche Aufschmelzen der amorphen Phase kaum zur Geltung, so daß für die meisten teilkristallinen Thermoplaste ähnlich wie bei anderen kristallinen Werkstoffen ein eng begrenzter Schmelzbereich T_m, wie in Bild 76, angegeben werden kann. Nach Abschn. 3.3.1.2 (am Ende) tritt keine scharf fixierte Schmelztemperatur auf, vielmehr ist mit einem eng begrenzten Schmelzbereich zu rechnen, dessen Breite z.B. von der Einheitlichkeit der Kristallitgröße abhängt. Wird dennoch von einer Schmelztemperatur gesprochen, wird i.a. darunter die Temperatur verstanden, bei der die größten und stabilsten Kristallite schmelzen.

Oberhalb des Schmelzbereichs bzw. der Schmelztemperatur liegt der wieder relativ stabile, in seinen Eigenschaften wenig von der Temperatur abhängige Fließbereich, in dem die Polymer-Werkstoffe im plastischen Zustand vorliegen. In Bild 6 sind diese Bereiche für ein Polyamid 6 (PA 6) dargestellt.

4.5 Einfluß der Molekülstruktur auf die Erweichungs- und Schmelztemperatur

Die Erweichungstemperatur amorpher Thermoplaste, Elastomere und Duroplaste, und die Schmelztemperatur (auch Schmelzbereich oder Schmelzpunkt genannt) teilkristalliner Thermoplaste werden vor allem durch die Struktur der Polymer-Werkstoffe bestimmt. Auch bei völlig identischen Ausgangsatomen können sich sehr unterschiedliche Erweichungs- bzw. Schmelztemperaturen ergeben. Ein nur aus Kohlen- und Wasserstoff aufgebautes Äthylen-Propylen-Mischpolymerisat weist z.B. eine Erweichungstemperatur von -50 °C auf, während die Schmelztemperaturen bei teilkristallisierendem, isotaktischem Polypropylen (PP), aufgebaut aus den gleichen Atomen, +175 °C beträgt. Es sind im wesentlichen 4 Strukturmerkmale zu unterscheiden, welche die Erweichungs- und Schmelztemperatur beeinflussen:

- Sperrige Seitengruppen behindern die freie Drehbarkeit um die C-C-Bindungen der Hauptkette und die gegenseitige Bewegung der Ketten untereinander, z.B. beim Polystyrol (PS), das Bild 71 zeigt.

- Gruppierungen, die starke intermolekulare Kräfte aufeinander ausüben, z.B. Wasserstoffbrückenbindungen in Polyamiden, die durch die punktierten Linien in Bild 72 gekennzeichnet sind, (s.a. Bild 9 für Polyamid 6 (PA 6)).

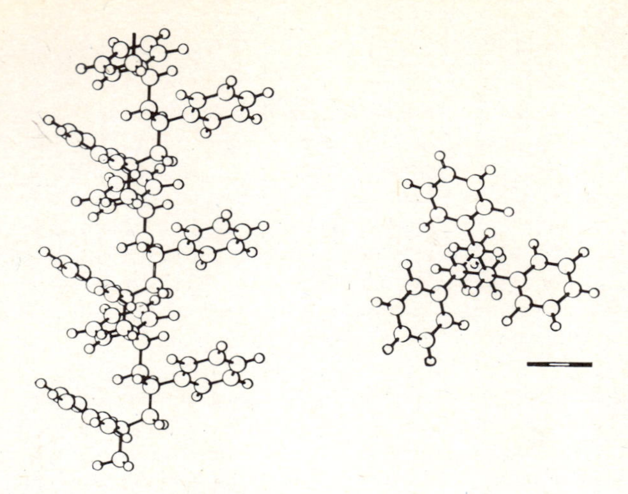

Bild 71: Konformation von Polystyrol (PS) [56]

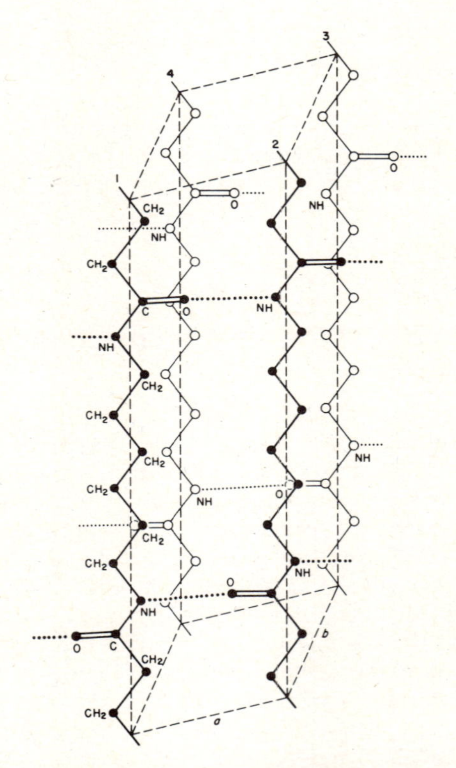

Bild 72: Schematische Darstellung der Wasserstoffbrückenbindung bei Polyamid 66 (PA 66) bei einer kristallinen Anordnung der Ketten [57]

- Hauptvalenzbindungen, die mit höherem Vernetzungsgrad zu einer erhöhten Behinderung der Molekülbewegungsmöglichkeiten führen. Bild 73 zeigt schematisch die Netzwerkstruktur eines Melaminharzes, (s. a. Bild 13 für ein Phenolharz (PF)).

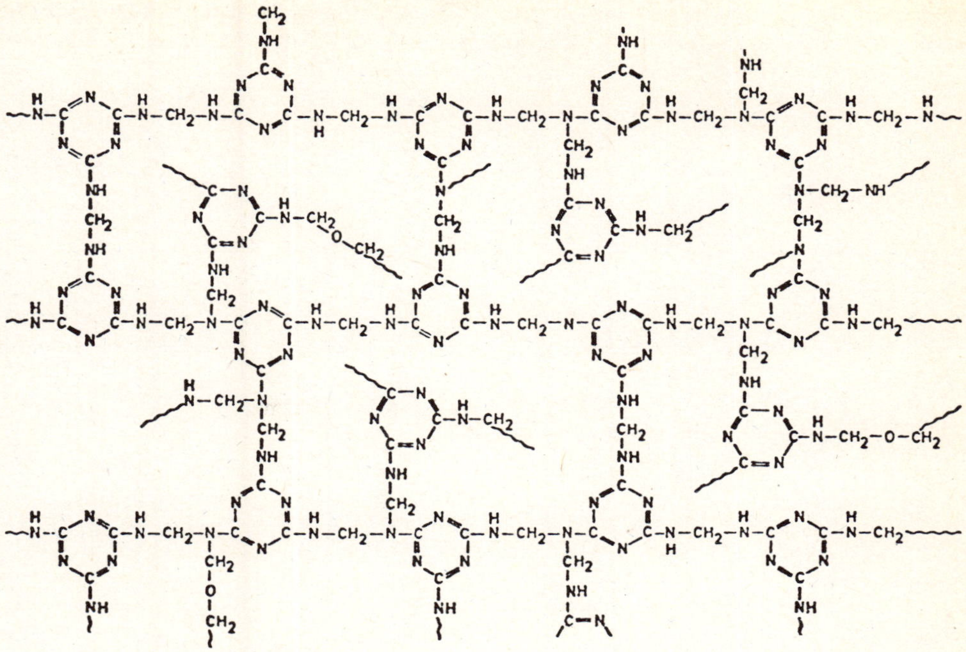

Bild 73: Netzwerkstruktur durch Hauptvalenzbindungen bei Melaminharz (MF) [30]

- Ringe in der Hauptkette, die deren Drehbarkeit behindern oder sogen. Leiterstrukturen, die sie völlig ausschließen. Bild 74 zeigt verschiedene Beispiele.

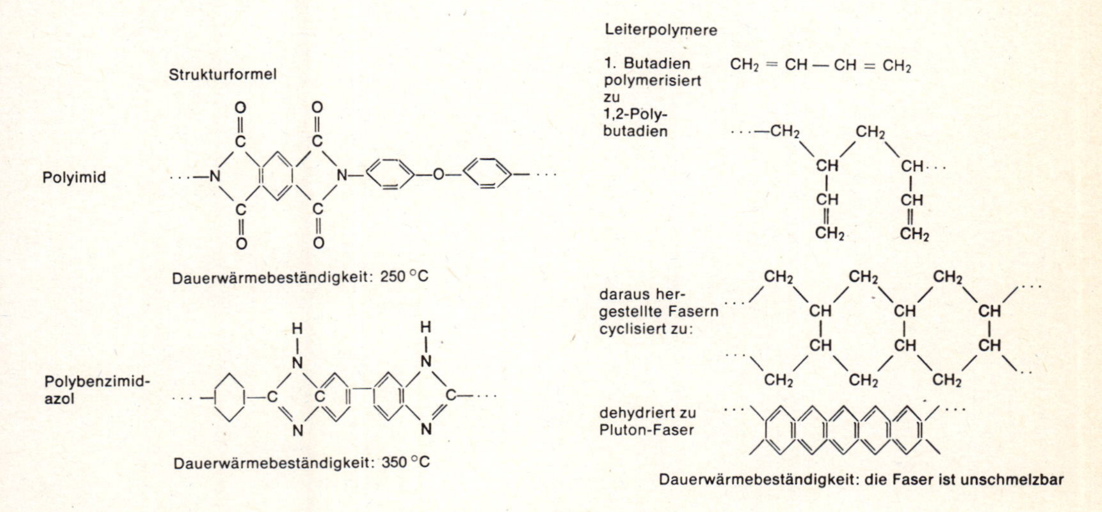

Bild 74: Konformation wärmebeständiger Polymer-Werkstoffe mit Ringen in der Hauptkette und sogen. Leiterstrukturen [15, 58]

Der Einfluß der Kettenstruktur auf die Erweichungstemperatur ist für einige amorphe Polymer-Werkstoffe in Tabelle 7, der Einfluß auf die Schmelztemperatur für einige teilkristalline Polymer-Werkstoffe in Tabelle 8 dargestellt.

Tabelle 7: Einfluß der Kettenstruktur auf das Erweichungsverhalten amorpher Polymer-Werkstoffe [15,17]

Strukturformel		Erweichungs-temperaturbereich (~°C)	Struktur-merkmal
CH_2 CH_2 CH_2 CH_2 --- CH_2-C-CH_2-C-CH_2-C-CH_2-C --- CH_2 CH_2 CH_2 CH_2	PIB	-70	ohne sperrige oder polare Gruppen
--- CH_2-CH-CH_2-CH-CH_2-CH-CH_2-CH --- (an jedem CH ein Benzolring)	PS	100	sperrige Seitengruppen
O O C=O C=O --- CH_2-CH-CH-CH-CH_2-CH-CH_2-CH-CH_2-CH-CH-CH --- [Benzolring] C=O [Benzolring] [Benzolring] [Benzolring] C=O O O	UP	130	sperrige Seitengruppen, Vernetzung
CH_2 CH_2 CH_2 CH_2 --- CH_2-C-CH_2-C-CH_2-C-CH_2-C-CH_2 --- C=O C=O C=O C=O O O O O CH_2 CH_2 CH_2 CH_2	PMMA	100	polare Gruppen

Tabelle 8: Einfluß der Kettenstruktur auf die Schmelztemperatur teilkristalliner Thermoplaste [15,17]

Strukturformel		Schmelztemperatur [°C]	Strukturmerkmale
CH_2 CH_2 $---CH_2-CH_2-CH-CH_2-CH-CH_2-CH_2-CH_2-CH_2-CH_2-CH-CH_2---$ CH_2	PE-PP-Cop. (30/70)	(~60)	nicht kristallin
$---CH_2-CH_2-CH_2-CH_2-CH_2-CH_2-CH_2-CH_2-CH_2-CH_2---$	PE	137	kristallin
CH_2 CH_2 CH_2 CH_2 CH_2 $---CH_2-CH-CH_2-CH-CH_2-CH-CH_2-CH-CH_2-CH---$	PP	175	kristallin
$---CH_2-O-CH_2-O-CH_2-O-CH_2-O-CH_2-O-CH_2-O---$	POM	175	kristallin
$---O-C(=O)-C_6H_4-C(=O)-O-CH_2-CH_2-O-C(=O)-C_6H_4-C(=O)-O-CH_2-CH_2-O---$	PETP	260	kristallin, Ringe in der Kette
$---NH-C(=O)-(CH_2)_4-C(=O)-NH-(CH_2)_4-NH-C(=O)-(CH_2)_4-C(=O)-NH---$	PA 66	260	kristallin, polare Gruppen

5. Einteilung der Polymere-Werkstoffe

In DIN 7724 sind die Polymer-Werkstoffe aufgrund ihres strukturellen Aufbaus und des Temperaturverlaufs des im Torsionsschwingversuch nach DIN 53 445 gemessenen Schubmoduls und des mechanischen Verlustfaktors (s. Abschn. 4), eingeteilt in Thermoplaste, Duroplaste, Elastomere und Thermoelaste [57].

5.1 Thermoplaste

Thermoplaste sind räumlich nicht vernetzte Polymer-Werkstoffe. Sie bestehen aus einzelnen individuellen Makromolekülen. Diese wiederum haben sich aus bifunktionellen Monomeren gebildet. Bifunktionalität bedeutet, daß die Monomeren nur zu linearen Makromolekülen polymerisieren können. Unter bestimmten Reaktionsbedingungen können sich zwei oder mehr wachsende Ketten unregelmäßig vereinigen. Die längste der so vereinigten Ketten wird als Hauptkette, die anderen als Verzweigungen bezeichnet. Die Individualität des Makromoleküls bleibt gewahrt.

Bei zunehmender Erwärmung werden bei Thermoplasten irgendwann unterhalb der thermischen Zersetzungstemperatur [58] die intermolekularen physikalischen Bindungskräfte durch verstärkte thermische Molekülbewegungen überwunden, so daß die Thermoplaste den Zustand einer mehr oder weniger hochviskosen Flüssigkeit (Fließbereich) einnehmen. Bei Abkühlung kehrt sich dieser Vorgang um. Er ist reversibel und kann, solange keine chemische Änderung der Makromoleküle auftritt, beliebig oft wiederholt werden.

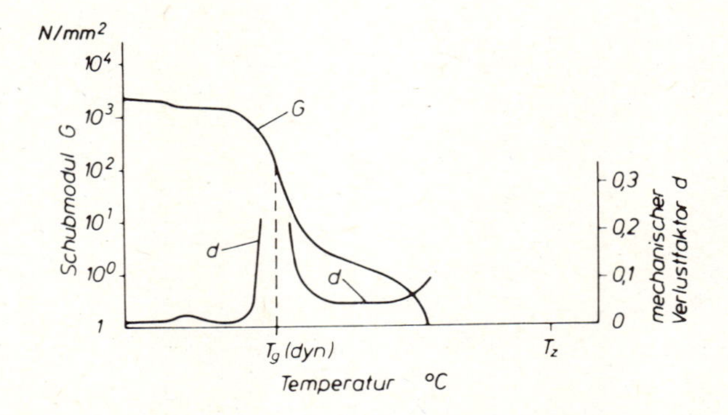

Bild 75: Schematische Darstellung des Temperaturverlaufs des Schubmoduls G und des mechanischen Verlustfaktors d von amorphen Thermoplasten

---

57) Wegen ihres bei Raumtemperatur harten und spröden Deformationscharakters ist es durchaus sinnvoll, die Thermoplaste und Duroplaste unter der Bezeichnung Thermodure zusammenzufassen, die wiederholt plastifizierbaren Thermoplaste als Plastomere und die ihren festen Aggregatzustand beibehaltenden Duroplaste als Duromere zu bezeichnen. Den Thermoduren werden dann die Elastomere gegenübergestellt.

58) Irreversible Zerstörung von Hauptvalenzbindungen durch Wärmeeinwirkung

In der Temperaturabhängigkeit des Schubmoduls und der mechanischen Dämpfung unterscheiden sich amorphe Thermoplaste (Bild 75) in kennzeichnender Weise von teilkristallinen Thermoplasten (Bild 76), (vergl. Bild 6 mit amorphem Polyvinylchlorid (PVC) und teilkristallinem Polyamid 6 (PA 6)).

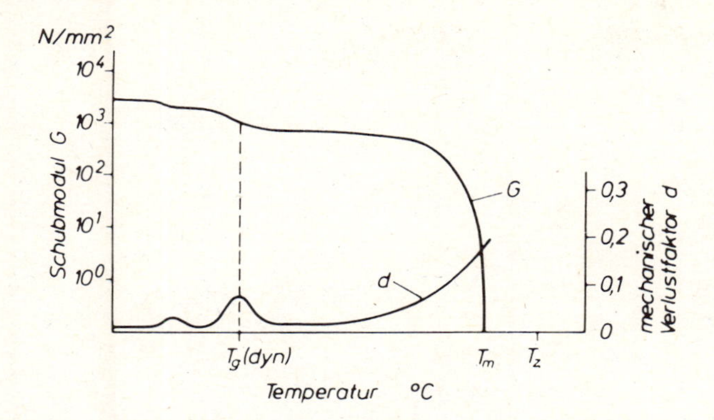

Bild 76: Schematische Darstellung des Temperaturverlaufs des Schubmoduls G und des mechanischen Verlustfaktors d von teilkristallinen Thermoplasten
T_g = Glasübergangstemperatur der amorphen Bereiche
T_m = Schmelztemperatur der teilkristallinen Bereiche
T_z = thermische Zersetzungstemperatur

Bei teilkristallinen Thermoplasten gehen bei der Glasübergangstemperatur T_g nur die amorphen Bereiche in den entropieelastischen Zustand über, während die kristallinen Bereiche weiterhin einen energieelastischen Charakter aufweisen. Je höher der Kristallinitätsgrad ist, um so geringer ist der Abfall des Schubmoduls bei T_g.

Wegen des gleichmäßigen Aufbaus der kristallinen Bereiche ist die thermische Aktivierungsenergie zum Überwinden der intermolekularen physikalischen Bindungen der einzelnen Makromoleküle gleich, so daß sich rein theoretisch ein relativ scharf markierter Kristallitschmelzpunkt T_m ergeben müßte. Der sich bereits vorher abzeichnende stärkere Abfall der Schubmodulkurve ist auf das beginnende Freiwerden der Makrobrownschen Bewegungen (Abgleiten einzelner Ketten voneinander) in den amorphen Bereichen und das Schmelzen kleinerer Kristallite zurückzuführen (s.a. Abschn. 3.3.1.2 und 4.4). Die Abhängigkeit der Viskosität der Schmelze von der Temperatur im Fließbereich ist in Bild 6 für ein teilkristallines Polyamid 6 (PA 6) dargestellt.

Typische amorphe Thermoplaste sind Polystyrol (PS), Styrol-Acrylnitril-Copolymerisat (SAN), Polyvinylchlorid (PVC), Polycarbonat (PC), Polymethylmethacrylat (PMMA) und Acrylnitril-Butadien-Styrol-Copolymerisat (ABS). Zu den teilkristallinen gehören Polyäthylen (PE), Polypropylen (PP), Polyamid (PA), Polyoxymethylen (POM), Polybutylentherephthalat (PBTP) und Polytetrafluoräthylen (PTFE).

5.2 Duroplaste

Duroplaste, auch Duromere genannt, sind engmaschig räumlich vernetzte Polymer-Werkstoffe. Sie bestehen aus tri- oder mehrfunktionellen Monomeren. Kristalline Bereiche können sich nicht bilden. Die Glasübergangstemperatur beträgt mehr als 50 °C.

Der mit höherem Vernetzungsgrad kleiner werdende Abfall des Schubmoduls im Erweichungsbereich ist wesentlich geringer als bei den amorphen Thermoplasten. Der Schubmodul beträgt im entropieelastischen Bereich mehr als 10 N/mm^2. Ein Aufschmelzen ist wegen der chemischen Vernetzung nicht möglich, so daß nur eine Modulstufe auftritt, wie es in Bild 77 schematisch und in Bild 6 für ein ungesättigtes Polyesterharz (UP) dargestellt ist.

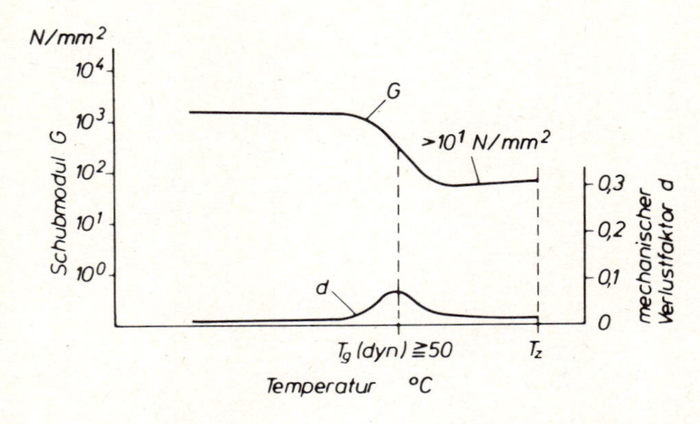

Bild 77: Schematische Darstellung des Temperaturverlaufs des Schubmoduls G und des mechanischen Verlustfaktors d von Duroplasten

Der leichte Anstieg des Schubmoduls im gummi- bzw. entropieelastischen Bereich ist auf Entropieeffekte zurückzuführen. Mit zunehmender Temperatur versuchen die Moleküle innerhalb des ihnen durch chemische Bindungen vorgegebenen räumlichen Netzwerks einen Zustand größter Unordnung zu erreichen, und zwar um so stärker, je höher die Temperatur ist. Dadurch wird, so lange noch keine thermische Zersetzung auftritt, der Widerstand gegen Verformung erhöht. Die Bruchdehnung der Duroplaste im entropieelastischen Bereich ist wegen des engmaschigen Netzwerks wesentlich geringer als bei den Thermoplasten, so daß keine größeren Verformungsmöglichkeiten wie beim Tiefziehen der Thermoplaste bestehen.

Zu den Duroplasten zählen die ungesättigten Polyester- (UP), die Epoxid- (EP), Phenol- (PF) und Silikonharze (SI).

5.3 Elastomere und Thermoelaste

Elastomere und Thermoelaste sind weitmaschig vernetzte Polymer-Werkstoffe. Die Monomeren sind mindestens zum Teil trifunktionell. Die Schubmodulkurve ähnelt der Kurve der Duroplaste. Der Abfall des Schubmoduls im Erweichungsbereich ist allerdings wegen des gegenüber Duroplasten stärkeren Anteils physikalischer Bindekräfte deutlich größer, wie Bild 78 und 79 zeigen. Außerdem ist die Glasübergangstemperatur bei den Elastomeren kleiner als 0 °C, bei den Thermoelasten größer als 0 °C, aber kleiner als 20 °C. Der Schubmodul im gummi- bzw. entropieelastischen Zustand beträgt zwischen 0,1 und 10^2 N/mm^2. Elastomere und Thermoelaste liegen daher bei Raumtemperatur im gummi- bzw. entropieelastischen Zustand vor. Der energieelastische Zustand kann durch Abkühlung erreicht werden.

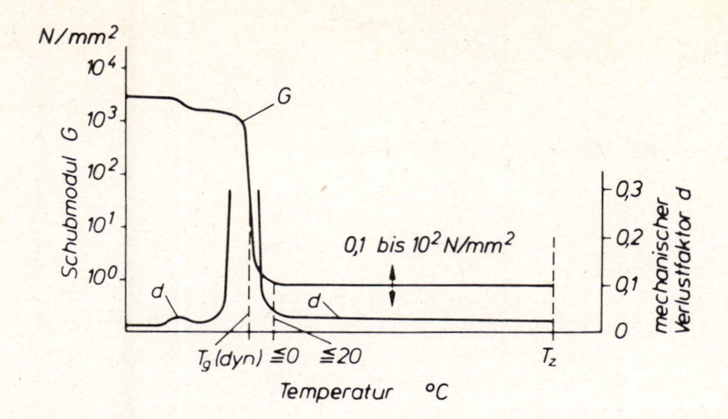

Bild 78: Schematische Darstellung des Temperaturverlaufs des Schubmoduls G und des mechanischen Verlustfaktors d von Elastomeren

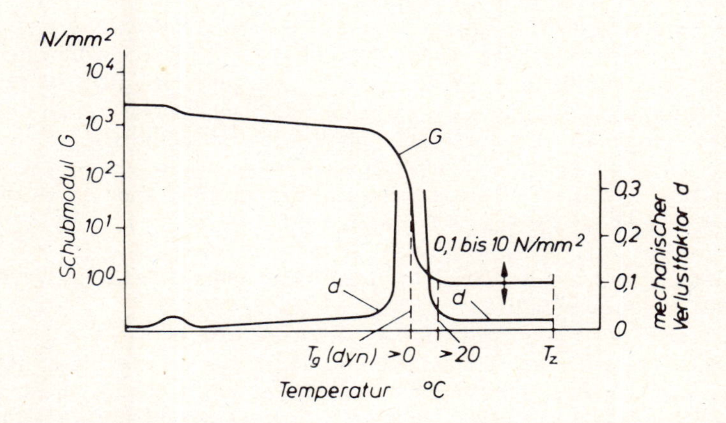

Bild 79: Schematische Darstellung des Temperaturverlaufs des Schubmoduls G und des mechanischen Verlustfaktors d von Thermoelasten

Typische Elastomere sind mit 1 bis 10 % Schwefel vernetzter Naturkautschuk, Polyurethane (PUR) und weitmaschig vernetzte Silikone (SI).

Typische Thermoelaste sind mit mehr als 10 % Schwefel vernetzter Naturkautschuk, weitmaschig vernetztes Polyäthylen (PE) und sehr hochmolekulares, durch Kettenverschlaufungen mechanisch vernetztes Polymethylmethacrylat (PMMA). Vielfach werden die Thermoelaste wegen ihrer geringen Bedeutung nicht getrennt erwähnt, sondern den Elastomeren zugeordnet.

6. Mechanisches Verhalten

6.1 Allgemeines Verformungsverhalten

Die Eigenschaften der Polymer-Werkstoffe hängen in viel größerem Maße von der Temperatur, der Zeit, der Höhe und Art der Belastung, UV-Strahlen und Lösungsmitteln ab, als dies von den Metallen her bekannt ist. Da die Elastizitätsmoduln der Polymer-Werkstoffe etwa zwei Größenordnungen niedriger sind als die der Metalle, die Festigkeit aber nur etwa eine Größenordnung, ist der Konstrukteur in viel stärkerem Maße gezwungen, zusätzlich zur Festigkeitsrechnung auch eine Verformungsrechnung durchzuführen. Zur Spannungs- und Verformungsanalyse stehen dem Ingenieur die Formeln der Elastizitätstheorie zur Verfügung. Allerdings ist die Voraussetzung, daß die Polymer-Werkstoffe sich entsprechend dem Hookschen Gesetz verhalten, also eine lineare Abhängigkeit der Verformungen von den Belastungen zeigen, nur in Ausnahmefällen erfüllt [122]. So ergibt sich für ein Acrylnitril-Butadien-Styrol-Copolymerisat (ABS) bereits bei 0,5 % Dehnung bei 20 °C eine Abweichung der Spannung von der Hookschen Geraden mit der Anfangssteigung der Spannungs-Dehnungs-Kurve von etwa 0,2 %. Bei 40, 60 und 80 °C betragen dieses Abweichungen schon 3, 5 bzw. 11 % [123] . Wollte man daraus den Schluß ziehen, allgemein übliche, unter der Voraussetzung rein elastischer Verformung abgeleitete Berechnungsformeln nicht anwenden zu können, wären selbst einfache Formteile wegen des mathematischen Aufwandes nicht mehr wirtschaftlich zu berechnen. Bleibt die Belastung der Polymer-Werkstoff-Konstruktionen jedoch weit unter der Fließgrenze in der Nähe des linear-viskoelastischen Bereichs [59]), kann die Berechnung mit hinreichender Genauigkeit durchgeführt werden.

Eine genaue Berechnung von Bauteilen im nichtlinear-viskoelastischen Verformungsbereich ist heute noch nicht möglich.

Das mechanische Verhalten von Werkstoffen ist durch die Art und Stärke ihrer Reaktionen auf einwirkende Kräfte und erzwungene Deformationen gekennzeichnet. Diese Reaktionen hängen bei den Polymer-Werkstoffen von der Temperatur, der Geschwindigkeit und der Höhe der Belastung ab. Das besondere Verhalten der Polymer-Werkstoffe wird dadurch bestimmt, daß die Makromoleküle auf die Beanspruchung nicht nur spontan reagieren. Vielmehr sind die einzelnen Molekülketten bestrebt, durch Umlagerungen die aufgeprägten Spannungen bis zu einem Gleichgewichtswert abzubauen [59] . Die Beanspruchungen der einzelnen Ketten beim Aufbringen der Belastung und ihre molekularen Umlagerungsmöglichkeiten sind statistisch ungleichmäßig. Die Geschwindigkeit dieser Umlagerungsprozesse hängt außer von der Höhe der Beanspruchung bzw. der Beanspruchungsgeschwindigkeit von der Struktur der Polymer-Werkstoffe ab, d.h. der Kettenbeweglichkeit, die durch physikalische oder chemische Bindungen, sperrige Seitengruppen, behinderte Drehbarkeit der Hauptkette usw. bestimmt wird, und der Temperatur, die bei Wärmezufuhr durch die vergrößerte Schwingungsbewegung und zunehmende Leerstellengröße die Umlagerungsprozesse der Moleküle erleichtert. Wenn die Beanspruchungszeit, verglichen mit der Dauer der molekularen Umlagerungen, schnell abläuft, verhalten sich die Polymer-Werkstoffe spröde und starr. Haben die Umlagerungsmechanismen genügend Zeit zur Einstellung eines Gleichgewichtswertes für die Spannungen, reagieren die Polymer-Werkstoffe zäh und weich, so daß bei ein- und derselben Anwen-

---

[59]) Definition vereinfacht: Verformungsbereich ohne merkliche irreversible Formänderung, bei PVC bis 0,5 %, bei PE bis 0,1 % und bei PC bis 1 % Verformung.

dung bei verschiedenen Temperaturen oder Beanspruchungsgeschwindigkeiten sprödes oder zähes Verhalten vorliegen kann.

Neben materialspezifischen Parametern, wie rel. Molekülmasse, Verzweigungs- und Vernetzungsgrad, Kettenbeweglichkeit und Umgebungsparametern, wie Feuchtigkeit, Chemikalien, Temperatur, Belastungsgeschwindigkeit, Art und Höhe der aufgebrachten Spannungen, hat auch die thermisch-mechanische Vorgeschichte einen oft entscheidenden Einfluß. Eigenspannungen [60], Orientierungen [61], Kristallisationsgrad usw. können sich bei einer späteren Beanspruchung, besonders bei einer Temperaturerhöhung, bemerkbar machen. Außerdem können sich diese Erscheinungen während der Einsatzdauer ändern. In der Praxis erweisen sich Zeit- und Temperatureinfluß als die wichtigsten.

Sprödes Verhalten eines Polymer-Werkstoffs wird wegen der behinderten molekularen Umlagerungsmöglichkeiten durch hohe Belastungsgeschwindigkeiten und tiefe Beanspruchungstemperaturen hervorgerufen. Zähes Verhalten ist dagegen bei erhöhter Temperatur und langsamer Beanspruchungsgeschwindigkeit gegeben. Bedingt durch ihren strukturellen Aufbau neigen Duroplaste besonders bei Raumtemperatur mehr zum spröden Verhalten, Thermoplaste im überwiegenden Maße zum zähen Verhalten, jedoch gibt es auch eine Reihe ausgesprochen spröder Thermoplaste, wie Polystyrol (PS) und Styrol-Acrylnitril-Copolymerisat (SAN). Elastomere und Thermoelaste sind zu den zähen Polymer-Werkstoffen zu rechnen. Einen allgemeinen Überblick gibt Bild 80.

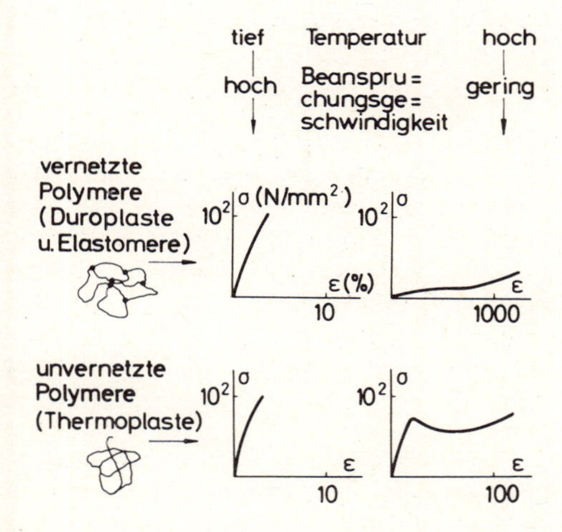

Bild 80: Mechanisches Verhalten verschiedender Polymer-Werkstoff-Typen [59]

Der starke Einfluß der Temperatur und der Belastungsgeschwindigkeit auf das Verformungsverhalten von Polyvinylchlorid (PVC), gemessen im einachsigen Zugversuch, ist in Bild 81 dargestellt.

Dieser geringfügig kristalline Thermoplast weist bei -30 und +25 °C ein sprödes Verhalten auf und geht oberhalb von +40 °C in ein zähes Verhalten über. Ähnliche Kurven erge-

---

[60] s.a. Abschn. 6.2.2, S. 155

[61] s.a. Abschn. 6.2.1, S. 146

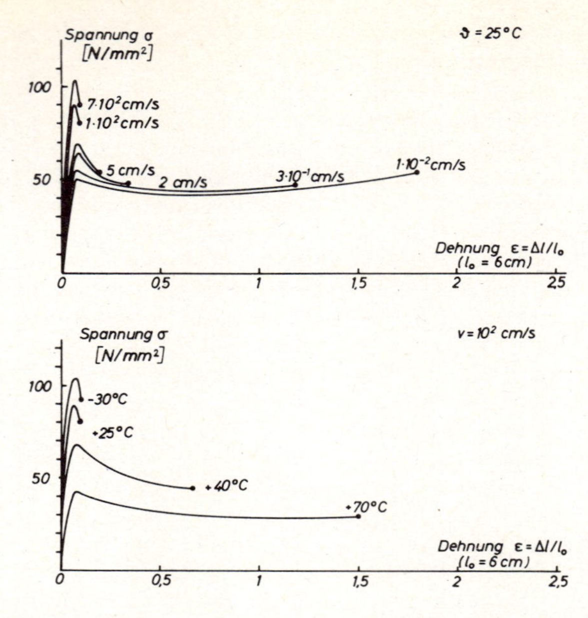

Bild 81: Spannungs-Dehnungs-Kurven von Polyvinylchlorid (PVC) bei verschiedenen Abziehgeschwindigkeiten und Temperaturen [59]
(Mittelwerte aus je 100 Einzelmessungen)

ben sich für die Abhängigkeit der Belastungsgeschwindigkeit. Bei hoher Belastungsgeschwindigkeit und/oder bei tiefer Temperatur zeigt PVC bei hoher Festigkeit ein ausgesprochen sprödes Verhalten, bei niedriger Belastungsgeschwindigkeit und/oder hoher Temperatur ist die Festigkeit erheblich geringer, die Zähigkeit und die Bruchdehnung vervielfachen sich dagegen. Im zähen Zustand zeigen die Spannungs-Dehnungs-Kurven bis zur Streckgrenze fast keinen linearen Bereich. Das heißt, der das Verhältnis von einwirkender Beanspruchung zur sich einstellenden Dehnung kennzeichnende Elastizitätsmodul ist im zähen Zustand sehr stark von der Höhe der Belastung abhängig (s. a. Bild 113).

Beim Vergleich von Spannungs-Dehnungs-Kurven bei verschiedenen Temperaturen und Belastungsgeschwindigkeiten kann nur bei amorphen Thermoplasten, Duroplasten und Elastomeren vorausgesetzt werden, daß keine strukturellen Änderungen während der Beobachtungszeit eintreten. Bei teilkristallinen Thermoplasten kann dagegen die Erweichung der amorphen Bereiche zu einem prinzipiell anderen Verlauf der Spannungs-Dehnungs-Kurve führen, wie in Bild 82 oben für den sehr wichtigen Konstruktionswerkstoff Polyamid 66 (PA 66) gezeigt wird. Bis zur Erweichung der amorphen Bereiche bildet sich eine deutliche Streckgrenze aus. Erst oberhalb dieser Grenze werden auch die teilkristallinen Bereiche stark verformt. Entsprechend Bild 105 a wirken amorphe Bereiche unterhalb der Streckgrenze als festgefügte Blöcke. Einzelne Stör- oder Schwachstellen in den kristallinen Gleitebenen kommen nicht zum Tragen. Der amorphe Block wird gleichmäßig gedehnt, bis die Beanspruchung einiger besonders günstig (unter 45°) liegender Gleitebenen der keineswegs gleichmäßigen angeordneten kristallinen Blöcke und Lamellen unter Schubspannung zu gleiten beginnen. Dabei wird Wärme erzeugt, die zu einer erhöhten Temperatur in den der Gleitebene benachbarten Bereichen und damit zu weiteren Gleitprozessen führt. Wegen der geringen Wärmeleitung der Polymer-Werkstoffe sind diese Verformungsprozesse auf die in Bild 107 dargestellten schmalen Einschnürungen begrenzt. Innerhalb dieser Einschnürungszonen erweichen auch die amorphen Bereiche, so daß die Verformungskurven bei Dehnungen über 20 % denen gleichen, die von vorneherein eine erweichte amorphe Phase aufweisen. Ist die Kristallinität nicht zu hoch und der Widerstand der amorphen Bereiche oberhalb ihrer Erweichung von vorneherein nur sehr gering wie beim Polyäthylen (LDPE) mit der Glasumwandlungstemperatur $T_g = -70\,^{\circ}C$ und beim Polyamid 6 (PA 6) mit $T_g = 49\,^{\circ}C$, werden bereits bei geringen

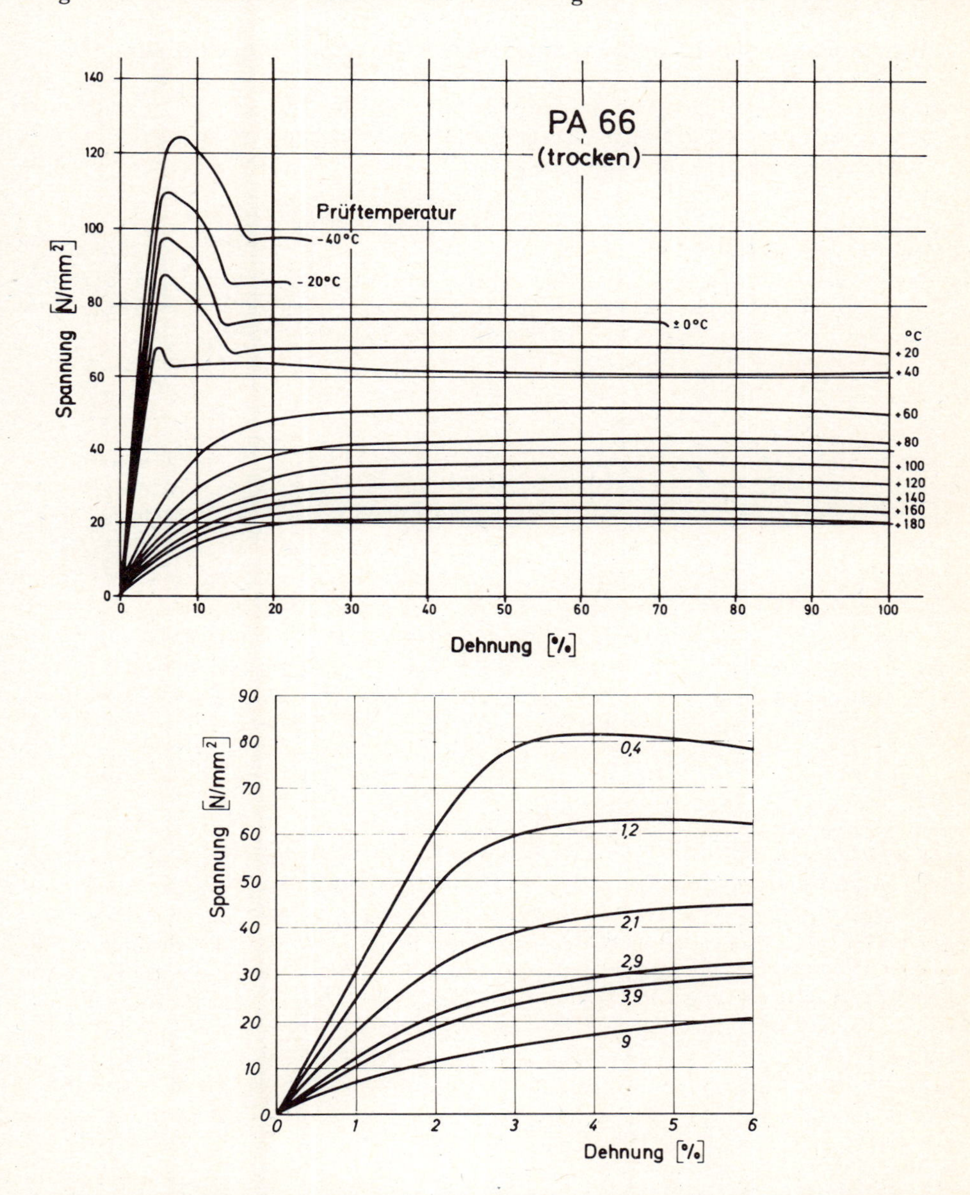

Bild 82: Spannungs-Dehnungs-Diagramm von trockenem Polyamid 66 (PA 66) bei verschiedenen Temperaturen (oben) und Polyamid 6 (PA 6) bei verschiedenen Feuchtigkeitsgehalten in Gew.-% (unten)

Belastungen die amorph angeordneten Ketten gestreckt. Schwachstellen innerhalb der kristallinen Bereiche werden individuell belastet. Es kommt daher von vorneherein zu Abgleitungen oder Umlagerungen der kristallinen Bereiche, die mit steigender Belastung zunehmen und eine allmähliche Verstreckung ohne Ausbildung einer Streckgrenze ergeben (s.a. Abschn. 6.1.4). Ähnlich wie eine erhöhte Temperatur bewirkt bei Polyamiden z.B. eindringendes Wasser die Erweichung der amorphen Bereiche (Bild 82 unten).

6.1.1 Elastisches, viskoses und viskoelastisches[62] Verformungsverhalten

Im Gegensatz zu Stahl zeigen Polymer-Werkstoffe nur bei sehr geringer Belastung ein elastisches Verformungsverhalten. Bei höherer Beanspruchung treten zusätzlich Kriech- und Fließvorgänge auf, die ein Abweichen vom linearen Kraft-Verformungs-Verhalten bedingen.

Das Verformungsverhalten läßt sich einfach an einem Modellversuch verdeutlichen, bei dem eine sprungartig aufgebrachte, einachsige, konstante Zugspannung σ_o während einer bestimmten Zeitdauer auf einen Polymer-Werkstoff-Stab wirkt. Bei einem rein elastischen Körper würde sich ohne Verzögerung nach der Beziehung

$$\varepsilon_{el} = \frac{1}{E_o} \cdot \sigma_o \qquad (6.1)$$

eine zeitlich konstante Verformung ε_{el} einstellen, die bei Entlastung vollständig zurückgeht, d.h. reversibel ist. Bei einem rein viskosen Verhalten würde dagegen die Verformung ε_v in Abhängigkeit von der Zeit linear anwachsen nach der Beziehung

$$\varepsilon_v = \frac{1}{\eta_o} \cdot t \cdot \sigma_o \qquad (6.2)$$

mit t = Belastungszeit und η_o = Viskosität. Nach der Entlastung bleibt sie erhalten. Sie ist irreversibel. Neben diesen beiden Verformungsanteilen tritt noch ein dritter Anteil auf. Dieser zeitabhängig reversible sogenannte relaxierende oder viskoelastische Anteil ε_r läßt sich vereinfacht durch folgende Beziehung beschreiben:

$$\varepsilon_r = \frac{1}{E_r} \left(1 - e^{-\frac{t}{\tau}}\right) \sigma_o \qquad (6.3)$$

E_r kennzeichnet die Stärke dieses auch Relaxation genannten Verformungsanteils und wird Relaxations-Modul genannt. τ ist die Relaxationszeit (s.a. Bild 85). Sie kennzeichnet die Geschwindigkeit, mit der sich der relaxierende Verformungsanteil einstellt bzw. die Geschwindigkeit der Rückverformung. Sie ist diejenige Zeit (wenn $t = \tau$ ist), in der der relaxierende Verformungsanteil bei konstanter Belastung 0,632 = (1 - 1/e) der Endverformung σ_o/E_r erreicht hat. Sie ist ein materialspezifischer Kennwert. Genau genommen handelt es sich nicht um eine einzelne Zeit, sondern um eine Verteilung von Relaxationszeiten (sogen. Relaxationszeitspektrum). Im folgenden wird mit ausreichender Genauigkeit nur von dem Maximalwert derartiger Spektren ausgegangen.

---

[62] Der Begriff viskoelastisch wird i.a. sowohl zur Beschreibung des gesamten Verformungsverhaltens ($\varepsilon_{el} + \varepsilon_v + \varepsilon_r$) als auch nur zur Beschreibung des zeitabhängig reversiblen Verformungsanteils (ε_r) benutzt und ist damit nicht eindeutig.

Die Gesamtverformung [63] der Polymer-Werkstoffe kann, wie im Bild 83 dargestellt, durch eine additive Überlagerung der drei Verformungsanteile beschrieben werden.

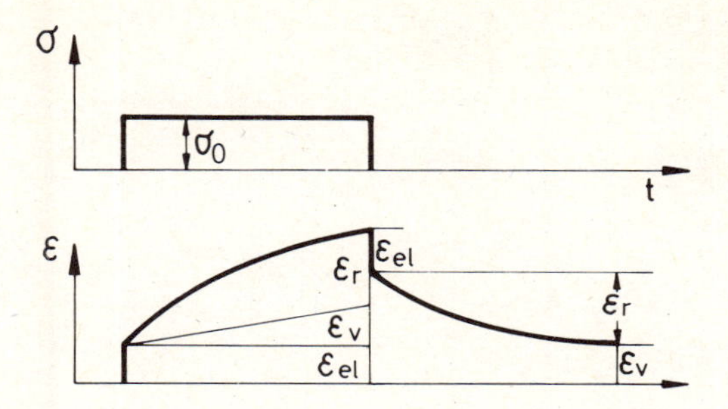

Bild 83: Rückfederungsversuch zur Kennzeichnung der reversiblen und irreversiblen Verformungsanteile
ε_{el} = elastische Verformung
ε_{v} = viskose Verformung
ε_{r} = relaxierende und viskoelastische Verformung
$\varepsilon_{el} + \varepsilon_{v}$ = elastisch-viskose Verformung

Die Gesamtverformung wird nach Gln. (6.1) bzw. (6.3):

$$\varepsilon_{ges}(t) = \left(\frac{1}{E_o} + \frac{t}{\eta_o} + \frac{1}{E_r}\left(1 - e^{-\frac{t}{\tau}}\right)\right) \sigma_o \qquad (6.4)$$

Bei Polymer-Werkstoffen ist es üblich, auch das zeitabhängige Verhältnis von Spannung zur Dehnung $\sigma_o/\varepsilon_{ges}(t)$ als Elastizitätsmodul und zwar als Kriechmodul [64] E_c zu bezeichnen.

Wird nach einer Belastungsdauer t' die Spannung entfernt, so formt sich die Probe um den elastischen Verformungsanteil ε_{el} und zeitlich verzögert um den relaxierenden Anteil ε_r zurück. Der viskose, irreversible Verformungsanteil ε_v ist bei Elastomeren vernachlässigbar, bei Duroplasten nimmt er mit zunehmendem Vernetzungsgrad ebenfalls stark ab. Es stellt sich folgende Rückformkurve ein:

$$\varepsilon_{ges}(t > t') = \varepsilon_{ges}(t') - \varepsilon_{el} - \varepsilon_r(t') \cdot e^{-\frac{(t-t')}{\tau}} \qquad (6.5)$$

Das Verformungsverhalten bei Be- und Entlastungen von Polyoxymethylen (POM) ist in Bild 84 dargestellt.

Diese rein modellmäßige Einteilung der Verformung ermöglicht auch eine klare Abgrenzung der folgenden Begriffe: ε_{el} kennzeichnet das elastische Verhalten, ε_v das viskose oder plastische Verhalten, das auch mit Fließen bezeichnet wird, ε_r das viskoelastische Verhalten, bei dem zwar ein Kriechen, aber kein Fließen auftritt. Eine überlagerte Verformung aus ε_{el} und ε_v wird als elastisch-viskos oder elastisch-plastisch bezeichnet.

---

[63] Strenggenommen gilt dieses nur unter der Voraussetzung der linearen Viskoelastizität, wie sie auf S. 112 dargestellt ist.

[64] Der Index c leitet sich von dem englischen Wort creep = Kriechen ab.

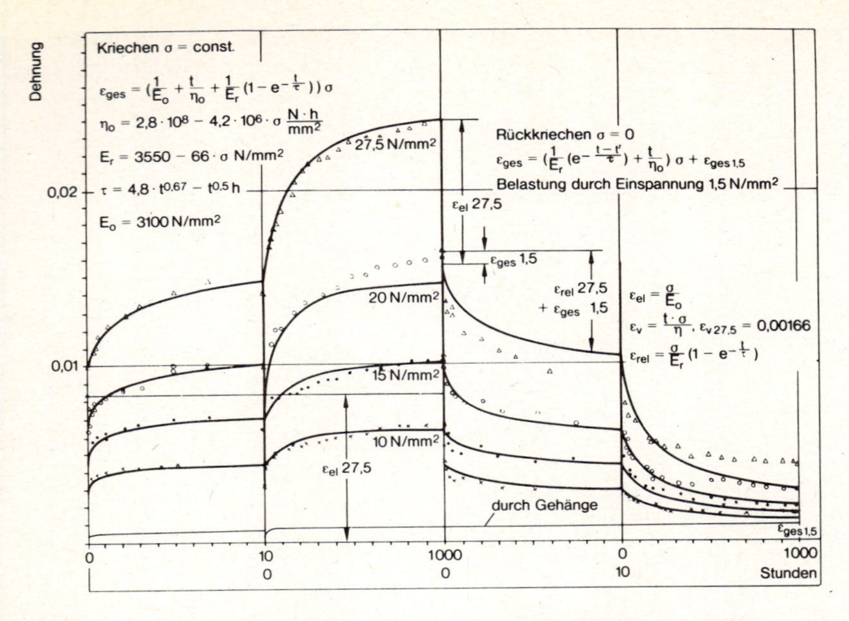

Bild 84: Verformungsverhalten von gepreßtem Polyoxymethylen (POM) bei Be- und Entlastung. Da die Belastung im nichtlinear-viskoelastischen Bereich erfolgt, sind E_r und η_o keine Konstanten. Die durchgezogenen Linien wurden mit den angegebenen Funktionen berechnet [60] .

Nur die viskose/plastische bzw. elastisch-viskose/plastische Verformung ist durch ein irreversibles Fließen gekennzeichnet, während das viskoelastische Verhalten nur ein reversibles Kriechen beinhaltet. Diese Definitionen werden nicht immer konsequent angewendet, wie sich schon aus der obigen Definition des Kriechmoduls E_c 64) $= \sigma/\varepsilon_{ges}(t)$ ergibt, da $\varepsilon_{ges}(t)$ einen Fließanteil enthält und nicht nur Kriechanteile.

Ein prinzipiell gleiches Verhalten ergibt sich, wenn statt der Spannung eine konstante Verformung aufgebracht wird (s.a. Bild 86). Beim verzögerten Einstellen der Verformung bei einer vorgegebenen Spannung spricht man von einer Retardation oder Verformungsrelaxation. Wird dagegen eine bestimmte Deformation vorgegeben, aus der eine zunächst große, aber allmählich kleiner werdende Spannung resultiert, so spricht man von einer Spannungsrelaxation oder einfach Relaxation.

Entsprechend dieser Definition wird das zeitabhängige Verhältnis zwischen Spannung und Dehnung auch als Relaxations- bzw. Retardationsmodul bezeichnet. Der Relaxationsmodul ist stets kleiner als der Retardationsmodul [54].

6.1.2 Modelle zur Beschreibung des Verformungsverhaltens

Das eben beschriebene Verformungsverhalten läßt sich relativ anschaulich darstellen durch Verwendung der Elemente Feder zur Kennzeichnung des Idealfalls der elastischen, und Dämpfungskolben zur Kennzeichnung des viskosen Verhaltens. Man spricht auch von Hookschen Federn und Newtonschen Dämpfern. Schaltet man diese beiden Elemente parallel zum sogenannten Voigt-Kelvin-Modell, so läßt sich dadurch das viskoelastische Verhalten kennzeichnen. Ein Modell, bestehend aus hintereinander geschalteter Feder und Dämpfer wird als Maxwell-Modell gekennzeichnet, es beschreibt das elastisch-plastische Verhalten. Das Verformungsverhalten der Polymer-Werkstoffe läßt sich relativ anschaulich durch das sogen. Burger- oder 4-Parametermodell beschreiben, das durch Hintereinanderschalten eines Voigt-Kelvin- und eines Maxwell-Modells entsteht (Bild 85).

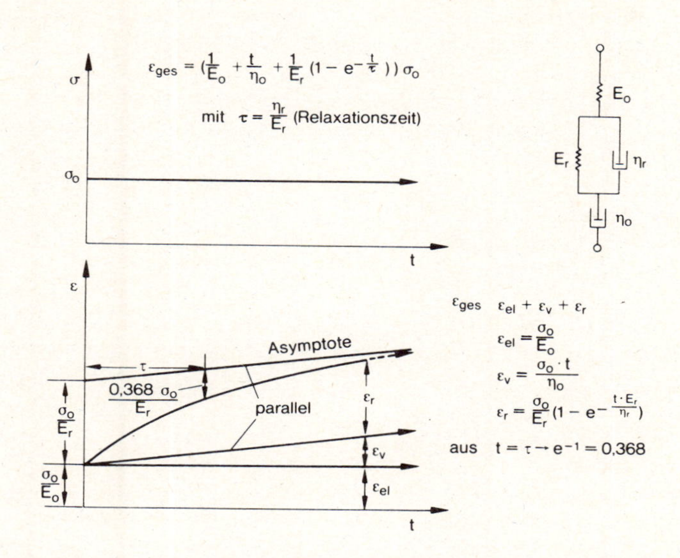

Bild 85: Burger- oder 4-Parameter-Modell zur Beschreibung des Verformungsverhaltens von Polymer-Werkstoffen (vergl. Bild 83)

Das elastische Verformungsverhalten des Federelements ist durch die Beziehung $\sigma = \varepsilon_{el} \cdot E_o$ gekennzeichnet. Beim Dämpfungskolben stellt sich die Spannung proportional der Dehnungsgeschwindigkeit, multipliziert mit der Viskosität η_o, also $\sigma = \eta_o \cdot \dot{\varepsilon}$ ein. In dieser Beziehung drückt sich aus, daß Polymer-Werkstoffe bei einer höheren Beanspruchungsgeschwindigkeit, aber gleicher Verformung, eine höhere Spannung und damit ein größeres Verhältnis von Spannung zu Dehnung, d.h. einen höheren Elastizitätsmodul aufweisen.

Belastet man das Voigt-Kelvin-Modell mit einer konstanten Spannung σ_o, stellt sich für Feder und Dämpfungskolben die gleiche Längenänderung ein, die Spannung von Feder und Dämpfungskolben addieren sich. Strenggenommen müßte man von einer Addition der Kräfte, hervorgerufen durch Feder und Dämpfungskolben, sprechen. Da aber die Vorgänge bei einer Probe in ein- und derselben Querschnittsfläche ablaufen, ist eine Spannungsbetrachtung möglich. Das Verformungsverhalten läßt sich durch folgende Differentialgleichung beschreiben: $\sigma = E_r \cdot \varepsilon + \eta_r \cdot \dot{\varepsilon}$. Unter der Voraussetzung, daß zum Zeitpunkt t = o die Spannung σ_o aufgebracht wird, ergibt sich als Lösung

$$\varepsilon_r(t) = \frac{1}{E_r} \left(1 - e^{-\frac{t \cdot E_r}{\eta_r}}\right) \sigma_o \qquad (6.6)$$

wobei die Beziehung η_r/E_r gleich der Relaxationszeit τ ist. Sie kennzeichnet die Zeitabhängigkeit der Umlagerungsmöglichkeit der einzelnen Moleküle.

Die additive Überlagerung einzelner Verformungsanteile ist nur bis zu bestimmten Beanspruchungshöhen zulässig. Darüberhinaus ergeben sich mit zunehmender Belastungshöhe Abweichungen. Die Grenze, bis zu der die Vorgänge mathematisch und physikalisch korrekt erfaßt werden können, ist das Ende des linear-viskoelastischen Bereichs.

Von einem linear-viskoelastischen Verhalten der Polymer-Werkstoffe kann man nur so lange sprechen, wie das Bolzmannsche Superpositionsprinzip gilt [61] .

Fassung 1: Wenn die Verformung ε_{10} allein die Spannung $\sigma_1(t)$ hervorruft, und die Verformung ε_{20} die Spannung $\sigma_2(t)$, dann ruft $\varepsilon_{10} + \varepsilon_{20}$ die Gesamtspannung $\sigma_1(t) + \sigma_2(t)$ hervor.

Fassung 2: Wenn die Spannung σ_{10} allein die Verformung ε_1 hervorruft, und die Spannung σ_{20} die Verformung $\varepsilon_2(t)$, dann ruft $\sigma_{10} + \sigma_{20}$ die Verformung $\varepsilon_1(t) + \varepsilon_2(t)$ hervor.

In Fassung 1 können ε_{10} und ε_{20} und in Fassung 2 können σ_{10} und σ_{20} sich in Abhängigkeit von der Zeit ändern, z.B. ε_{10} kann $\varepsilon_1(t)$ sein. Die beiden Fälle sind in Bild 86 dargestellt.

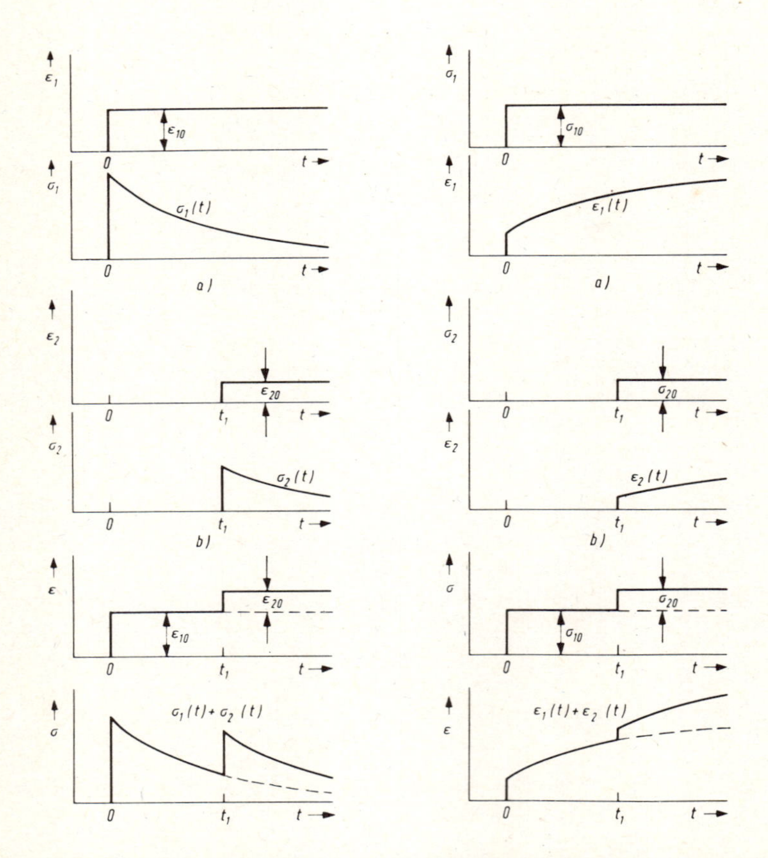

Bild 86: Veranschaulichung des Boltzmannschen Superpositionsprinzips in der 1. (links) und 2. (rechts) Fassung [61]

Ein linear-viskoelastisches Verhalten liegt vor, so lange die isochronen Spannungs-Dehnungs-Beziehungen linear sind. Eine isochrone Darstellung (s. Bild 88) ergibt sich, wenn an ein- und derselben Probe verschiedene Spannungs-Dehnungs-Verhältnisse nach jeweils gleicher Versuchsdauer ermittelt werden. Die einzelnen Meßpunkte werden verbunden. Diese Form der Darstellung darf nicht mit Spannungs-Dehnungs-Diagrammen verwechselt werden, die bei konstanter Belastungsgeschwindigkeit aufgenommen werden (Bild 81 und Bild 112).

Der Bereich der linearen Viskoelastizität reicht im allgemeinen nur bis etwa 0,1 bis 0,5 % Dehnung, z.B. bei Polyvinylchlorid (PVC) und glasfaserverstärkten Gießharzen (GFK) bis 0,5 % bei Polyäthylen (PE) $<$ 0,1 %, bei Polycarbonat (PC) bei 23 ^{o}C $<$1 %, bei 130 ^{o}C $<$ 0,5 %.

Bei den konstruktiv besonders interessanten teilkristallinen Thermoplasten, liegt die Grenze weit unterhalb möglicher Einsatzgrenzen von 0,5 bis 2 % Dehnung, so daß diese Theorie der linearen Viskoelastizität nur bedingt praktische Bedeutung hat. Ihr größter Wert liegt in dieser einigermaßen anschaulichen Beschreibung des Verhaltens der Polymer-Werkstoffe, so daß eine Übertragung auf den Bereich des nicht-linear-viskoelastischen Verhaltens zum prinzipiellen Verständnis beiträgt.

6.1.3 Langzeitverformungsverhalten

Das in Bild 85 schematisch und in Bild 87 und 89 aufgrund von Meßergebnissen dargestellte Verformungsverhalten unter konstanter Last ergibt bei Raumtemperatur i.a. erst nach wenigen tausend Stunden einen in Abhängigkeit von der Zeit linearen Anstieg des Gesamtverformungsverhaltens. Erst dann wird der Einfluß des Exponentialglieds in Gln. (6.3) bis (6.5) bei Relaxationszeiten bis zu einigen hundert Stunden vernachlässigbar klein [60] .

In Bild 87 sind für ein Polyoxymethylen-Copolymerisat (POM) Meßpunkte und angepaßte Kurven mit linearer und allgemein üblicher logarithmischer Zeitabszisse dargestellt. Die logarithmische Darstellung ist im Bereich kurzer Belastungszeiten übersichtlicher und läßt sich leichter extrapolieren, wenn, wie üblich, Meßwerte über zwei oder drei Dekaden (100 oder 1 000 Stunden) vorliegen, da in diesem Bereich ein linearer Verlauf beobachtet wird, wie Bild 87 (unten), 88 sowie 89 b und c deutlich erkennen lassen.

Die Verbindung der Versagenspunkte am Ende der Kriechkurven ist die sogen. Zeitstandfestigkeit oder Bruchlinie (Bild 88). Bei einer Reihe von Thermoplasten tritt sie erst nach einer Verstreckung von mehreren 100 % auf und ist dann als praktische Einsatzgrenze irrelevant, da derartige Verformungen nicht zulässig sind.

Zeitstandfestigkeitskurven interessieren den Konstrukteur nur bei spröden Polymer-Werkstoffen mit geringer Bruchdehnung. Neben der Darstellung als Kriechkurven im Dehnungs-Zeit-Diagramm wird das zeitabhängige Verformungsverhalten der Polymer-Werkstoffe auch in abgeleiteten Diagrammen dargestellt, z.B. dem Zeitstandschaubild, bei dem Linien gleicher Dehnung als sogen. Zeitspannungslinien in einem Zeit-Spannungs-Diagramm aufgetragen werden und dem isochronen Spannungs-Dehnungs-Diagramm mit der Zeit als Parameter (Bild 88).

Die Zeitspannungslinien im Zeitstandschaubild werden bestimmt, indem die Schnittpunkte der Kriechkurven unter bestimmter Last mit der entsprechenden Dehnordinate zeit-

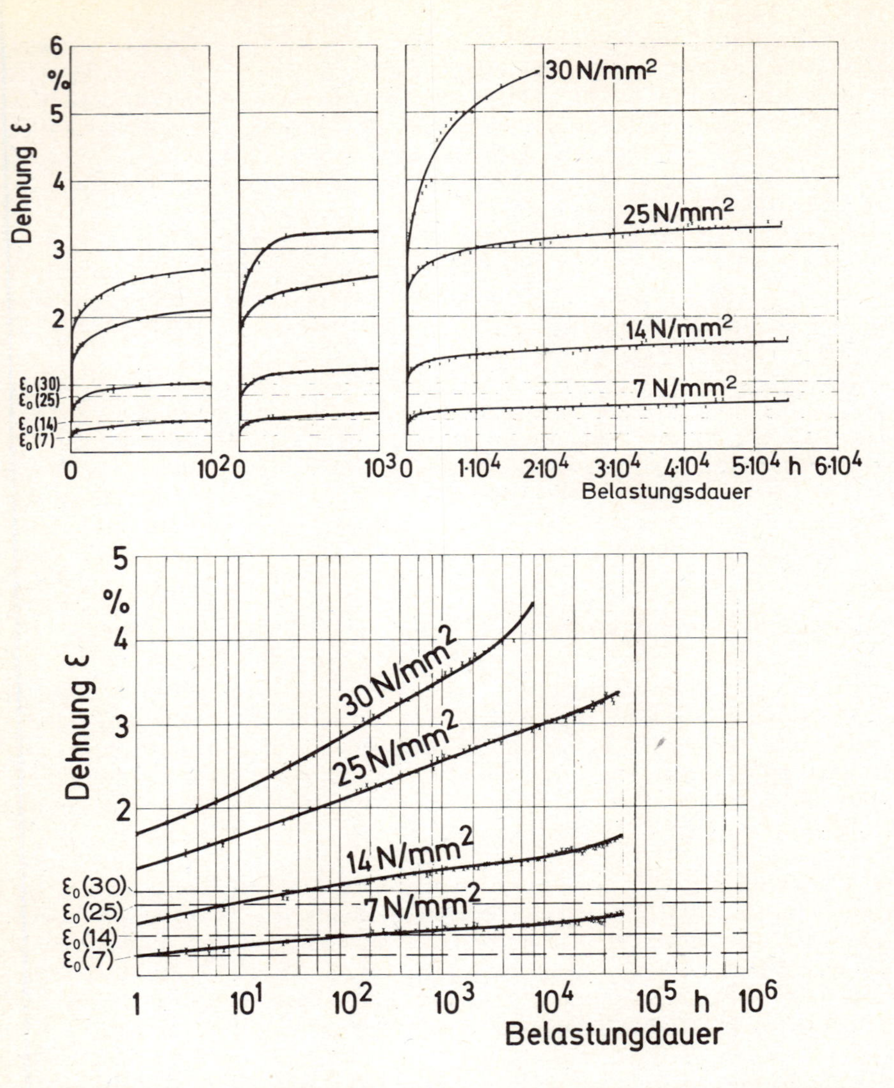

Bild 87: Kriechverhalten eines POM-Copolymerisats in linearer und einfach logarithmischer Darstellung

gleich in ein Diagramm mit der Zugspannung als Ordinate übertragen werden. Der Vorteil des Diagramms liegt darin, daß bei einer zulässigen Dehnung leicht die dazugehörige Spannung bestimmt werden kann.

Am aussagekräftigsten sind die isochronen Spannungs-Dehnungs-Diagramme. Die Kurven müssen in jedem Fall durch den Nullpunkt gehen, so daß auch Bereiche geringster Belastungen erfaßt werden. Diese können im üblichen Kriechversuch nicht ermittelt werden, da dieser bei einer Mindestlast durchgeführt werden muß, um Fehler durch die Versuchseinrichtung, z.B. durch Reibungsverluste in den Lagern, gering zu halten.

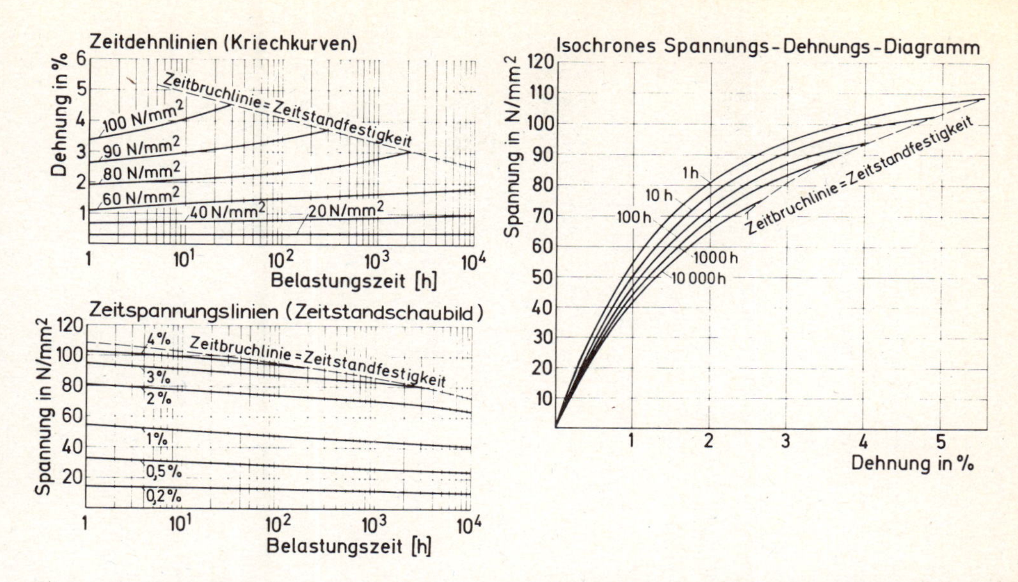

Bild 88: Darstellung des Zeitstandverhaltens von glasfaserverstärktem Polyamid 66 (GF-PA 66) mit 30 Gew.-% Glasfasern durch Kriechkurven, Zeitspannungslinien und isochrone Spannungs-Dehnungs-Kurven

Die lineare Extrapolation von Kriechkurven mit logarithmisch geteilter Zeitachse führt jedoch bei längeren Belastungszeiten u. U. zu erheblichen Fehlern. Je nach Belastungshöhe tritt nämlich nach einigen Jahren Versuchsdauer eine Abweichung von der Geraden ein, wie Bild 89 für glasfaserverstärkte Polyesterharze (GF-UP) zeigt. Die Anstiegszunahme ergibt sich durch die Stauchung der Zeitachse bei logarithmischer Darstellung.

Es ist bis heute noch nicht üblich, die drei Verformungsanteile ε_{el}, ε_v und ε_r getrennt auszuweisen. Obwohl die zeitabhängigen Anteile ε_v und ε_r häufig größer sind als die elastische Verformung. Ohne ihre detaillierte Kenntnis ist allerdings bei einer Reihe von konstruktiven Bauelementen, wie Laufrollen, Kugellagern, Lüftern, Gleitelementen, eine Verformungsrechnung besonders bei intermittierendem Betrieb auf verschiedenen Lastniveaus und wechselnden Be- und Entlastungszeiten nicht möglich. Eine Schwierigkeit liegt darin, daß zur genauen Analyse der Langzeitverformung Meßwerte von mindestens 30 000 Stunden Belastungsdauer notwendig sind.

Einfacher ist die Anpassung der Kriechkurve nach der Funktion

$$\varepsilon_{ges}(t) = \varepsilon_{el} + \varepsilon t^n \qquad (6.7)$$

bei der die viskosen und viskoelastischen Verformungsanteile zusammengefaßt werden. Dadurch ist es möglich, auch bei sehr viel kürzeren Meßzeiten das Langzeitverformungsverhalten der Polymer-Werkstoffe zu beschreiben und zu extrapolieren. In [60,129,130] ist dies für verschiedene Polymer-Werkstoffe beschrieben. Für das Rückkriechen gilt

$$\varepsilon_{ges}(t > t') = \varepsilon t^n - \varepsilon (t - t')^n \qquad (6.8)$$

Dabei sind ε_{el} die elastische Verformung, t die Zeit ab Versuchsbeginn, t' die Zeit der

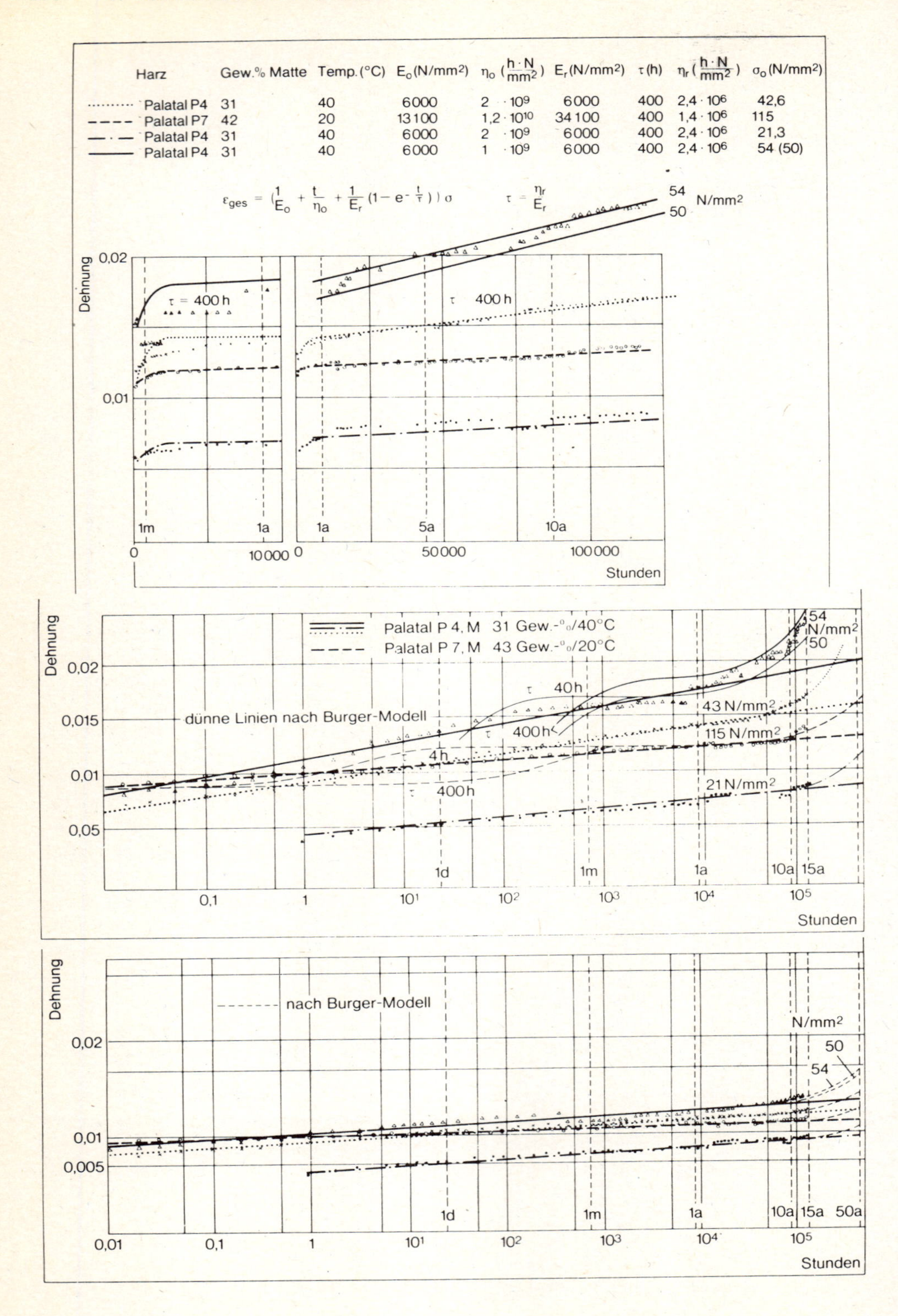

Harz
Gew.% Matte
Temp.(°C)
E_o(N/mm²)
η_o (h·N/mm²)
E_r(N/mm²)
τ(h)
η_r (h·N/mm²)
σ_o(N/mm²)
Palatal P4 31 40 6000 2·10⁹ 6000 400 2,4·10⁶ 42,6
Palatal P7 42 20 13100 1,2·10¹⁰ 34100 400 1,4·10⁶ 115
Palatal P4 31 40 6000 2·10⁹ 6000 400 2,4·10⁶ 21,3
Palatal P4 31 40 6000 1·10⁹ 6000 400 2,4·10⁶ 54 (50)
ε_ges = (1/E_o + t/η_o + 1/E_r (1 − e^(−t/τ))) σ
τ = η_r/E_r
54
50
N/mm²
Dehnung
0,02
0,01
τ = 400 h
τ 400 h
1m
1a
1a
5a
10a
0
10000
0
50000
100000
Stunden
Palatal P 4, M 31 Gew.-%/40°C
Palatal P 7, M 43 Gew.-%/20°C
dünne Linien nach Burger-Modell
τ 40h
τ 400h
τ 4h
τ 400h
43 N/mm²
115 N/mm²
21 N/mm²
0,015
0,05
1d
1m
1a
10a
15a
0,1
1
10¹
10²
10³
10⁴
10⁵
nach Burger-Modell
0,005
0,01
50a

Belastung bei nachfolgender Entlastung, ε und n werden empirisch bestimmt. Es muß allerdings betont werden, daß weder Gln. (6.4) und (6.5) noch Gln. (6.7) und (6.8) das Verformungsverhalten bei mehrfach intermittierender Belastung beschreiben können.

Der bei einachsiger Belastung beobachtete stetige Verlauf der Bruchlinie wird bei Zeitstandversuchen an Rohren bei zweiachsiger Zugbeanspruchung nicht beobachtet. Kennzeichnend für diese Versuche ist, daß die als Ordinate angegebene Umfangszugspannung - auch Vergleichsspannung genannt - doppelt so groß ist wie die axiale Zugspannung. Die gemessenen Kurven zeigen den in Bild 90 dargestellten typischen Verlauf.

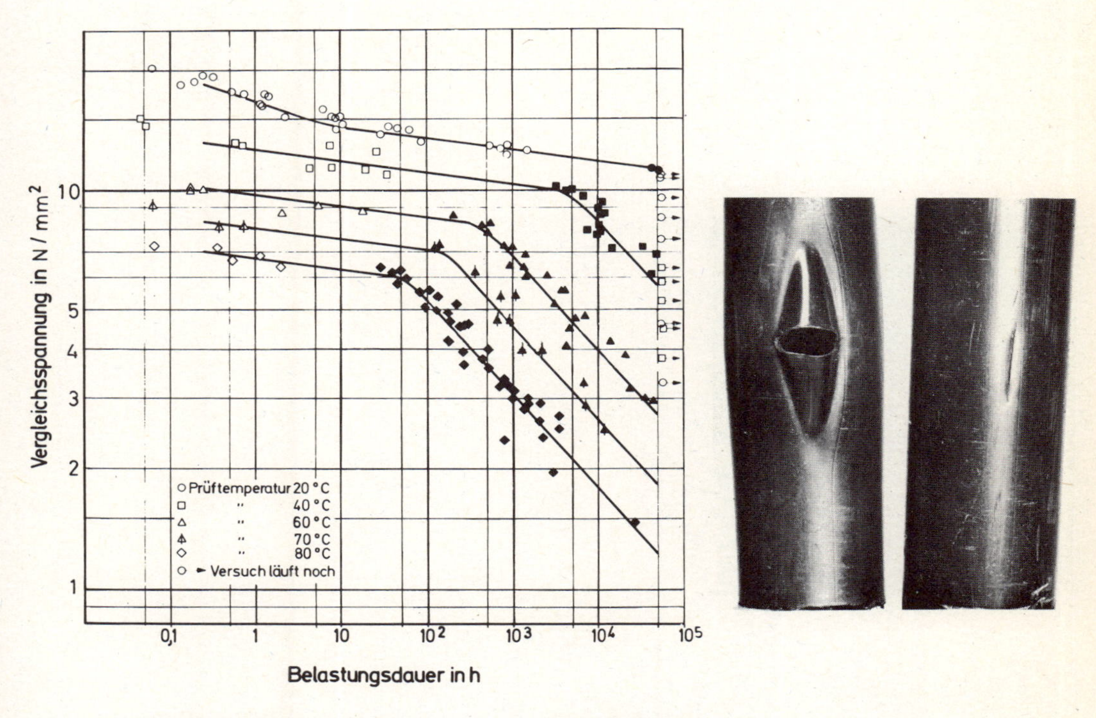

Bild 90: Zeitstand-Diagramm von Rohren aus Polyäthylen (HDPE)
Vergleichsspannung = Umfangsspannung
a) Verformungsbruch im flachen Teil der Kurve
b) Sprödbruch im Steil-Ast

Nach einer anfänglichen leichten Neigung knicken die Kurven plötzlich stark ab. Im Bereich des flachen Verlaufs treten Verformungsbrüche auf, die Rohre weiten sich an der Bruchstelle blasenförmig auf. Es kommt zu einer Verstreckung in Umfangsrichtung. Die dadurch erheblich verringerte Dichte an Hauptvalenzbindungen in Achsrichtung führt zum Aufreißen senkrecht zur Verstreckungsrichtung. Im Steil-Ast sind es Sprödbrüche, die auf das Entstehen einer Vielzahl von Fehlstellen im Polymer-Werkstoff während der Belastungszeit zurückgeführt werden. Diese Fehlstellen wachsen. Dadurch wird der Poly-

---

◀ Bild 89: Kriechkurven glasfaserverstärkter Polyesterharze (GF-UP) in linearer, einfach und doppelt logarithmischer Darstellung

mer-Werkstoff an vielen Stellen gleichzeitig so geschwächt, daß eine verformungsbedingte Querschnittsänderung nicht mehr möglich ist.

6.1.4 Nichtlineares Verformungsverhalten

6.1.4.1 Amorphe Polymer-Werkstoffe

Oberhalb des Bereichs der linearen Viskoelastizität (max. 0,5 % Dehnung) nehmen die irreversiblen Verformungsanteile überproportional zu. Die Steigung der Spannungs-Dehnungs-Diagramme und damit der Elastizitätsmodul hängt dann nicht mehr nur von der Belastungszeit und der Umgebungstemperatur, sondern auch von der Belastungshöhe ab. Typisch für das nichtlineare Verformungsverhalten amorpher Polymer-Werkstoffe sind zwei Deformationsprozesse: die Schubspannungsfließzonenbildung und die Normalspannungsfließzonenbildung [65] [62] .

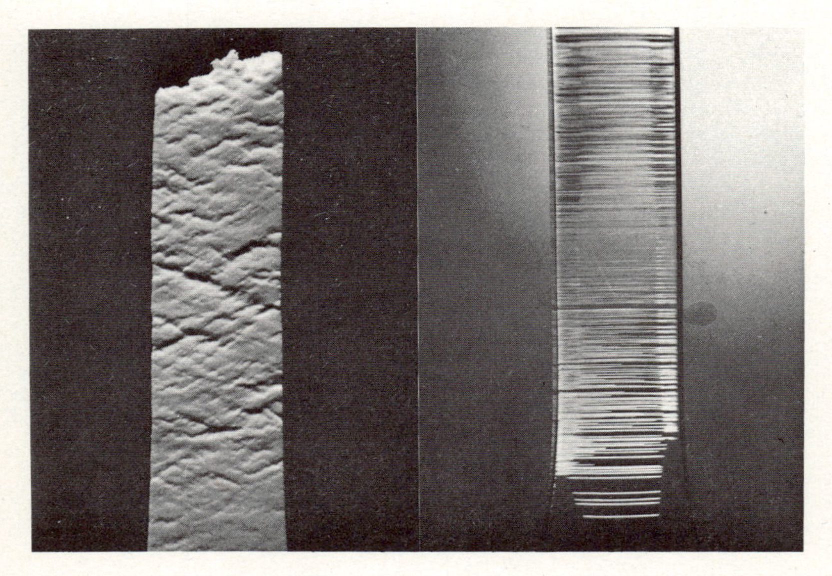

Bild 91: Schubspannungsfließzonenbildung bei Acryl-Butadien-Styrol-Copolymerisat (ABS) (links) und Normalspannungsfließzonenbildung bei Polystyrol (PS) (rechts) nach 115 N/mm^2 Belastung (Bruch bei 145 N/mm^2)

Die häufig beobachtete Schubspannungsfließzonenbildung kann nicht als generell auftretende Erscheinung angesehen werden. Die Schubspannungsfließzonen eines Acrylnitril-Butadien-Styrol-Copolymerisats in Bild 91 links ergeben sich unter einem Winkel von ungefähr 58 ° zur Richtung der angreifenden Zugspannung. Diese Abweichungen von 45 ° deuten darauf hin, daß es sich nicht um reines Schubspannungsversagen handelt. Die Schubspannung τ_S, die notwendig ist, um eine Fließzonenbildung einzuleiten, ist außer

---

[65] auch Craze oder Spannungsriß genannt. Der Begriff Spannungsriß wird bevorzugt bei gleichzeitiger Einwirkung eines physikalisch wirkenden Netzmittels benutzt.

von der reinen Schubfestigkeit τ_{ds} noch von den herrschenden Normalspannungen abhängig. Es gilt:

$$\tau_s = \tau_{ds} - \mu \cdot \sigma_m \qquad (6.9)$$

Dabei ist $\sigma_m = 1/3(\sigma_1 + \sigma_2 + \sigma_3)$ und μ eine Materialkonstante. Das heißt, die Bildung von Schubspannungsfließzonen wird durch eine beanspruchungsbedingte Volumenvergrösserung begünstigt [31,63] .

Es wird angenommen, daß die Enden kurzer Normalspannungsfließzonen bei höherer Belastung der Ausgangspunkt von Schubspannungsfließzonen sein könnten [64] oder von diesen in ihrem Wachstum begrenzt werden [62] . Bei langen, über den Probenquerschnitt verlaufenden Normalspannungsfließzonen (Bild 91 rechts) ist eine nachträgliche Schubspannungsfließzonenbildung nicht beobachtet worden.

Die Normalspannungsfließzonenbildung, auch Craze-Bildung genannt, erfolgt bereits bei einer niedrigeren Beanspruchung. Im Gegensatz zur Schubspannungsfließzonenbildung tritt sie nur senkrecht zur maximalen Zugspannung auf. Ebenso wie die Schubspannungsfließzonen werden die Normalspannungsfließzonen durch beanspruchungsbedingte Volumenvergrößerungen begünstigt. (Vergl. Normalspannungsfließzonen- oder Craze-Bildung in kautschukmodifizierten Polystyrol-Copolymerisaten, Abschn. 6.3.1.)

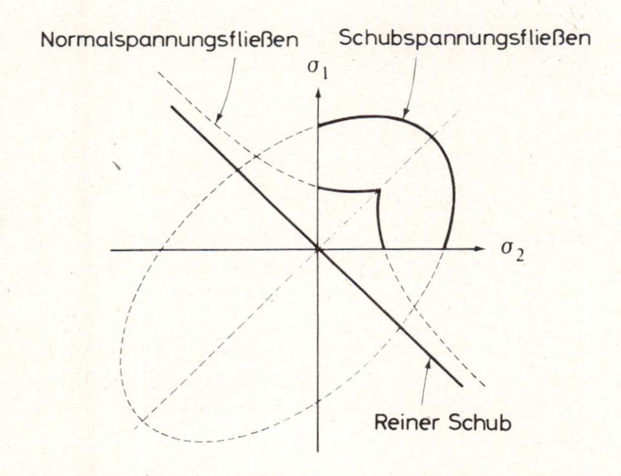

Bild 92: Kriterium für die Bildung von Fließzonen unter Schub- und Normalspannung im ebenen Spannungszustand [63]

In Bild 92 ist für den zweiachsigen Zugspannungszustand das Kriterium für das Auftreten von Normalspannungsfließzonen angegeben. Normalspannungsfließzonen sind nicht identisch mit einem Bruchversagen des Polymer-Werkstoffs. Im Unterschied zu den Schubspannungsfließzonen ist ihre Struktur eingehend untersucht. Im Gegensatz zu echten Rissen (Cracks) sind Normalspannungsfließzonen, im folgenden Crazes genannt, mit verdünnter, hochorientierter Polymersubstanz ausgefüllt (Bild 93).

Die Dicke der Crazes beträgt nur wenige hundertstel Millimeter, ihre Länge auf der Probenoberfläche kann von wenigen zehntel Millimetern bis zu mehreren Zentimetern bei entsprechenden Probeabmessungen reichen. Die Dichte der Polymersubstanz im Craze beträgt 40 bis 60 % der Dichte des kompakten Materials. Zwischen dem 60 bis 100 % verstreckten [66], fibrillenartig aufgespaltenen Material liegen Hohlräume von 10 bis 20 nm Öffnung. Das Innere eines Craze ist daher einer stark orientierten Schaumstoffstruktur vergleichbar. In Bild 93 ist deutlich die fibrillenartige Struktur eines Craze zu erkennen.

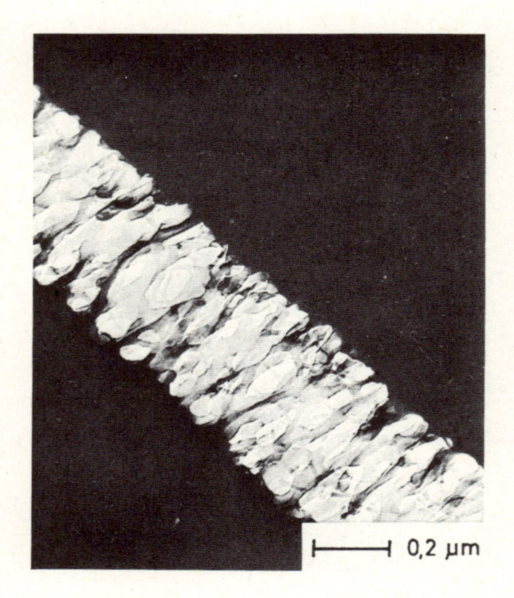

Bild 93: Aufsicht auf einen Craze in Polystyrol (PS) [65]
(Elektronenmikroskopische Aufnahme eines Dünnschnitts)

Senkrecht zur Oberfläche läuft der Craze allmählich in den Polymer-Werkstoff aus, wie man Bild 94 entnehmen kann. Oben in der linken Ecke beginnt der Craze und endet in der rechten unteren Ecke.

Die Craze-Länge auf der Oberfläche strebt bei gegebenen Belastungs- und Umgebungsbedingungen jeweils einem von der auftretenden Zugspannung und gegebenenfalls vom einzuwirkenden Netzmittel abhängigen Endwert zu, so daß immer einander ähnliche Crazes beobachtet werden.

Der Craze weist einen deutlich erniedrigten Elastizitätsmodul, eine hohe Bruchdehnung und eine hohe mechanische Dämpfung auf. In Bild 95 sind für die unverstreckte Polymersubstanz und für den Craze eines Polycarbonats (PC) der zeitabhängige Elastizitätsmodul, der sogen. Kriechmodul, bei einer Spannung von 44 N/mm^2 dargestellt. Die Werte für das unverstreckte Material sind mehr als viermal so hoch wie für den Craze, der außerdem eine deutlich höhere Kriechneigung zeigt.

Die Aufweitung der Crazes bei einer steigenden Belastung erfolgt nicht durch Umwandlung von weiterem ungestörten Polymer-Werkstoff in Craze-Substanz, sondern durch Dehnung des bereits den Craze bildenden Polymer-Werkstoffs.

---

[66] Unterschied: verstrecken - recken s.S. 151

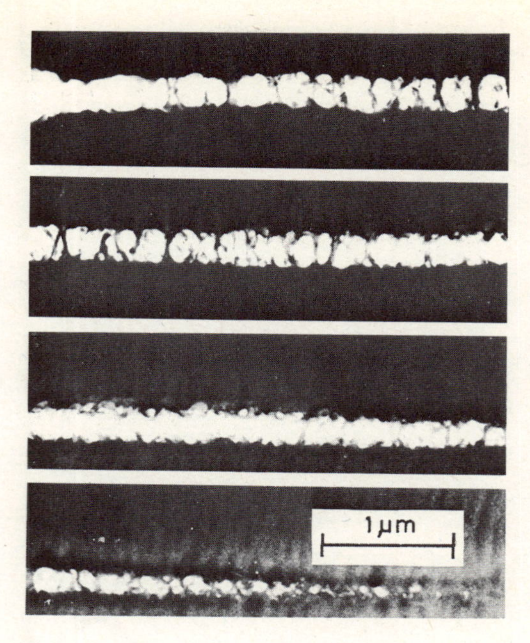

Bild 94: Verlauf eines Craze senkrecht zur Oberfläche [65]
Beginn: oben links, Ende: unten rechts

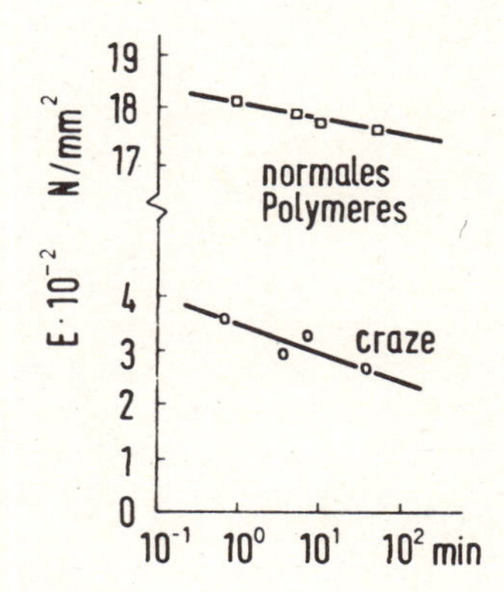

Bild 95: Kriechmodul von verstrecktem (Craze) und nicht verstrecktem Polycarbonat (PC) bei einer Zugspannung von 44 N/mm^2 in Abhängigkeit von der Zeit [66]

Die Spannung, bei der ein erster Craze mit bloßem Auge sichtbar wird, nennt man nicht ganz korrekt "Riß"-Spannung. Sie steigt mit der Dehngeschwindigkeit und nimmt mit steigender Temperatur ab. Die Zeit vom Anlegen der Spannung bis zum ersten Auftreten des Craze wird als Induktionszeit bezeichnet.

Ist die auftretende Zugspannung (Eigen- und/oder Lastspannung) hoch, wird an mehr Schwachstellen in der Oberfläche die zur Craze-Bildung notwendige Spannungshöhe erreicht. Es bilden sich viele kleine Crazes. Bei niedrigerer Spannung bilden sich dementsprechend weniger Crazes, die dann mit der Belastungszeit wachsen, bis die gleiche

Entspannung an der Polymer-Werkstoffoberfläche erreicht ist, wie bei vielen kleinen Crazes.

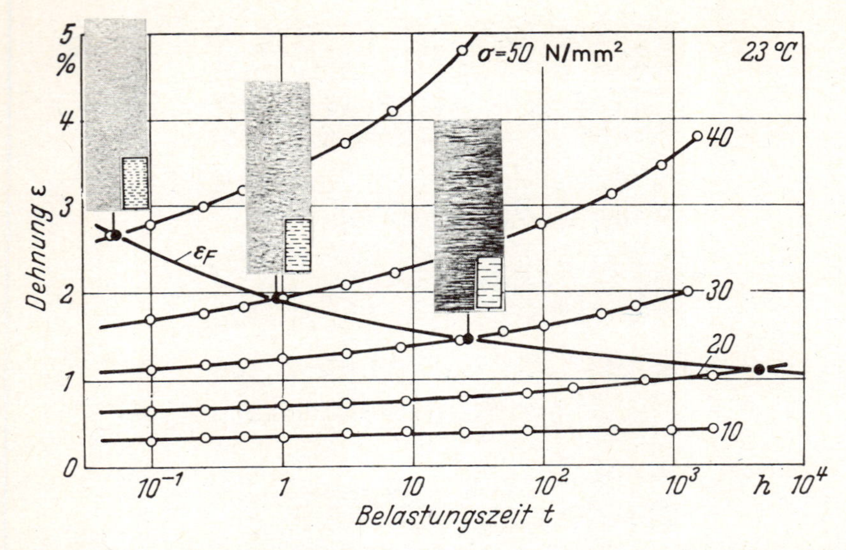

Bild 96: Einfluß der Belastungshöhe und -zeit auf die Länge der Crazes bei Polymethylmetacrylat (PMMA), ε_F = Dehnung, bei der erste Crazes auftreten [64]

Bild 96 zeigt Zeitdehnlinien von Polymethylmethacrylat (PMMA). Bei hoher Zugbeanspruchung ergeben sich viele kleine Crazes bereits nach kurzer Belastungszeit. Je niedriger die Beanspruchung ist, umso länger dauert es bis zur Bildung der Crazes.

Da die Crazes mechanische Schwachstellen bilden, führen sie bei neuerlicher Belastung zu einer Abnahme des Arbeitsaufnahmevermögens (Fläche unter dem Spannungs-Dehnungs-Diagramm) des Polymer-Werkstoffs, wie Bild 97 für PMMA erkennen läßt. Zum Vergleich wurden die Spannungs-Dehnungs-Diagramme mit und ohne Crazes-Bildung aufgetragen. Die Craze-Bildung der einen Probe wurde durch eine längere statische Vorlast bei 30 N/mm^2 erzeugt (vergl. Bild 96). Der stärkere Anstieg der $\sigma - \varepsilon$-Kurve der vorbelasteten Probe kurz vor dem Bruch ist auf Verformungsbehinderungen durch die Crazes des sich sonst stärker duktil verformenden PMMA zurückzuführen.

Einen zum Crack aufreißenden Craze zeigt Bild 98.

Die Craze-Bildung und ihr Wachstum wird durch gleichzeitiges Vorhandensein eines nur physikalisch wirkenden Netzmittels erheblich verstärkt. Die häufig genannte Bezeichnung Spannungsrißkorrosion ist wegen des Fehlens elektrochemischer Vorgänge nicht zutreffend. Der Fall einer Craze-Bildung an der Oberfläche ohne Mitwirkung eines Mediums ist selten. Schon geringe Feuchtigkeits- oder Kohlendioxidmengen in der Luft wirken sich jedoch spannungsrißfördernd aus [67] .

Durch die zwischen die Makromoleküle dringenden und die intermolekularen Bindungen herabsetzenden Netzmittel wird

- die auslösende Spannung sinken,
- die Zahl der Crazes um 1 bis 3 Größenordnungen vermindert,

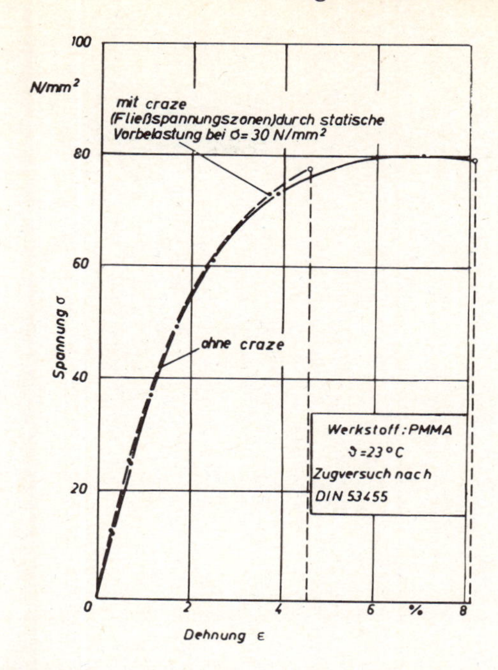

Bild 97: Spannungs-Dehnungs-Diagramm von Polymethylmetacrylat (PMMA) mit und ohne Crazes [67]

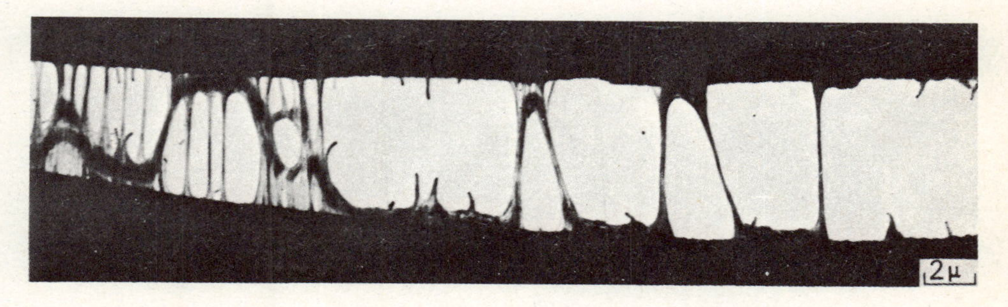

Bild 98: Aus einem Craze entstehender Crack [68]

- die Wachstumsgeschwindigkeit erheblich steigen, so daß i.a. Crazes über die ganze Oberfläche hinweglaufen. Sie sind breiter und tiefer als die Crazes ohne Netzmitteleinwirkung [69] .

Die unterschiedliche Wirkung der Netzmittel spiegelt sich in einer entsprechenden Abminderung der Zeitstandfestigkeit in Bild 99 wider. Abweichend von der nur geringfügigen Abnahme der Zugfestigkeit bei Crazes-Bildung ohne Netzmittel, wie sie Bild 97 zeigt, ist die Festigkeitsabnahme bei Netzmitteleinwirkung wegen der deutlich stärkeren Craze-Bildung erheblich stärker.

Zur Craze-Bildung neigen besonders amorphe Thermoplaste, wie Polymethylmethacrylat (PMMA), Polystyrol (PS), Polycarbonat (PC) und Styrol-Acrylnitril-Copolymerisat

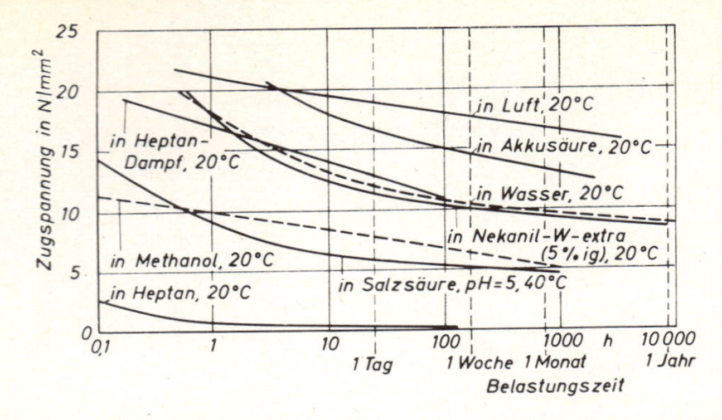

Bild 99: Einfluß verschiedener Netzmittel auf das Zeitstandverhalten von schlagfestem Polystyrol (PS)

(SAN). Crazes können aber auch in teilkristallinen Thermoplasten und in geringem Ausmaß in duroplastischen Gießharzen auftreten.

6.1.4.2 Teilkristalline Thermoplaste

Das Verformungsverhalten teilkristalliner Thermoplaste wird besonders im unteren Lastbereich weitgehend durch die amorphen Bereiche bestimmt. Erst im oberen Lastbereich werden auch die kristallinen Bereiche stärker mit einbezogen.

Bei den größten Überstrukturen in teilkristallinen Thermoplasten, den Sphärolithen, sind eine homogene und eine inhomogene Verformung zu unterscheiden [70, 71] . Als homogen

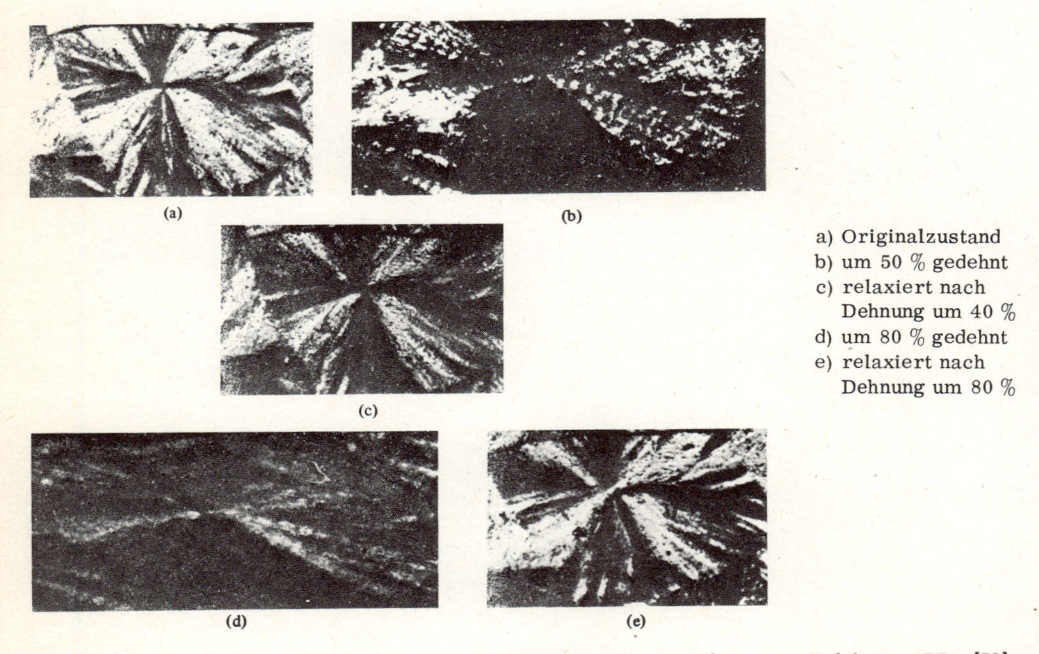

a) Originalzustand
b) um 50 % gedehnt
c) relaxiert nach Dehnung um 40 %
d) um 80 % gedehnt
e) relaxiert nach Dehnung um 80 %

Bild 100: Verformung und Relaxation von Sphärolithen in dünnen Filmen aus Polybuten (PB) [72] (Lichtmikroskopische Aufnahme im polarisierten Licht)

bezeichnet man die reversible Verformung des annähernd kugelförmigen Sphäroliths zu einem Elipsoid, bei der die Ausgangsstruktur erhalten bleibt. In Bild 100 a ist ein Sphärolith im Ausgangszustand dargestellt, in Bild 100 b ist der Sphärolith um 50 % verformt. Nach Entfernen der Belastung relaxiert der in diesem Fall um 40 % gedehnte Sphärolith und erreicht,wie Bild 100 c deutlich zeigt, den Ausgangszustand. Selbst nach einer Verformung um 80 % (Bild 100 d) wird der Ausgangszustand nach Bild 100 e nahezu wieder erreicht [72] .

Bei der inhomogenen Verformung werden die senkrecht zur Zugrichtung liegenden Sphärolithbereiche irreversibel verstreckt, während die im Scheitelbereich gelegenen Teile wie bei der homogenen Verformung nur reversibel gedehnt werden. Bild 101 zeigt in der ersten Reihe drei unbelastete Polyäthylen-Sphärolithe aus einem Film. Die Probe wurde

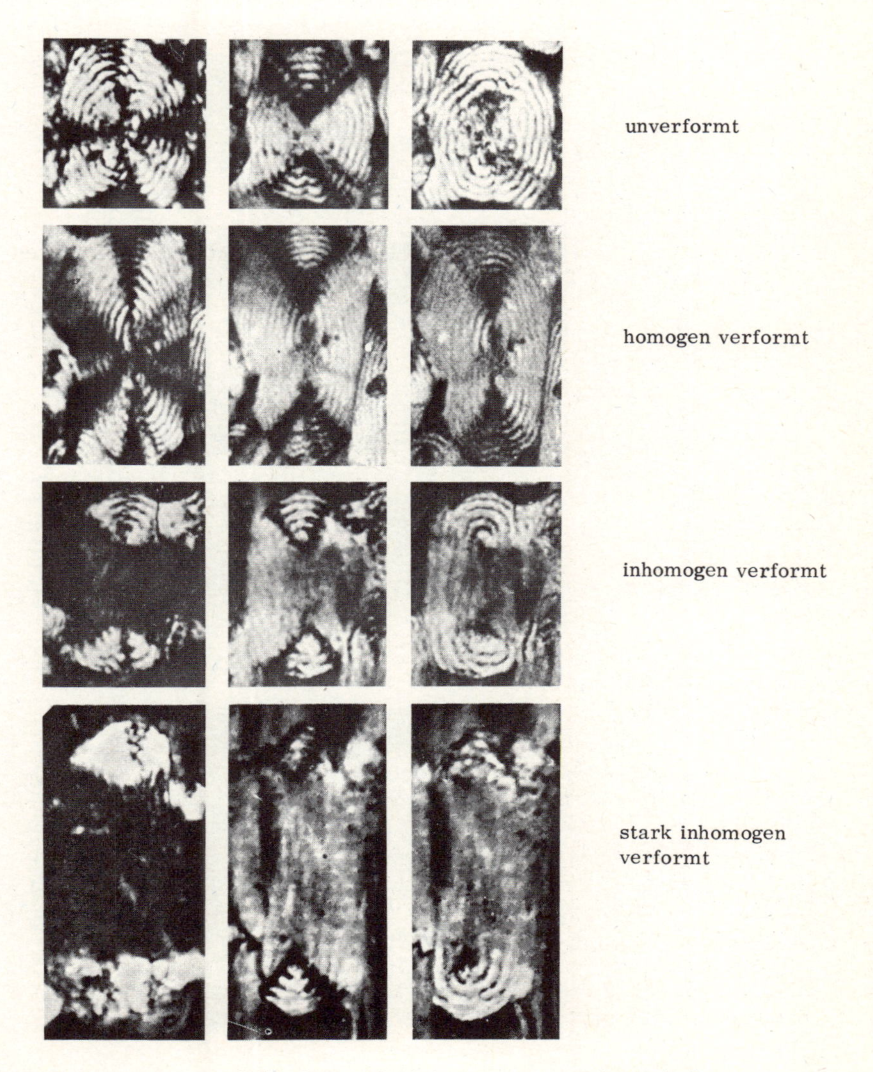

Bild 101: Verformung von Polyäthylen-Sphärolithen in dünnen Filmen [70]
(Lichtmikroskopische Aufnahmen im polarisierten Licht)

verformt. Dabei ergaben sich homogen (Bild 101, zweite Reihe) und unterschiedlich stark inhomogen (Bild 101, dritte und vierte Reihe) verformte Sphärolithe.

Wie Bild 101 zeigt, können in ein- und derselben Probe homogene und inhomogene Verformungen auftreten. Bis zu makroskopischen Verformungen von 100 % überwiegen die homogenen, danach die inhomogenen Deformationen. Die i. a. schwächeren, sehr schmalen amorphen Bereiche zwischen den Sphärolithen sind häufig nicht in der Lage, die grossen Deformationsunterschiede auszugleichen, die sich zwischen benachbarten gegeneinander versetzten Sphärolithen ergeben. Es kommt weit vor der inhomogenen Verformung zu den in Bild 102 gezeigten Mikrorissen in Beanspruchungsrichtung und damit zu irreversiblen Verformungen. Die Risse führen wegen der Lichtbrechung an den Bruchstellen zu einem sogen. Weißbruch, wie er auf Bild 107 besonders bei Polypropylen (PP) zu erkennen ist. Bei zunehmender Belastung reißen die amorphen Zwischenbereiche zwischen den Sphärolithgrenzen und den schraubenförmig angeordneten Faltungsblöcken (Bild 103).

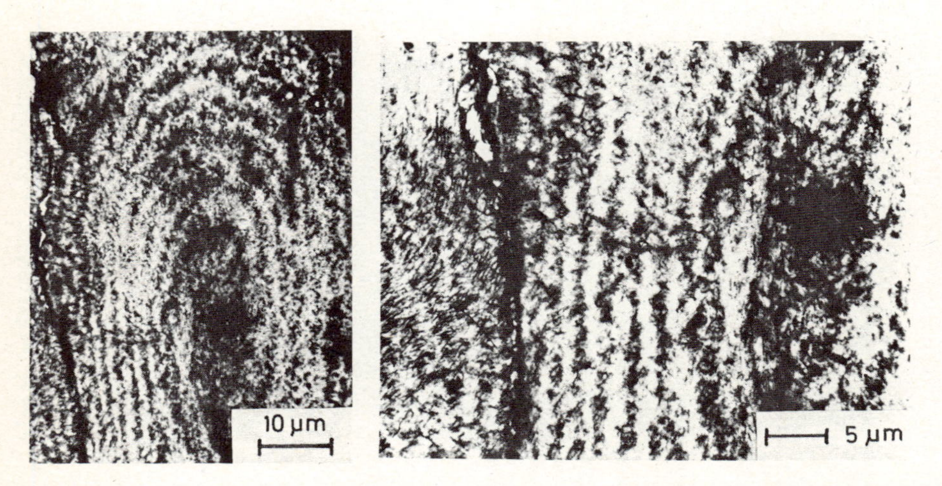

Bild 102: Mikrorißbildung zwischen Polyäthylen-Sphärolithen im Bereich homogener Verformung rechts: vergrößerter Ausschnitt [70]

Ähnlich wie bei den Metallen hat die Größe der Sphärolithe einen großen Einfluß auf das makroskopische Verformungsverhalten. Mit abnehmender Sphärolithgröße (bei den Metallen: Korngröße [75]) nehmen Streckspannung, Festigkeit, Bruchdehnung und Zähigkeit zu. Durch Zugabe z.B. von Indigo als Kristallisationsbeschleuniger (Keimbildner) wird die Zahl der Kristallisationskerne und damit die Zahl der Sphärolithe erhöht und gleichzeitig deren Größe verringert. Bild 104 zeigt links für isotaktisches Polypropylen (PP) das Abnehmen der Bruchdehnung in Abhängigkeit von der Sphärolithgröße. Im rechten Teilbild sind Spannungs-Dehnungs-Diagramme für das gleiche Polypropylen dargestellt. Die Größe der Sphärolithe wurde im Fall 2 durch 1 % Indigo verkleinert, dadurch wurde die Bruchdehnung auf das Vielfache angehoben [70] .

Bei einer lamellenförmigen Struktur, wie sie Bild 42, 44, 52 und 105 zeigt und wie sie in ähnlicher Weise auch bei den die Sphärolithe bildenden Faltungsblöcken entsprechend Bild 47 und 48 angenommen werden kann, wechseln sich kristalline und amorphe Bereiche ab. An verstreckten Fasern, bestehend aus kristallinen Lamellen und dazwischen liegenden amorphen Bereichen, wurden die in Tabelle 9 angegebenen Elastizitätsmoduln

Bild 103: Rißbildung in den amorphen Bereichen entlang der Sphärolithgrenze und den interlamellaren, schraubenförmigen Faltungsblöcken in Polypropylen (PP) [74] (Lichtmikroskopische Aufnahme)

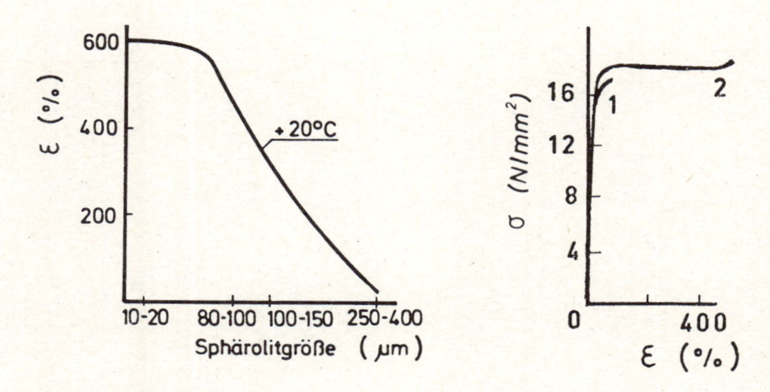

Bild 104: Verformungsverhalten von isotaktischem Polypropylen (PP) [70]
links: Bruchdehnung in Abhängigkeit von der Sphärolithgröße
rechts: Spannungs-Dehnungs-Kurven
1) ohne, 2) mit 1 % Indigo als Keimbildner

Tabelle 9: Makroskopische (E_m) und Kristallit (E_k) -Elastizitätsmoduln von Einzelfasern [71, 76, 77]; Faserrichtung = Kettenrichtung

	parallel zur Faserrichtung		senkrecht zur Faserrichtung	
	E_m	E_k	E_m	E_k
	(N/mm^2)		(N/mm^2)	
Polyäthylen (PE)	2 400	240 000	2 000	3 800
Polypropylen (PP)	7 000	42 000	2 300	3 000
Polyoxymethylen (POM)	23 000	54 000	4 800	800

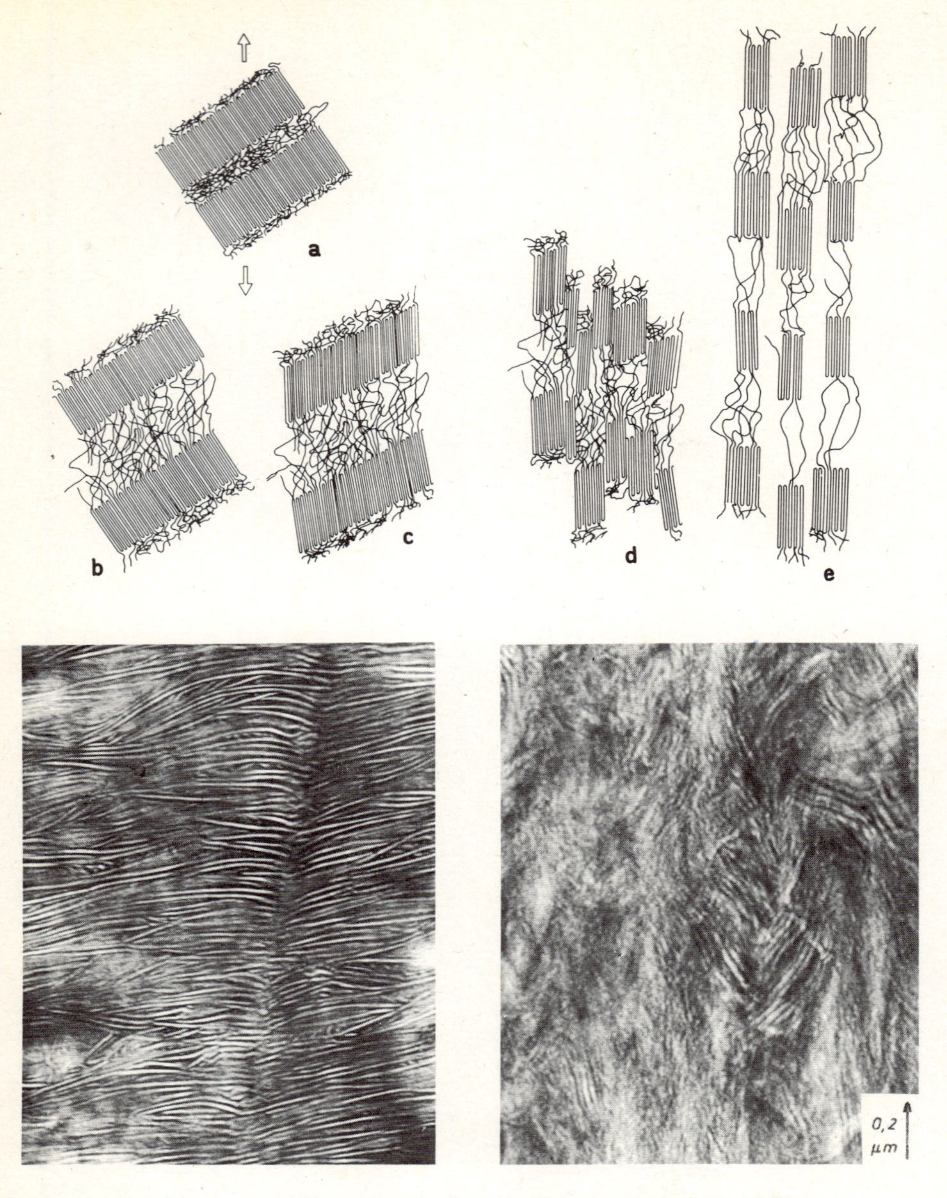

Bild 105: Verstrecken von Lamellen mit zwischengelagerten amorphen Bereichen
oben: Modellvorstellung [35, 124, 126]
a) Ausgangszustand
b) Strecken der amorphen Bereiche
c) Verschiebung der Lamellen
d) Auflösen in einzelne Faltungsblöcke
e) Struktur einzelner Mikrofibrillen
unten: Elektronenmikroskopische Aufnahmen eines Ultradünnschnitts [119]
links: Schnitt durch unverstreckten HDPE-Faden, Fadenrichtung parallel zum Seitenrand mit Shish-Kebab in der rechten Bildhälfte
rechts: 6fach verstreckter Faden mit verschobenen Lamellen und deren Auflösung in einzelne Kristallitblöckchen

senkrecht und parallel zur Faserachse gemessen. Der als makroskopischer Elastizitätsmodul E_m angegebene Wert gilt für die ganze Faser, der Kristallit-Elastizitätsmodul E_k bezieht sich auf einzelne Faltungsblöcke ohne amorphe Bereiche. Dabei ist die Richtung der Ketten in den Kristalliten gleich der der Faserrichtung.

Die Werte für die kristallinen Bereiche sind weit höher als die Werte für die gesamte Faser. Fällt die Kettenrichtung in den Faltungsblöcken mit der Belastungsrichtung zusammen, kann nach [35] angenommen werden, daß sich zunächst die weicheren, amorphen Bereiche verformen, wie es in Bild 105 dargestellt ist [67]. Wenn die amorph angeordneten Ketten gestreckt (b) sind, beginnen sich die Lamellen so zu verschieben, daß sich ihre Ketten zunehmend in Richtung der Beanspruchung orientieren (c).

Bei weiterer Belastung werden einzelne Faltungsblöcke aus den Lamellen herausgezogen (d). Es bilden sich einzelne, voneinander getrennte Fibrillen (e), die durchaus noch untereinander zusammenhängen können. Diese Auflösung in sogen. Mikrofibrillen wird vielfach nicht bestätigt und für wenig wahrscheinlich gehalten, da interfibrillare Ketten den Zusammenhalt bewirken [119,125].

Bild 105 zeigt links unten den Ultradünnschnitt durch einen HDPE-Faden mit mehr oder weniger senkrecht zur Längsrichtung verlaufenden Lamellen im Ausgangszustand. Die starke Verzugsorientierung im Vergleich zu einer aus gleichem Material gepreßten Probe, wie sie in Bild 52 rechts dargestellt ist, ist wahrscheinlich darauf zurückzuführen, daß schon beim Durchpressen durch die Düse und anschließendem Abziehen eine Vorzugsorientierung der Ketten auftritt. Darauf deutet auch der Shish-Kebab hin, der bei Parallelbündelung ganzer Kettenbereiche bevorzugt entsteht. Die mittlere Lamellendicke beträgt 20 nm. Der 6fach verstreckte Faden auf Bild 105 unten rechts zeigt eine große Inhomogenität. Offensichtlich treten verschiedene Verstreckungsstufen parallel auf. Einzelne Lamellenpakete sind schräg verschoben, andere beginnen sich schlierenhaft aufzulösen. Es überwiegt die Auflösung in einzelne Kristallblöcke aus Zustand (c) in Zustand (d). Die Auflösung in einzelne Mikrofibrillen im Zustand (e) ist nicht erkennbar.

In Bild 106 ist das Auflösen eines zusammenhängenden, lamellenförmig geschichteten Polymer-Werkstoffs (HDPE), eines sogen. Einkristalls, in einzelne Makrofibrillen durch Verstrecken dargestellt.

Im Gegensatz zu Bild 105 werden die Faltungsblöcke mit senkrecht zur Kraftwirkung liegenden Ketten vollständig umorientiert. Einzelne Abschnitte der Faltungsblöcke werden an Fehlstellenanhäufungen getrennt und so umorientiert, daß die Ketten in der Hauptschubspannungsrichtung liegen (B). In dieser Lage kommt es zu Verschiebungen und Abgleitungen. Es entstehen einzelne Blöcke (C) mit einer größeren Anzahl durchlaufender Ketten. Die lokal stark beschränkte Deformation in den Bereichen (B) und (C) ist von einer erheblichen Temperaturerhöhung begleitet, die Umlagerungs- aber auch Neuordnungsprozesse erleichtert. Wegen der schlechten Wärmeleitfähigkeit der Polymer-Werkstoffe und starken Temperaturabhängigkeit des Verformungswiderstandes konzentrieren sich die Verschiebungen auf zwei engbegrenzte Bereiche, die Einschnürungsstellen. Gehalten von der großen Anzahl durchlaufender Ketten werden die einzelnen Blöcke in Beanspruchungsrichtung gezogen. Nach der vollständigen Drehung lagern sie die neugeordneten Blöcke zu einer Makrofibrille (D) zusammen. Die durch das Abgleiten und Drehen der Blöcke gebildeten starken Einschnürungen zeigt Bild 107. Die starke Temperaturerhö-

---

[67] Der Einfluß der Erweichung der amorphen Phase ist in Abschn. 6.1 am Ende beschrieben.

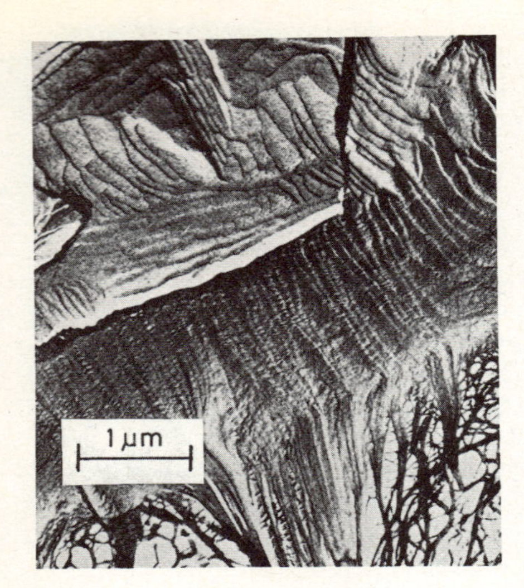

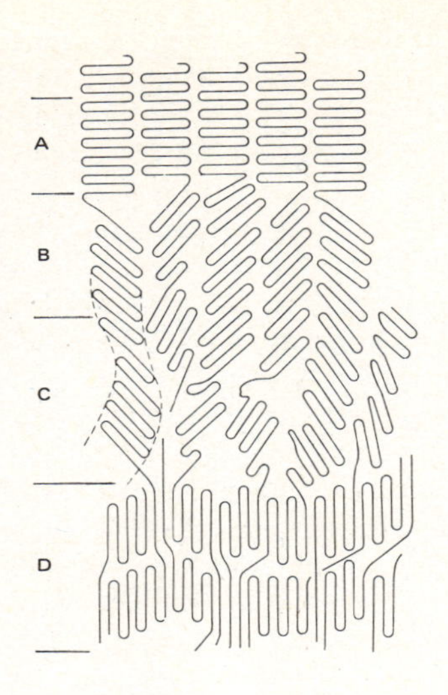

Bild 106: Umlagerung von Lamellen beim Verstrecken von Polyäthylen-Einkristallen (aus Lösung gewonnen) zu Makrofibrillen [39]
Schematische Darstellung rechts [124]
A: nicht verformte Lamellen; B: Neigung und Verschiebung der Lamellen; C: Auflösen der Lamellen in einzelne Blöcke; D: Um- und Zusammenlagerung der einzelnen Blöcke zu einer Makrofibrille

hung führt zu einer Änderung der Faltungshöhe [28,127] . Der hohe Anteil in Belastungsrichtung durchlaufender Ketten führt zu einer hohen Festigkeit der neuen Anordnung, die nur bei sehr viel höheren Belastungen weiter plastisch deformiert werden kann [78] . Die Festigkeit senkrecht zur Verstreckungsrichtung ist wegen fehlender, quer verlaufender Ketten und des i.a. nicht optimalen Kettenabstandes zur Ausbildung physikalischer Bindungen gering.

Die Einschnürungen bilden sich nur oberhalb einer kritischen Dehngeschwindigkeit aus, die mit sinkender Verstreckungstemperatur kleiner wird [131] . Dementsprechend kann eine Verformung mit Einschnürungen durch Herabsetzen der Dehngeschwindigkeit oder durch Erhöhen der Temperatur in eine gleichmäßige Dehnung der gesamten Probe übergehen. Häufig wird dies bei Polyamid (PA) und Polyvinylchlorid (PVC) beobachtet.

In den meisten Fällen kommt es wegen der komplizierten, sphärolithischen Überstruktur nicht zu einer vollständigen Auflösung in einzelnen Makrofibrillen. Bild 107 zeigt im Zugversuch zerrissene Prüfstäbe. Deutlich sind beim Polypropylen (PP) und beim Polyamid 6 (PA 6) die verstreckten Bereiche zu erkennen. Inhomogene Sphärolithverformungen mit Rißbildung in den Sphärolithgrenzen reichen beim Polypropylen (PP) bis weit in die unverstreckten Bereiche hinein. Beim Polyäthylen (LDPE) verhindern die häufigen Verzweigungen und Verschlaufungen besonders bei hohen rel. Molekülmassen der Ketten eine vergleichbare Umorientierung der von vorneherein gestörten kristallinen Bereiche.

Bei Acrylnitril-Butadien-Styrol-Copolymerisat (ABS) mit sperrigen Styrol-Gruppen und gepfropften Kautschukpartikeln (vergl. Bild 58 und 60) ist eine Verstreckung ausgeschlossen. Es kommt zu der in Bild 91 links dargestellten Schubspannungs-Fließzonenbildung, die sich bei LDPE bereits andeutet.

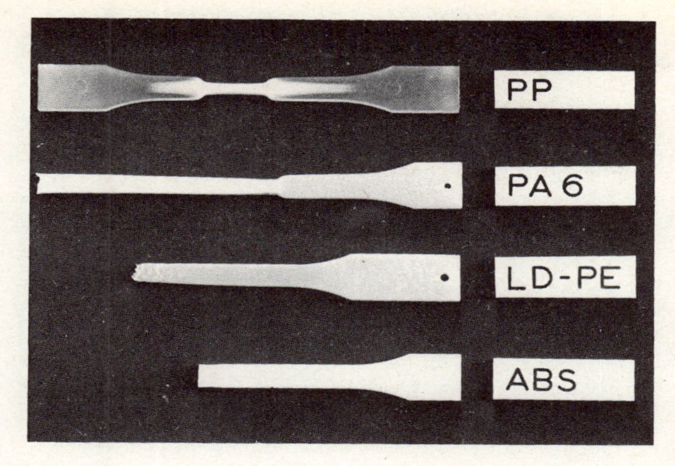

Bild 107: Zugproben aus hochkristallinem, isotaktischem Polypropylen (PP) und Polyamid 6 (PA 6), niedrigkristallinem, verzweigtem Polyäthylen (LDPE) und amorphem Acryl-Butadien-Styrol-Copolymerisat (ABS).

Die Einschnürung beginnt an der Streckgrenze. Die Länge der eingeschnürten Zonen nimmt mit der Dehnung zu, wie Bild 108 schematisch zeigt.

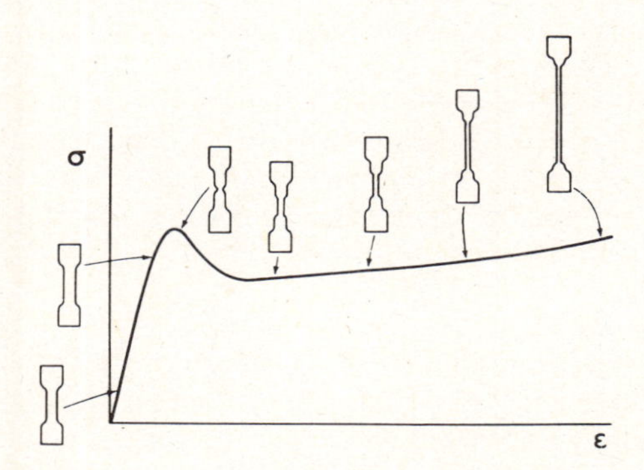

Bild 108: Spannungs-Dehnungs-Kurve eines teilkristallinen Thermoplasten mit schematischer Darstellung der Zugprobe in den verschiedenen Bereichen [35]

Daß Einschnürungen auch an Bauteilen zum Versagen führen können, zeigt Bild 109 für einen Lüfterflügel.

Gezielt werden diese Deformationsvorgänge beim Herstellen von Folienbändchen aus Polypropylen (PP) ausgenutzt, bei denen verstreckte Folien maschinell senkrecht zur Verstreckrichtung zu Bändchen aufgerissen werden.

Die Festigkeitssteigerungen sind durch Verstrecken im energieelastischen Bereich, auch Kaltverstreckung genannt, wegen des sehr viel höheren Verstreckgrades erheblich grösser als durch eine Molekülorientierung beim Warmumformen oder Spritzgießen, wie sie in Abschn. 6.2.1.1 beschrieben werden.

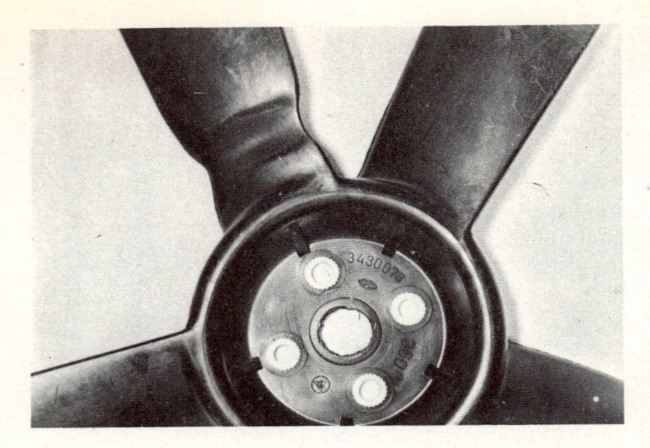

Bild 109: Einschnürung an einem Flügel eines PKW-Lüfters aus Polyäthylen (PE)

6.1.5 Kennwerte für die Dimensionierung

6.1.5.1 Festigkeitskennwerte

Das Kraft-Verformungs-Verhalten von Polymer-Werkstoffen wird wegen der einfacheren Versuchsdurchführung überwiegend im Zugversuch bestimmt. Bild 110 zeigt Zugspannungs-Dehnungs-Kurven für verschiedene Polymer-Werkstoffe.

Bei den spröden Polymer-Werkstoffen GF-UP und PS werden Zugfestigkeit (höchster Spannungswert), Reißfestigkeit (Festigkeit beim Bruch) und Streckspannung (Spannung, bei der die Steigung der Spannungs-Dehnungs-Kurve zum ersten Mal gleich 0 wird) nicht unterschieden, da Zug- und Reißfestigkeit identisch sind, eine Verstreckung aber nicht auftritt.

Bei Ausbildung einer Streckgrenze bei duktilen Polymer-Werkstoffen können Zugfestigkeit und Streckspannung identisch sein (ABS, POM, HDPE, PA 66 bei 20 °C), oder Zugfestigkeit und Reißfestigkeit (SB, PUR-Elastomer). Den Konstrukteur interessiert bei den duktilen Polymer-Werkstoffen zunächst die Streckspannung, da beim Bruch gewöhnlich Formänderungen vorliegen, die den geometrischen Anforderungen an das Formteil nicht mehr gerecht werden. Eine weitere Gruppe duktiler Polymer-Werkstoffe weist keine Streckgrenze auf. Die Reißfestigkeit bei hoher Dehnung ist gleichzeitig der höchste Spannungswert und damit gleich der Zugfestigkeit (LDPE, PA 66 oberhalb 50 °C, Weich-PVC, PUR-Elastomer).

Obwohl beim Biegeversuch der Bruch normalerweise in der Zugzone auftritt, werden z.B. für das hochzähe ABS in Bild 114 Biegefestigkeiten von 58 N/mm^2 gemessen, während die Zugfestigkeit nur 38 N/mm^2 beträgt. Die maximale Zugspannung in einer Probe kann jedoch kaum wesentlich höher sein, als der im einachsigen Zugversuch gemessene Wert [68]. Aufgrund des degressiven Verlaufs des Spannungs-Dehnungs-Diagramms

---

[68] Da das Versagen der Polymer-Werkstoffe im Prinzip einer modifizierten HMH-Hypothese (s. Abschn. 6.1.6.1) folgt, können u. U. bei mehrachsiger Zugbeanspruchung geringfügig höhere Zugspannungen ertragen werden als im einachsigen Zugversuch, wie Bild 117 deutlich zeigt.

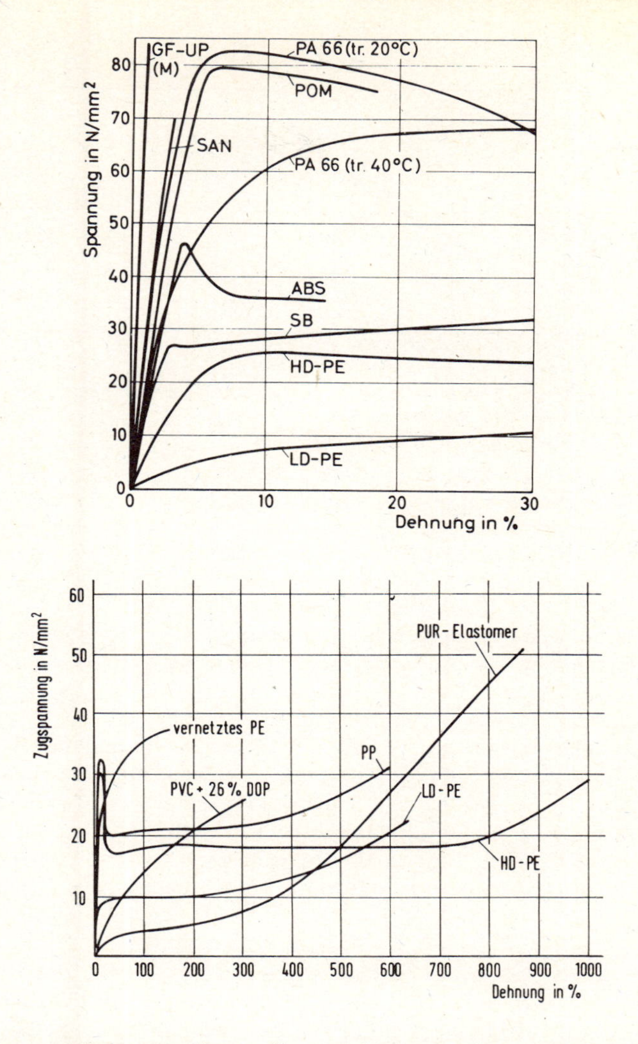

Bild 110: Zugspannungs-Dehnungs-Kurven für verschiedene Polymer-Werkstoffe

ergibt sich im Bereich der höchsten Belastung durch die Relaxation bereits ein erheblicher Spannungsabbau. Die nach den Formeln der Elastizitätstheorie bestimmte Biegespannung geht jedoch von einem linearen Spannungs-Dehnungs-Verhalten aus, so daß sich, wie in Bild 111 dargestellt, eine scheinbar höhere (rechnerisch) Spannung in der Randzone ergibt. Bei der Berechnung eines Bauteils geht man davon aus, daß im Bauteil vergleichbare Relaxationsvorgänge auftreten, die den Fehler bei der Bestimmung der Biegefestigkeit kompensieren.

Die Druckfestigkeit wird nach DIN 53 454 an einem Würfel von 10 mm Kantenlänge bestimmt. Aufgrund der Verformungsbehinderung an den Auflageflächen ist dabei allerdings kein eindeutiger Spannungszustand zu erzielen. Neuere Versuche laufen darauf hinaus, Prismen mit rechteckigem oder rundem Querschnitt und einer Probelänge, die deutlich größer ist als die Querabmessungen, zu verwenden. Dabei muß entweder durch

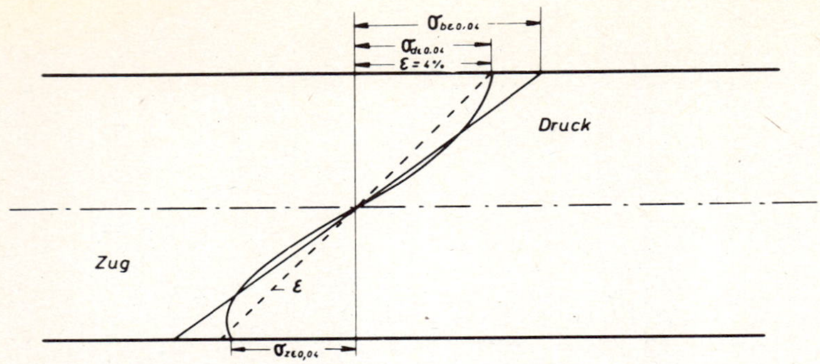

$E_{b0,04}$ = 1375 N/mm²
$\sigma_{b\varepsilon 0,04}$ = 55 N/mm² nach Elastizitätstheorie berechnet gemäß Biegeversuch
$\sigma_{d\varepsilon 0,04}$ = 40 N/mm², aus Druckversuch
$\sigma_{z\varepsilon 0,04}$ = 37.5 N/mm², aus Zugversuch

Bild 111: Spannungsverlauf bei 4 % Randfaserdehnung im Querschnitt einer Biegeprobe eines hochzähen Acrylnitril-Butadien-Styrol-Copolymerisats (ABS) bei Annahme einer linearen Dehnungsverteilung (gleichbleibender Querschnitt)

die Wahl entsprechender Abmessungen (Schlankheitsgrad $\lambda < 20$) oder bei größerem Schlankheitsgrad durch eine spezielle Stützvorrichtung ein Knicken der Proben verhindert werden.

Ein eindeutiger Schubspannungszustand läßt sich an einem Rohr durch Torsion verwirklichen. Die Herstellung der Proben ist aufwendig. Festigkeitswerte verschiedener Polymer-Werkstoffe unter Zug-, Druck- und Schubbeanspruchung sind in Tabelle 10 angegeben. Dabei ergibt sich, daß die Druckfestigkeit i. a. deutlich größer ist als die Zugfestigkeit, die Schubfestigkeit jedoch kleiner als die Zugfestigkeit. Bei Gültigkeit der HMH-Hypothese (Huber, von Mises, Hencky) ist die Schubfestigkeit ~0,6 x Zugfestigkeit (s. Abschn. 6.1.6.1).

Während der Einfluß der Belastungsgeschwindigkeit und der Prüftemperatur bei den amorphen Thermoplasten entsprechend Bild 112 oben noch relativ gut überschaubar ist, kann sich bei teilkristallinen Thermoplasten durch Erweichen der amorphen Phase ein völlig abweichendes Spannungs-Dehnungs-Verhalten ergeben, Bild 112 unten.

Mit dem Erweichen der amorphen Phase verschwindet die Fließgrenze, da die Verstrekkungsprozesse beim Verschwinden der amorphen Behinderungen außerordentlich erleichtert werden (Näheres s. S.107 Abschn. 6.1). Die Schwierigkeit für den Konstrukteur liegt nun besonders darin, einen eindeutig zulässigen Maximalwert zu definieren. Da der höchste Spannungswert in einem Verformungsbereich erreicht wird, der konstruktiv nicht mehr interessant ist, muß die Berechnung von Bauteilen aus teilkristallinen Thermoplasten oberhalb der Glasübergangstemperatur der amorphen Phase zusätzlich über eine zulässige Verformung erfolgen, während bei tiefen Temperaturen eine Berechnung einer zulässigen Belastung u. U. ausreicht [69].

---

[69] Das Rechnen mit Spannungen ist deshalb einfacher, weil normalerweise aufzunehmende Belastungen vorgegeben sind, so daß bei einer Berechnung zulässiger Verformungen die Umrechnungsfaktoren (Elastizitäts-Kennzahlen) bekannt sein müssen, die aber bei Polymer-Werkstoffen ebenfalls stark von Zeit, Temperatur und Höhe der Belastung abhängen.

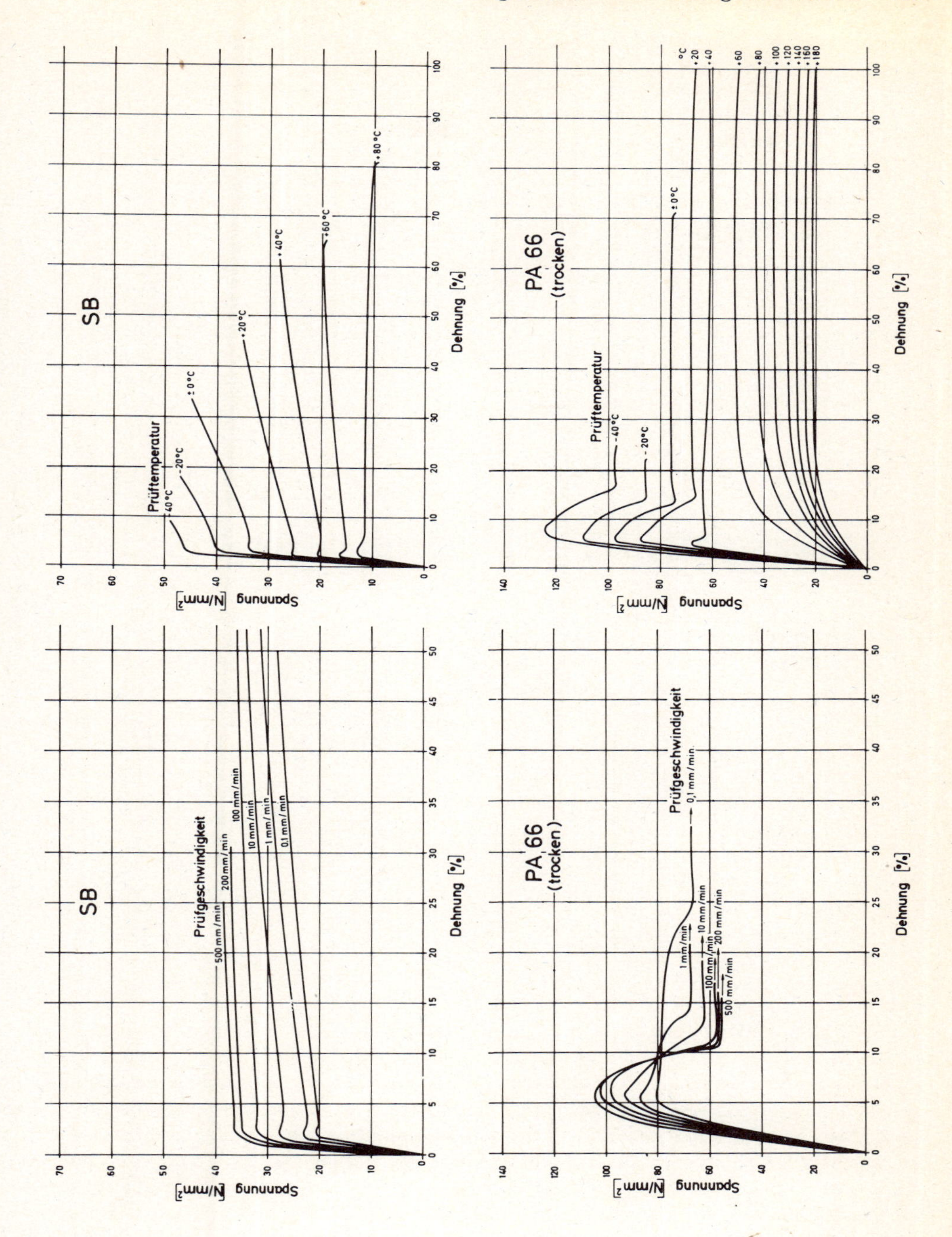

Bild 112: Spannungs-Dehnungs-Verhalten von schlagfestem Polystyrol (SB) (amorpher Thermoplast) (oben) und Polyamid 66 (PA 66) (teilkristalliner Thermoplast) (unten) in Abhängigkeit von Belastungsgeschwindigkeit und Temperatur

Tabelle 10: Versagensspannungen verschiedener Polymer-Werkstoffe [79]
σ_{zB} = Zugfestigkeit; σ_{dB} = Druckfestigkeit
τ_B = Schubfestigkeit; ν = Querkontraktionszahl
Werte ermittelt entsprechend Bild 5 und 115

Duktile Polymer-Werkstoffe (Streckgrenze)

Polymer-Werkstoff	Zug σ_{zB} (N/mm^2)	Druck σ_{dB} (N/mm^2)	Schub τ_B (N/mm^2)	σ_{dB}/σ_{zB}	τ_B/σ_{zB}	ν
PS	73	98	50	1,35	0,68	----
PVC	57	67	41	1,17	0,72	----
PVC	54	70	37	1,30	0,68	----
PVC	32	43	21	1,33	0,64	0,38
PMMA 80°	37	48	----	1,30	----	----
PMMA	----	----	----	1,00	----	----
PC	45	54	27,5	1,20	0,61	0,42
PC	59	72	38	1,22	0,65	----
CAB	33	33	19	1,00	0,58	----
PE	11	14,5	9	1,34	0,86	----
PP	32	43	27	1,32	0,83	----
PA	66	61	40	0,92	0,60	----
ABS	44,5	42	24	0,95	0,54	----

Spröde Polymer-Werkstoffe

Polymer-Werkstoff	Zug σ_{zB} (N/mm^2)	Druck σ_{dB} (N/mm^2)	Schub τ_B (N/mm^2)	σ_{dB}/σ_{zB}	τ_B/σ_{zB}	ν
CAB	34	31	25,5	0,91	0,75	----
CA	40,5	50	40	1,23	0,98	----
PVCA	66	83	56	1,29	1,04	----
EP	78,5	104	51	1,33	0,65	0,4
EP	81,5	118	56	1,45	0,69	0,4
PMMA	----	----	----	1,00	----	----
PMMA	59	83	40	1,40	0,67	0,35/0,42
PMMA	62	93	43	1,50	0,69	----
UP	44	131	44	3	1,00	0,38
PS	25,5	102	40	4,00	1,64	----
PS	25,5	104	42	4,10	1,57	----

6.1.5.2 Verformungskennwerte

Im Bereich elastischer Verformung ist der das Verhältnis von Spannung zu Dehnung kennzeichnende Modul nur von der Temperatur abhängig. Im sich anschließenden linear-viskoelastischen Verformungsbereich ergibt sich zusätzlich eine Abhängigkeit von der Zeit. Im Bereich des nichtlinearen Verformungsverhaltens sind die Moduln dagegen temperatur-, zeit- und lastabhängig. Da in diesem Bereich die meisten Bauteile beansprucht werden und andererseits die Grenzen der einzelnen Bereiche selten bekannt sind, hat man zur Kennzeichnung des Spannungs-Dehnungs-Verhältnisses die drei in Bild 113 angegebenen Moduln eingeführt.

Die Steigung der Tangente an die Spannungs-Dehnungs-Kurve durch den Ursprung als einziger eindeutig definierter Modul wird auch als Ausgangs- oder Nullpunkt-Modul bezeichnet. Sein Wert wird üblicherweise als Elastizitätsmodul (Kurzzeitmodul) in Kenn-

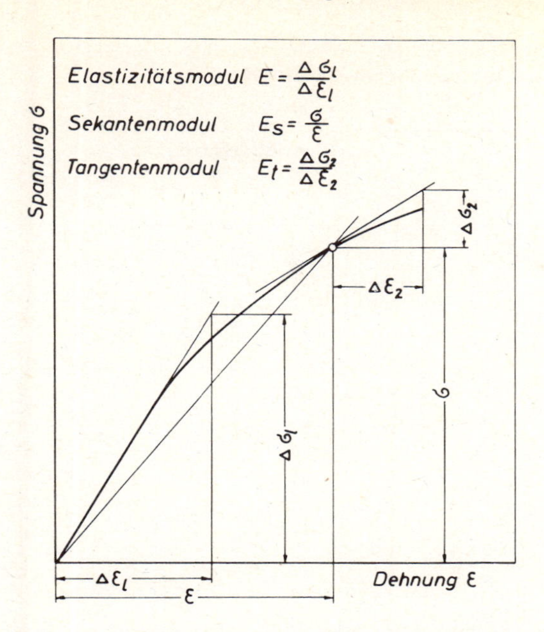

Bild 113: Definition verschiedener Moduln zur Kennzeichnung des Verformungsverhaltens von Polymer-Werkstoffen

werttafeln angegeben. Er nützt dem Konstrukteur nur im begrenzten Maß als Vergleichswert zur Klassifizierung verschiedener Polymer-Werkstoffe, da er das viskoelastische Verhalten nicht erfaßt.

Die Lastabhängigkeit wird durch die Verbindung zwischen dem Beanspruchungszustand und dem Nullpunkt berücksichtigt. Der sich aus der Steigung dieser Geraden ergebende Sekantenmodul ist für jeden Beanspruchungszustand anders, so daß ein einheitlicher Wert nicht angegeben werden kann.

Eine dritte Möglichkeit ergibt sich durch den sogen. Tangentenmodul, der die Steigung des Spannungs-Dehnungs-Diagramms an einem bestimmten Punkt kennzeichnet. Er ist für die Praxis i.a. von geringerer Bedeutung und nur zur Kennzeichnung des weiteren Verformungsverhaltens von vorbelasteten Bauteilen nützlich.

Die Nullpunkt-Moduln werden normalerweise bei sehr geringen Verformungen (0,05 und 0,1 %) bestimmt. Dabei ergeben sich für die drei Belastungsarten Zug, Druck und Biegung die in Tabelle 11 angegebenen Werte.

Eine zunehmende Belastung wirkt sich bei den drei Belastungsarten unterschiedlich aus, wie Bild 114 zeigt.

Beim Biegeversuch ergeben sich eindeutig die höchsten Modul-Werte. Die größten Dehnungen und Spannungen, durch die der Belastungszustand gekennzeichnet wird, ergeben sich im Biegeversuch nur in der Randzone (s.a. Bild 111), während sie beim Druck- und Zugversuch gleichmäßig über den Querschnitt auftreten. Beim Biegeversuch wirken sich daher die Relaxationserscheinungen nur in den Randzonen aus. So beträgt der Elastizitätsmodul (Sekantenmodul) bei einer Beanspruchung von 2 % Verformung bei

Tabelle 11: Elastizitätsmoduln (Nullpunktmoduln) verschiedener Thermo- und Duroplaste aus dem Zug-, Druck- und Biegeversuch [80]

Polymer-Werkstoff	Elastizitätsmodul bei Zug (N/mm^2)	Druck (N/mm^2)	Biegung (N/mm^2)
CA	2370	2420	2470
CAB	1520	1500	1520
ABS/1	2940	3200	3160
ABS/2	2550	2540	2670
PVC	2780	2650	2740
POM-Cop.	3140	3030	3150
PC	2580	–	2690
SB	2310	–	2480
PMMA	3380	3370	3470
SAN	3280	3610	–
PP	1350	1430	1500
HDPE	1860	2000	–
LDPE	265	240	–
Preßmasse Typ 11	12 900	13 300	12 300
Preßmasse Typ 152	10 200	10 400	10 300
Preßmasse Typ 156	16 800	18 200	16 800

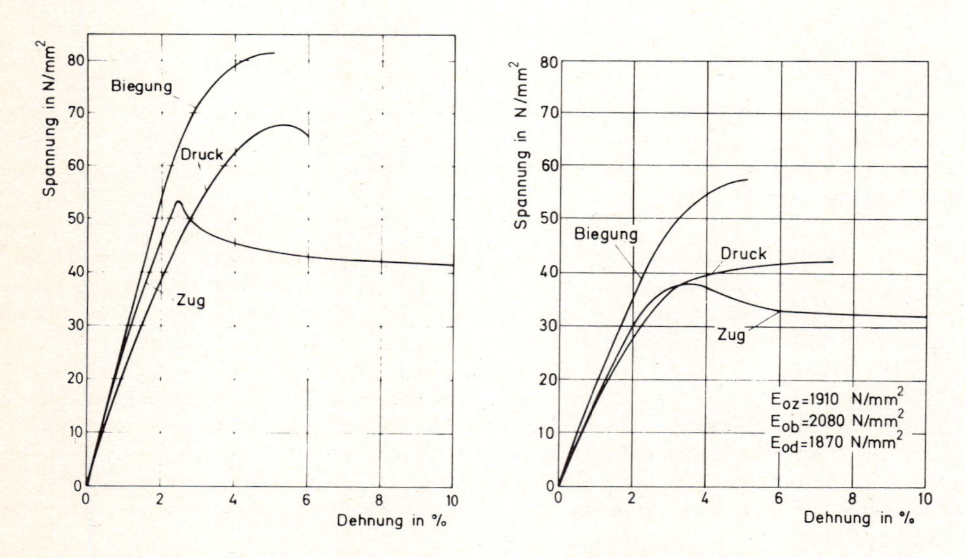

Bild 114: Spannungs-Dehnungs-Diagramm für ein steifes (links) und ein hochzähes (rechts) Acryl-nitril-Butadien-Styrol-Copolymerisat (ABS) unter Druck-, Zug- und Biegebelastung

einem steifen ABS bei Druckbeanspruchung: 1950 N/mm^2, beim Zugversuch: 2250 N/mm^2 und beim Biegeversuch: 2600 N/mm^2. Bei einem hochzähen ABS betragen die Werte 1380 N/mm^2, 1500 N/mm^2 und 1800 N/mm^2.

Der mechanisch eindeutige Schubmodul wird wegen des hohen Versuchsaufwandes (z.B. Tordieren von Rohren) nur sehr selten bestimmt. Wird für die Rechnung ein Schubmodulwert benötigt, wird dieser aus dem Elastizitätsmodul und der Querkontraktionszahl errechnet, die bei unverstärkten Polymer-Werkstoffen zwischen 0,35 und 0,45 beträgt. Die höheren Werte gelten für höhere Temperaturen und längere Belastungszeiten, besonders bei Elastomeren und weichen Thermoplasten.

Neben den Moduln wird zur Kennzeichnung des Verformungsverhaltens von Polymer-Werkstoffen häufig die Bruchdehnung herangezogen. Diese ist, wie aus Bild 81 hervorgeht, stark von der Temperatur und der Belastungsgeschwindigkeit abhängig. Bei niedrigen Temperaturen und hohen Belastungsgeschwindigkeiten verhalten sich die meisten Polymer-Werkstoffe spröde. Bei zunehmender Belastungsdauer und Temperatur (solange $T < T_g$) nimmt die Bruchdehnung zu. Der zunächst spröde Werkstoff wird zäh. Das kann bedeuten, daß ein- und dasselbe Bauteil auf sprödes und zähes Verformungsverhalten hin dimensioniert werden muß.

Eine sinnvollere Bemessungskenngröße als die Bruchdehnung stellt die Dehnung bei der Streckgrenze dar, die bei den meisten Polymer-Werkstoffen um 3 bis 5 % liegt. Es ist jedoch zu berücksichtigen, daß die Spannungs-Dehnungs-Diagramme einen degressiven Verlauf aufweisen. So ergibt sich bei einer Dehnungsbetrachtung für das hochzähe Acrylnitril-Butadien-Styrol-Copolymerisat (ABS) im Zugversuch nach Bild 114 rechts beispielsweise bei einer am Bauteil gemessenen Dehnung von 1 % ein größeres Verhältnis (und damit scheinbar eine größere Sicherheit) zwischen der Dehnung bei Streckspannung von 3,5 % zur gemessenen Dehnung von 1 % als bei einer Festigkeitsbetrachtung bei einer entsprechenden Streckspannung von 38,5 N/mm^2 zu einer Spannung von 15,5 N/mm^2 bei 1 % Verformung.

6.1.6 Versagenskriterien bei mehrachsiger Beanspruchung

Als Versagen eines Polymer-Werkstoffs kann der Bruch, die Spannung bei der Streckgrenze oder auch ein bestimmtes Maß an nichtlinearer Verformung bezeichnet werden.

Diese Kennwerte für die mechanische Belastbarkeit von Polymer-Werkstoffen werden meistens an einfachen Probekörpern im einsinnigen Zug-, Druck- oder Biegeversuch bestimmt. Selten wird wegen des vergleichsweise großen Aufwands (z.B. am tordierten Rohr) die Schubversagensgrenze gemessen. In der Konstruktionspraxis sind jedoch fast ausschließlich zwei- oder dreiachsig beanspruchte Bauteile zu dimensionieren. Es bedarf daher gesicherter Methoden, die Werkstoffanstrengungen durch den mehrachsigen Spannungszustand durch eine sogen. Vergleichsspannung auszudrücken, die dann mit der im einsinnigen Versuch bestimmten Festigkeit verglichen wird. Ein Versagen tritt ein, wenn die Vergleichsspannung größer oder gleich dieser Festigkeit ist. Die mathematische Beschreibung aller möglichen Versagensspannungszustände nennt man Versagenskriterien.

Ausgehend von verschiedenen Vorstellungen über die Versagensursachen sind im Laufe der Zeit eine Reihe von Versagenskriterien aufgestellt worden. Welches Kriterium das Verhalten der einzelnen Werkstoffe am besten beschreibt, kann nur auf Grund von Meßergebnissen beurteilt werden. Da ein genau definierter dreiachsiger Spannungszustand versuchstechnisch nur mit großem Aufwand zu realisieren ist, begnügt man sich i.a. mit einer zweiachsigen Betrachtung [79] .

6.1.6.1 Unverstärkte Polymer-Werkstoffe

Voraussetzung für die Anwendbarkeit der meisten klassischen Versagenskriterien ist, daß der Werkstoff als homogenes, isotropes Kontinuum betrachtet werden kann. Wie aus Tabelle 8 jedoch hervorgeht, ist die Druckfestigkeit σ_{dB} in den meisten Fällen deutlich höher als die Zugfestigkeit σ_{zB}.

Das Versagen eines Polymer-Werkstoffes bei einachsiger Beanspruchung kann durch drei Spannungswerte gekennzeichnet werden, die in Bild 115 schematisch dargestellt sind:

- Bei weitgehend sprödem Trennbruch durch den Quotienten aus Bruchlast und ursprünglichem Querschnitt, der Bruchfestigkeit,
- beim deutlichen Verformungsbruch mit Streckgrenze durch die Streckspannung, d.i. die Spannung, bei der die Spannungs-Dehnungs-Kurve das erste Mal die Steigung null aufweist,
- beim deutlichen Verformungsbruch ohne Streckgrenze durch die Spannung, bei der der viskose und der relaxierende Dehnungsanteil 0,5 % beträgt, gekennzeichnet durch die

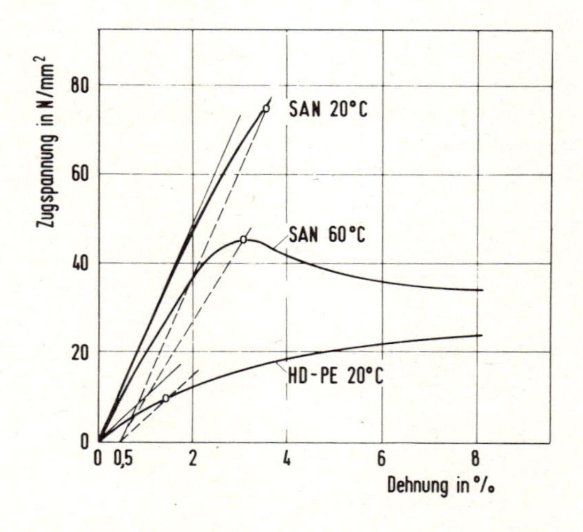

Bild 115: Bemessungsspannungen für Versagenskriterien, Bruchfestigkeit, Streckspannung und 0,5 %-Spannung. Die markierten Punkte ergeben sich als Schnittpunkte der Spannungs-Dehnungs-Kurven mit Parallelen zur Anfangssteigung der Spannungs-Dehnungs-Kurve durch $\varepsilon = 0,5$ % (viskoser plus relaxierender Dehnungsanteil)

Schnittpunkte der gestrichelten Gerade (Parallele zur Anfangssteigung der Spannungs-Dehnungs-Kurve durch $\varepsilon = 0,5$ %) mit der Spannungs-Dehnungs-Kurve [81, 82, 128]. Die Schnittpunkte fallen bei den hier gewählten Kurven mit den beiden ersten, oben bezeichneten Versagenskennwerten zusammen.

Aufgrund der vorliegenden Versuche können für unverstärkte Polymer-Werkstoffe folgende Versagens-Kriterien angenommen werden [79]:

Das parabolische Versagenskriterium [70]:

$$\sigma_{v1,2} = \frac{m-1}{2m} \cdot (\sigma_1 + \sigma_2 + \sigma_3) \pm$$

$$\sqrt{\frac{(m-1)^2}{4m^2} (\sigma_1 + \sigma_2 + \sigma_3)^2 + \frac{1}{2m}\left[(\sigma_1 - \sigma_2)^2 + (\sigma_2 - \sigma_3)^2 + (\sigma_3 - \sigma_1)^2\right]} \quad (6.10)$$

mit $m = \frac{\sigma_{dB}}{\sigma_{zB}}$ und $\sigma_1, \sigma_2, \sigma_3$ als Hauptnormalspannungen.

Es gilt für $m < 3$.

Ähnlich ist das konische Versagenskriterium [70]:

$$\sigma_v = \frac{1}{2m}\left[(m-1)(\sigma_1 + \sigma_2 + \sigma_3) - \frac{1+m}{\sqrt{2}} \cdot \sqrt{(\sigma_1 - \sigma_2)^2 + (\sigma_2 - \sigma_3)^2 + (\sigma_3 - \sigma_1)^2}\right] \quad (6.11)$$

Beide Kriterien stimmen für $m = 1$ mit dem Kriterium der größten Gestaltsänderungsarbeit überein, das auch als HMH-Kriterium (Huber, von Mises, Hencky) bekannt ist:

$$\sigma_v = \frac{1}{\sqrt{2}} \sqrt{(\sigma_1 - \sigma_2)^2 + (\sigma_2 - \sigma_3)^2 + (\sigma_3 - \sigma_1)^2} \quad (6.13)$$

Der wichtigste Unterschied zum HMH-Kriterium für $m \neq 1$ liegt darin, daß nach dem parabolischen und konischen Versagenskriterium hydrostatischer Zug zum Versagen des Werkstoffs führen kann, während hydrostatischer Druck in jedem Fall ertragen wird. Bild 116 zeigt schematisch die räumliche Darstellung der drei genannten Kriterien.

Für den ebenen Belastungsfall sind in Bild 117 Meßpunkte und die drei oben beschriebenen Bruchkriterien dargestellt.

---

[70] Das parabolische und das konische Versagenskriterium gehen auf Arbeiten von Schleicher [83] und Tschoegl [84] zurück, die annahmen, daß die Oktaeder-Schubspannung bruchauslösend ist. Der Betrag der auslösenden Schubspannung hängt vom Betrag und der Richtung der Oktaeder-Normalspannung ab. Weitere Einzelheiten in [79, 84, 85] . Relativ gut wird das Verhalten der Polymer-Werkstoffe auch durch das Sandelsche-Kriterium beschrieben [86]:

$$\sigma_v = \sqrt{\sigma_1^2 + \sigma_2^2 + \sigma_3^2 - 2\nu \left(\frac{2-\nu}{1+2\nu^2}\right)(\sigma_1 \sigma_2 + \sigma_2 \sigma_3 + \sigma_3 \sigma_1)} \quad (6.12)$$

Für $\nu = 0,5$ wird es mit dem in Bild 116 dargestellten Kegel identisch. Wenn $m = a - 1 \pm \sqrt{(a-1)^2 - 1}$ mit $a = 3\,(1 + 2\nu^2)/(1+\nu)^2$ wird, ist es identisch mit dem Paraboloid.

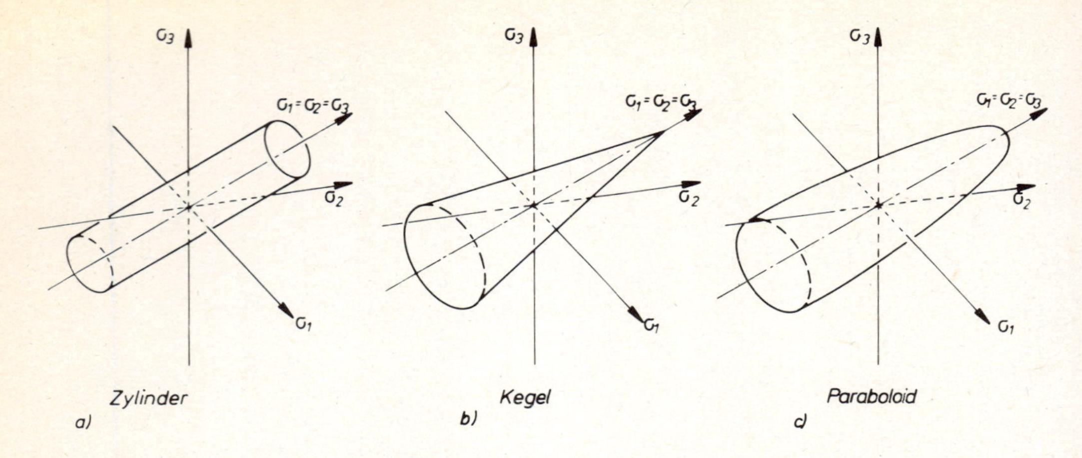

Bild 116: Bruchkörper zur schematischen Darstellung verschiedener Versagenskriterien [84]
a) HMH-Kriterium (Zylinder)
b) konisches Kriterium (Kegel)
c) parabolisches Kriterium (Paraboloid)

Zu Bild 117

SYMBOL	POLYMER	σ_{dB}/σ_{zB}	QUELLE
+	PS	1.33	Whitney u.a.
●	PVC	1.17	Vincent
●	PVC	1.30	Bauwens
○	PVC	1.33	Raghava u.a.
■	PMMA	1.00	Thorkildson
□ *)	PMMA	1.30	Sternstein
▲	PC	1.20	Raghava u.a.
△	PC	1.22	Miles, Mills
×	CAB	1.00	Sharma
●	PE	1.34	Vincent
▽	PP	1.32	Vincent
▼	PA	0.92	Vincent
□	ABS	0,95	Vincent

*) gemessen bei 80°C

- - - m = 0,92

—·— m = 1,00

—— m = 1,30

σ_2/σ_{zB}

σ_1/σ_{zB}

Parabolisches Bruchkriterium

Konisches Bruchkriterium

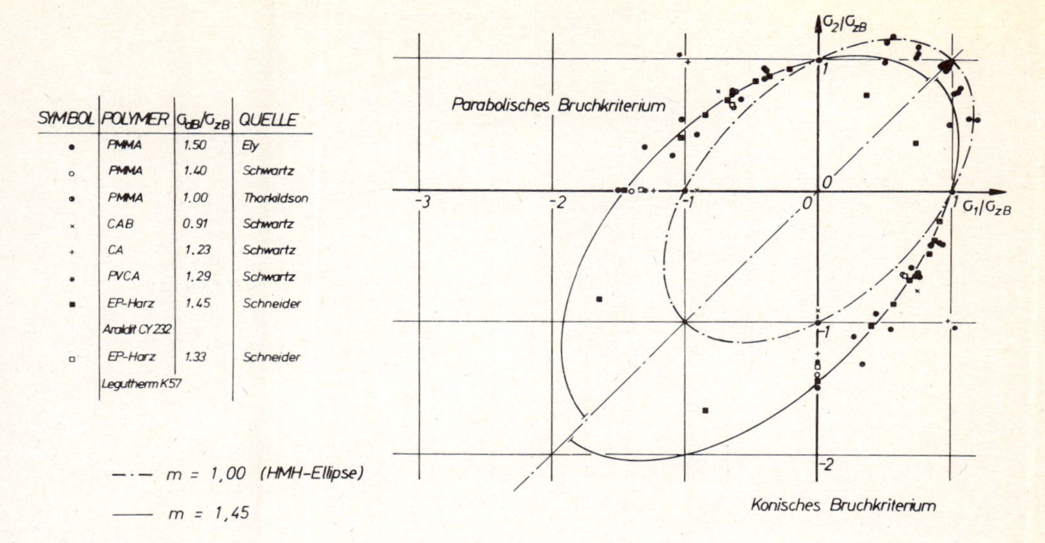

Bild 117: Experimentell bestimmte Versagenswerte und berechnete Bruchkurven für verschiedene Polymer-Werkstoffe
[63, 79, 81, 85, 87 bis 94]
$\sigma_{1,2}$ = Hauptnormalspannung
σ_{zB} = Zugfestigkeit nach Bild 115
σ_{dB} = Druckfestigkeit entsprechend

6.1.6.2 Verstärkte Polymer-Werkstoffe

Die wichtigsten verstärkten Polymer-Werkstoffe sind die matten-, gewebe- und roving-verstärkten Gießharze. Wie in Abschn. 6.3.3.2 beschrieben wird, ist das Auftreten einer Schädigung weit unterhalb des Bruchversagens typisch für diese Werkstoffgruppe. Die Schädigungen sind in wesentlichen Grenzflächenbrüche zwischen senkrecht zur Zugspannung verlaufenden Fasern und dem diese zusammenhaltenden Gießharz. Wegen der regellosen Anordnung der Fasern bei den verschiedenen, oft miteinander kombinierten Verstärkungsmaterialien sind bei glasfaserverstärkten Gießharzen analytische Berechnungen des Auftretens der Schädigungen und des Bruchversagens bisher nur im beschränkten Maße möglich. Wie Bild 118 zeigt, läßt sich das Auftreten der optisch und akustisch wahrnehmbaren Schädigungen und des Bruchs mit dem Normalsspannungskriterium beschreiben [95].

Auch bei Gewebelaminaten scheint nach Bild 119 das Normalspannungskriterium die verschiedenen Versagensformen zu erfassen. Zu berücksichtigen ist, daß die Normalspannungen bei den Versuchen nur senkrecht zu den Fasern und in Faserrichtung auftreten.

Eine exakte Beschreibung des Versagensverhaltens aller gewebe- oder rovingverstärkter Gießharze ist nur möglich durch Auflösen der schichtweise aufgebauten Laminate in einzelne Elemente einachsig verstärkter Gießharzbereiche. Aus derartigen einachsig (unidirektional) verstärkten Grundelementen kann man sich alle Verstärkungsarten aufgebaut denken. Die auf ein solches Grundelement wirkenden Beanspruchungen lassen sich stets auf Normalspannungen senkrecht und parallel zur Faser und die zugeordneten

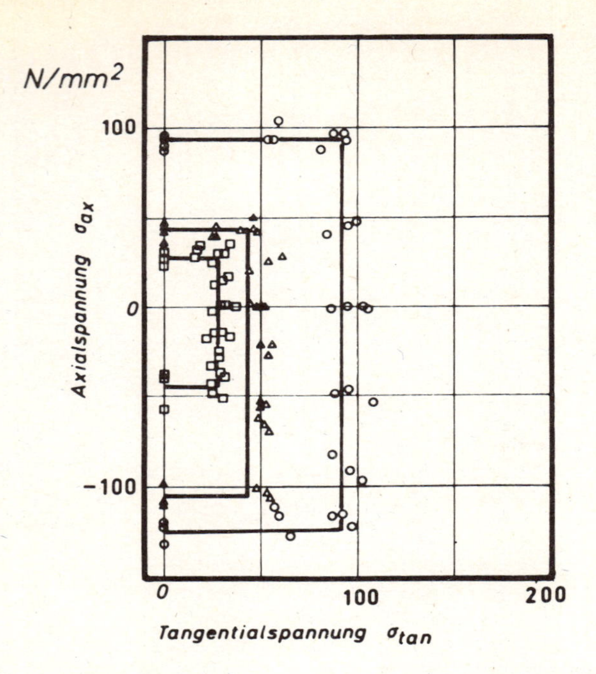

Bild 118: Optisch (□) und akustisch (△) gemessene Schädigungen und Bruchversagen (○) bei Mattenlaminaten (GF-UP) unter zweiachsiger Beanspruchung [95]

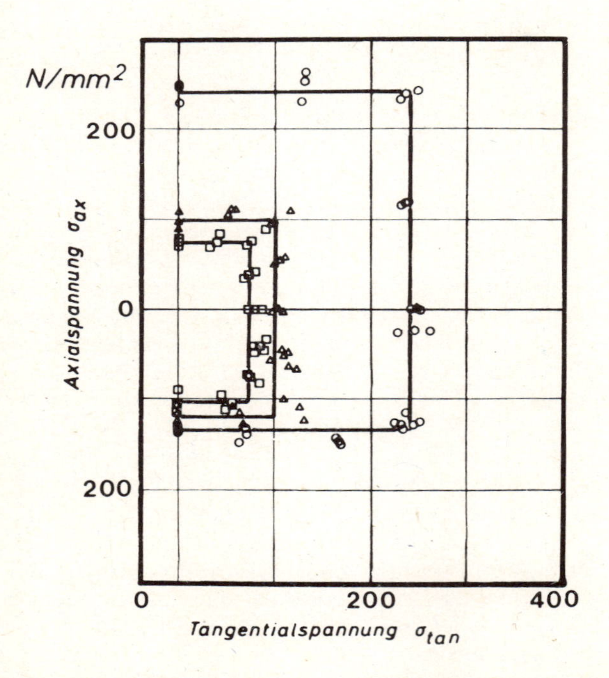

Bild 119: Optisch (□) und akustisch (△) gemessene Schädigungen und Bruchversagen (○) bei Gewebelaminaten (GF-UP) unter zweiachsiger Beanspruchung [95]

Schubspannungen reduzieren, so daß zur Berechnung des Versagensverhaltens glasfaserverstärkter Gießharze das Versagensverhalten des Grundelements entscheidend ist. Das Versagenskriterium für ein derartiges Element ist [79, 96, 97] :

$$\left(\frac{\sigma_x}{\sigma_{xB}}\right)^2 + \left(\frac{\sigma_y}{\sigma_{yB}}\right)^2 + \left(\frac{\tau_{xy}}{\tau_{xyB}}\right)^2 \leq 1 \qquad (6.14)$$

Dabei sind:
- σ_x = Spannung in Faserrichtung
- σ_y = Spannung senkrecht zur Faserrichtung
- τ_{xy} = Schubspannung parallel und senkrecht zur Faserrichtung
- σ_{xB}, σ_{yB}, τ_{xyB} = Festigkeiten in den entsprechenden Richtungen

Unter der Voraussetzung, daß die auftretenden Normalspannungen entweder nur Zug- oder nur Druckspannungen sind, kann die Gleichung auch für unterschiedliche Werte der Druck- und Zugfestigkeit in einer Belastungsrichtung angewandt werden. Da die Festigkeit in Faserrichtung ein Vielfaches der Festigkeit in anderer Richtung beträgt, ist das Verhalten bei kombinierter σ_y - τ_{xy} -Beanspruchung am wichtigsten. In Bild 120 sind verschiedene Meßwerte und die nach obiger Gleichung berechneten Kurven eingetragen.

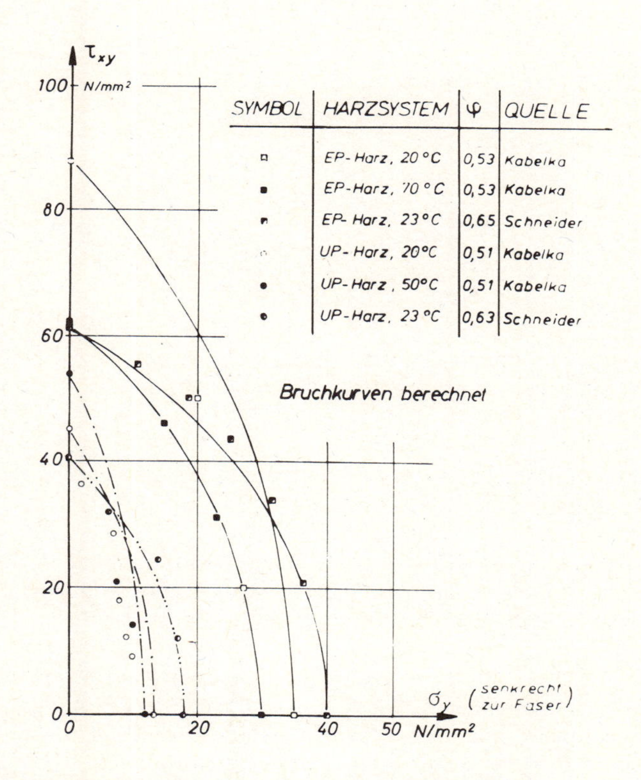

Bild 120: Bruchkurven für einachsig verstärkte Gießharze [79, 98]
φ = Glasvolumenanteil

6.2 Auswirkungen von Deformationsprozessen in verschiedenen Zustandsbereichen

6.2.1 Orientierungen

Frei erstarrte Polymer-Werkstoff-Schmelzen sind homogen und isotrop. Technische Formgebungen erzwingen während der Verarbeitung, vor allem in der Schmelze und im entropieelastischen Zustand, Deformationen der Makromoleküle.

Bild 121 veranschaulicht diesen Sachverhalt. Geknäuelte Molekülketten ohne Deformation (a) sind statistisch auf alle Richtungen verteilt. Zur Verdeutlichung sind die Anfangs- und Endpunkte der Makromoleküle untereinander durch gerade Linien verbunden. Nach einer Verformung (b) kommt es zu einer Umlagerung der Molekülketten. Die Verbindungsstrecken der Molekülanfangs- bzw. Endpunkte verlängern sich und werden zunehmend in die Verformungsrichtung orientiert.

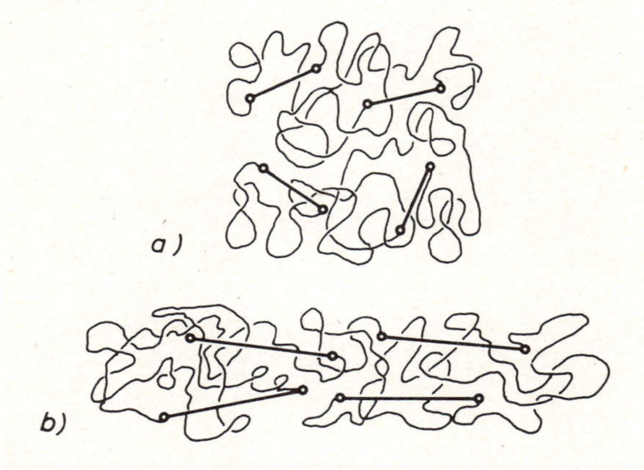

Bild 121: Molekülorientierung in Polymer-Werkstoffen, schematisch
a) unorientiert
b) orientiert [99]

Derartige Orientierungen sind in erster Linie bei Thermoplasten von Bedeutung, weniger dagegen wegen der chemischen Vernetzung bei Duroplasten und Elastomeren.

Molekülorientierungen entstehen durch von außen auf die Polymer-Werkstoffe einwirkende Kräfte, durch Verformungsbehinderung beim Abkühlen und während der Polymerisation bzw. während der chemischen Vernetzung der Makromoleküle.

Es ist zwischen reversiblen und irreversiblen Molekülorientierungen zu unterscheiden. Reversible Molekülorientierungen bilden sich nach Aufheben der sie bewirkenden Kräfte bzw. Verformungen zurück. Sie treten innerhalb der Zustandsbereiche auf. Im entropieelastischen Bereich und in der Schmelze erzeugte reversible Orientierungen werden zusammen mit den durch sie hervorgerufenen Eigenspannungen (s. a. Abschn. 6.2.2) durch Abkühlung in den energieelastischen Bereich "eingefroren" und können sich dort nicht auswirken bzw. zurückbilden. Sie werden irreversibel und wirken nicht als Eigenspannungen. Im entropieelastischen Bereich und in der Schmelze versucht die allgemeine Molekülbewegung der Orientierung entgegenzuwirken und diese aufzuheben. Als energetisch günstigster Zustand wird der Zustand höchster Entropie als größter Unordnung bzw. Verknäuelung angestrebt. Durch Abkühlen entstandene, irreversible oder eingefrorene Orientierungen existieren nur im energieelastischen Bereich, da nur in diesem Bereich auch nach Aufheben der Orientierungsursachen eine Rückknäuelung nicht möglich ist. Ein schichtweiser Abtrag eines Formteils führt daher nicht zur Verwerfung oder zum Verzug, wie dies bei reversiblen Orientierungen bzw. Eigenspannungen der Fall ist.

Reversible Orientierungen relaxieren durch Molekülumlagerungen, solange die Ursachen der Orientierung nicht beseitigt sind. Dadurch wird ein Teil der Orientierungen irreversibel. Hierbei entsprechen die reversiblen Orientierungsanteile den elastischen und den viskoelastischen Verformungsanteilen, die irreversiblen den viskosen. Dementsprechend wird der Anteil der irreversiblen Orientierungsanteile umso größer, je länger die Orientierungsursachen einwirken und je höher dabei die Temperatur ist.

Als orientierungsfrei wird die Struktur bezeichnet, in der keine Ausrichtungen ganzer Kristallitreihen oder Verstreckungen amorpher Bereiche eine Anisotropie der makroskopischen Eigenschaften bewirkt.

6.2.1.1 Eingefrorene, irreversible Molekülorientierungen

Beim Spritzgießen und Extrudieren treten bei der Deformation der Schmelze Scherspannungen auf. Für diese Scherspannungen gilt $\tau = \eta \cdot \dot{\gamma}$, wobei η die Viskosität und $\dot{\gamma}$ die Schergeschwindigkeit darstellt. Während die Schergeschwindigkeit im wesentlichen von den strömungstechnischen und geometrischen Gegebenheiten abhängt, wird die Viskosität hautpsächlich durch die Temperatur bestimmt. Entscheidend für das Zustandekommen von eingefrorenen, irreversiblen Orientierungen ist, daß die deformierten Molekülketten so schnell unter die Erweichungstemperatur abgekühlt werden, daß sie sich während des Abkühlens nicht wieder in eine geknäuelte Gestalt zurückverformen können. Die Orientierung wird verstärkt durch niedrige Polymer-Werkstofftemperatur (d.i. die Temperatur des geschmolzenen Polymer-Werkstoffs beim Eindringen in das Werkzeug, auch als Schmelze- oder Massetemperatur bezeichnet), niedrige Werkzeugtemperatur und erhöhte Spritzdrücke, die die Schergeschwindigkeit heraufsetzen. Der Einfluß der Polymer-Werkstofftemperatur auf den Grad der Molekülorientierung geht aus Bild 122 hervor. Stäbe (50 x 6 x 4 mm) aus Polystyrol (PS) wurden bei gleichbleibender Werkzeugtemperatur, aber unterschiedlicher Massetemperatur gespritzt. Je geringer die Differenz zwischen Polymer-Werkstofftemperatur und Einfriertemperatur ist, desto mehr durch die Formgebung hervorgerufene Orientierungen bleiben erhalten. Da die Werkzeugtempe-

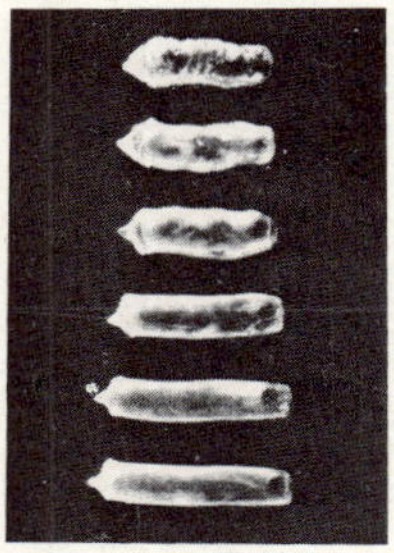

Bild 122: Schrumpfung in % von Stäben aus Polystyrol (PS) nach Erwärmen über die Erweichungstemperatur, die bei verschiedenen Masse-Temperaturen (in ^{o}C) spritzgegossen wurden [100]

ratur niedriger war als die Polymer-Werkstofftemperatur, erfolgte die Abkühlung in den Randzonen am schnellsten. Das Innere der Probe wird durch die randnahen Polymer-Werkstoff-Bereiche thermisch isoliert. Die Molekülorientierungen können sich stärker zurückbilden. Es werden weniger Orientierungen eingefroren. Je mehr und stärkere Orientierungen eingefroren werden, desto größer ist die durch die Rückknäuelung bedingte Schrumpfung bei Wiedererwärmung über den Erweichungsbereich hinaus.

Man bezeichnet diese oberhalb der Einfriertemperatur durch die Endorientierung der Moleküle hervorgerufenen Spannungen als Orientierungsspannungen.

Wegen der geringen Wärmeleitfähigkeit der Polymer-Werkstoffe ist die orientierte Zone bei normalen Verarbeitungstemperaturen nur auf die werkzeugwandnahen Bereiche beschränkt und daher sehr schmal.

Fräst man nach dem Einfrieren der Orientierungen die dünnen, stark orientierten Randzonen ab, so ergibt sich beim Erwärmen in den entropieelastischen Bereich, die in Bild 123 dargestellte Verformung der Proben. Die Schrumpfung ist am stärksten, wenn keine Randzone entfernt wird. Ein Überschneiden von einer oder drei Randzonen führt zu einem starken Verzug.

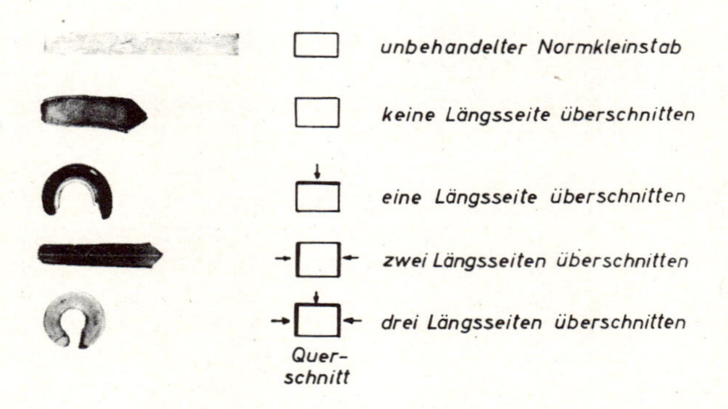

Bild 123: Verformung längsseitig überschnittener Stäbe (50 x 6 x 4 mm) aus Styrol-Acrylnitril-Copolymerisat (SAN) nach Erwärmung in den entropieelastischen Bereich [100]

Eine Orientierung der Moleküle bedeutet eine größere Anzahl von Ketten je Querschnittsfläche und damit eine Erhöhung der Festigkeit. Senkrecht zur Orientierung nimmt die Festigkeit ab. In Bild 124 ist die Änderung der Schlagzähigkeit eines Polystyrols (PS) und eines Styrol-Acrylnitril-Copolymerisats (SAN) aufgrund einer Molekülorientierung in Abhängigkeit von der Lage des Probekörpers zur Fließrichtung der Polymer-Werkstoffschmelze aufgetragen. Den Zustand ohne jede Molekülorientierung bezeichnet man als Grundniveau (gestrichelte Linie in Bild 124).

Trotz Erhöhung der Temperatur der zu verspritzenden Polymer-Werkstoffe bis an die Grenze der thermischen Belastbarkeit gelingt es nicht, wie Bild 125 für ein Styrol-Acrylnitril-Copolymerisat (SAN) erkennen läßt, eine Orientierung in Spritzrichtung zu vermeiden. Aus demselben Material gepreßte Platten sind nahezu orientierungsfrei. Die an ihnen gemessenen Kennwerte ergeben das sogen. Grundniveau der Eigenschaften.

Von Bedeutung ist die Anisotropie der Festigkeit bei mehrachsiger Beanspruchung. Dem Festigkeitsgewinn in Orientierungsrichtung steht ein Verlust senkrecht dazu gegenüber.

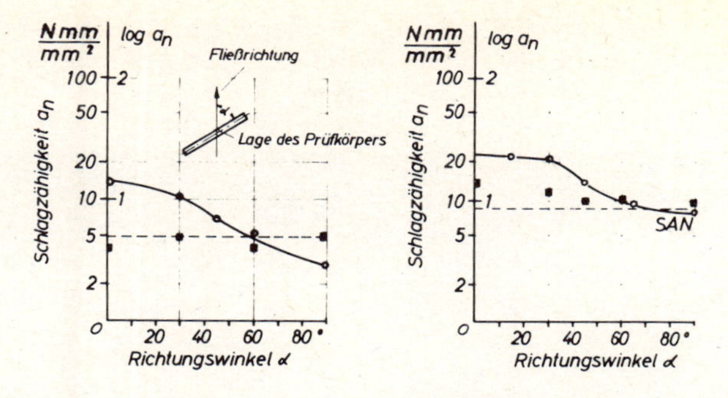

Bild 124: Einfluß der Lage des Prüfkörpers zur Fließrichtung auf die Schlagzähigkeit von Polystyrol (PS) links und Styrol-Acrylnitril-Copolymerisat (SAN) rechts [100]

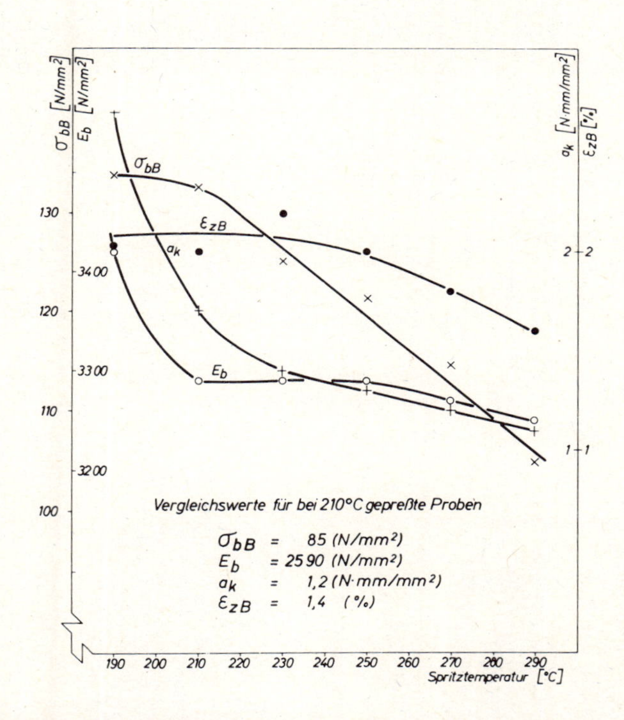

Bild 125: Einfluß der Spritztemperatur auf mech. Eigenschaften von Styrol-Acrylnitril-Copolymerisat (SAN). (Spritztemperatur = Massetemperatur)
σ_{bB} = Biegefestigkeit
E_b = Biege-Elastizitätsmodul
a_k = Kerbschlagzähigkeit
ε_{zB} = Bruchdehnung im Zugversuch

Da Orientierungen häufig nicht beeinflußbar sind, stellen sie i.a. eine wenig beeinflußbare Schwachstelle im Bauteil dar.

Als Auswirkungen einer starken Orientierung zeigt Bild 126 den Bruch einer Behälterwand eines geblasenen Formteils. Die linienförmigen, stark orientierten Bereiche ergeben sich durch hohe Scherbeanspruchung beim Extrudieren. Der Bruch verläuft parallel zu den Orientierungen dieses im entropieelastischen Bereich geformten Blasteils.

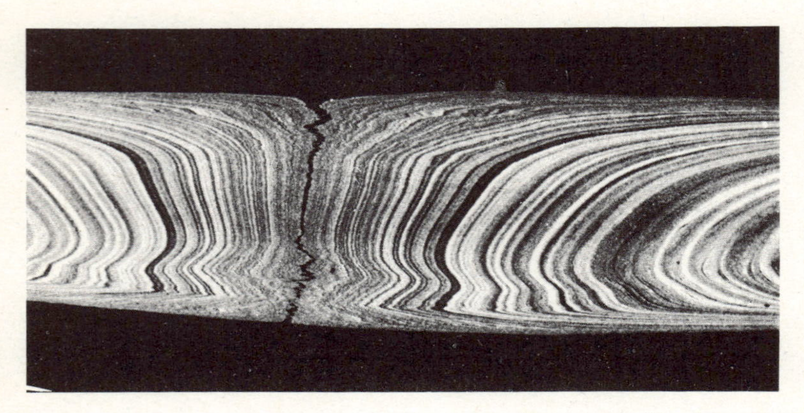

Bild 126: Bruch entlang starker Orientierung in der Quetschnaht im Boden eines geblasenen Behälters aus hochmolekularem HDPE
(Mikrotomschnitt im polarisierten Licht)

Die Orientierungen (Fließlinien) des mit zu kaltem Werkzeug oder zu geringer Massetemperatur gepritzten Zahnrades blieben in der Nähe der kalten Werkzeugoberfläche erhalten, Bild 127 links. Im Inneren des Formteils findet wegen der thermischen Isolierung durch den umgebenden Polymer-Werkstoff dagegen eine Entorientierung statt.

Die starken Fließlinien in Bild 127 links deuten auf eine hohe Viskosität der ungenügend aufgeheizten Schmelze hin. Die schnelle Abkühlung führte zur Bildung vieler kleiner Kristallite, obwohl wenige große eine höhere Abriebfestigkeit ergeben würden, und da-

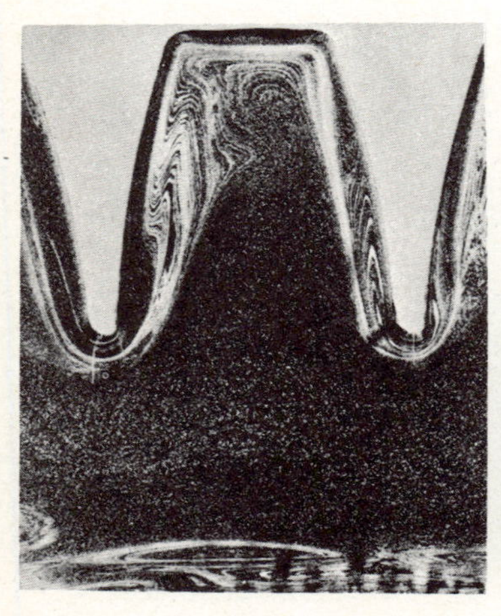

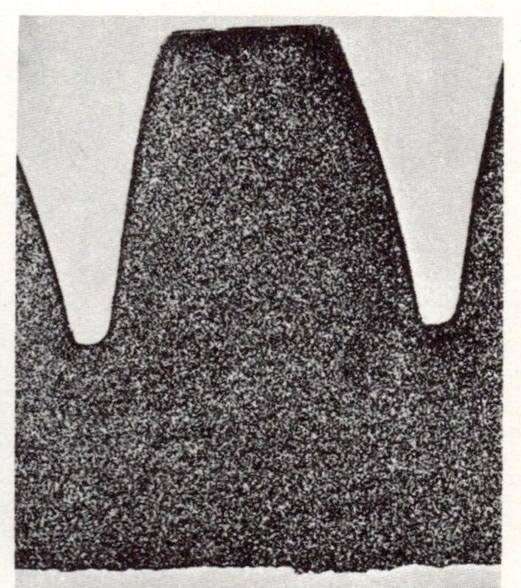

Bild 127: Schnitt durch die Zähne eines Zahnrades aus Polyamid 66 (PA 66)
links: zu niedrige Schmelzentemperatur ergeben Fließlinien und amorphe Randzonen
rechts: einwandfreie Struktur
(Mikrotomschnitte im polarisierten Licht)

mit anzustreben sind. Eine Nachtemperung unterhalb der Kristallitschmelztemperatur würde sowohl in den Randzonen einen höheren Kristallinitätsgrad als auch größere Kristallite ergeben. Ein Zahn eines von vorneherein einwandfrei hergestellten Zahnrades ist in Bild 127 rechts dargestellt.

6.2.1.2 Schrumpfkräfte

Außer durch mehr oder weniger unbeabsichtigte Verarbeitungseinflüsse kann eine Orientierung auch gezielt durch Recken erreicht werden. Unter Recken versteht man das gezielte Aufbringen von Molekülorientierungen im entropieelastischen Zustand und deren Fixierung durch Einfrieren. Es ist zu unterscheiden vom Verstrecken, der irreversiblen, ebenfalls mit Molekülorientierungen verbundenen Verformung im energieelastischen Zustand.

Die Stärke der Schrumpfungen beim Wiedererwärmen über die Erweichungstemperaturen sind vom vorausgegangenen Reckgrad (= Molekülorientierungsgrad) abhängig. Bild 128 zeigt Ergebnisse entsprechend der Schrumpfversuche. Die Schrumpfspannungen sind die flächenbezogenen Kräfte, die fest eingespannte, gereckte Zugproben bei Erwärmung auf die Spannelemente ausüben.

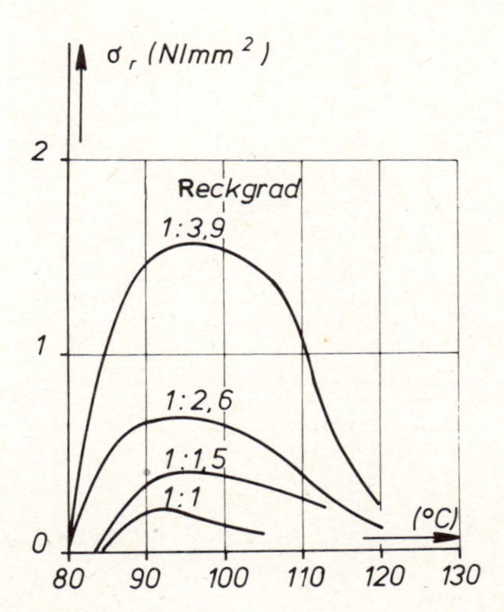

Bild 128: Schrumpfspannung σ_r in Abhängigkeit von der Temperatur von unterschiedlich stark gereckten, 0,5 mm dicken Platten aus Polystyrol (PS) [101]

Mit zunehmender Erwärmung werden die Mikrobrownschen Bewegungen frei. Die Orientierungen versuchen sich rückzubilden. Die auf die Spannelemente wirkenden Kräfte steigen zunächst mit der Temperatur an, gleichzeitig nimmt die Relaxation zu und damit nehmen die Schrumpfkräfte wieder ab, wie Bild 128 zeigt. Je höher der Reckgrad ist, desto höher ist die maximale Schrumpfspannung.

Praktisch ausgenutzt wird das Einfrieren von Orientierungen und das anschließende Auslösen der Schrumpfungen bei den sogen. Schrumpffolien. Das zu verpackende Formteil wird in die Folie eingehüllt und erwärmt. Mit zunehmender Temperatur dehnt sich im energieelastischen Bereich, wie Bild 129 zeigt (negative Schrumpfung), die Folie zunächst. Beim Freiwerden der molekularen Bewegungsmöglichkeiten ab ~95 °C schrumpft die Folie und zieht sich zusammen. Eine weitere Erwärmung würde die Schrumpfung S zunächst noch erhöhen. Durch gleichzeitig einsetzende Relaxation der Folie werden die Schrumpfkräfte F_{S-W} jedoch nach einem Maximalwert wieder abnehmen, wie schon aus Bild 128 hervorgeht. Daher erfolgt nach Erreichen der maximalen Schrumpfkraft etwa bei 100 °C die Abkühlung und damit die Fixierung des Schrumpfvorganges im energieelastischen Bereich. Mit der Abkühlung erfolgt gleichzeitig eine thermische Kontraktion der Folie. Es entstehen zusätzliche Schrumpfkräfte F_{S-RT}. Wegen des im energieelastischen Bereich sehr viel höheren Elastizitätsmoduls sind diese Kräfte deutlich größer als die Schrumpfkräfte, die sich durch Auflösen der Orientierung im Erweichungsbereich ergaben. Letztere gewährleisten allerdings ein festes Anliegen der Folie an das zu verpackende Teil, wodurch die thermischen Schrumpfkräfte erst voll zur Wirkung kommen.

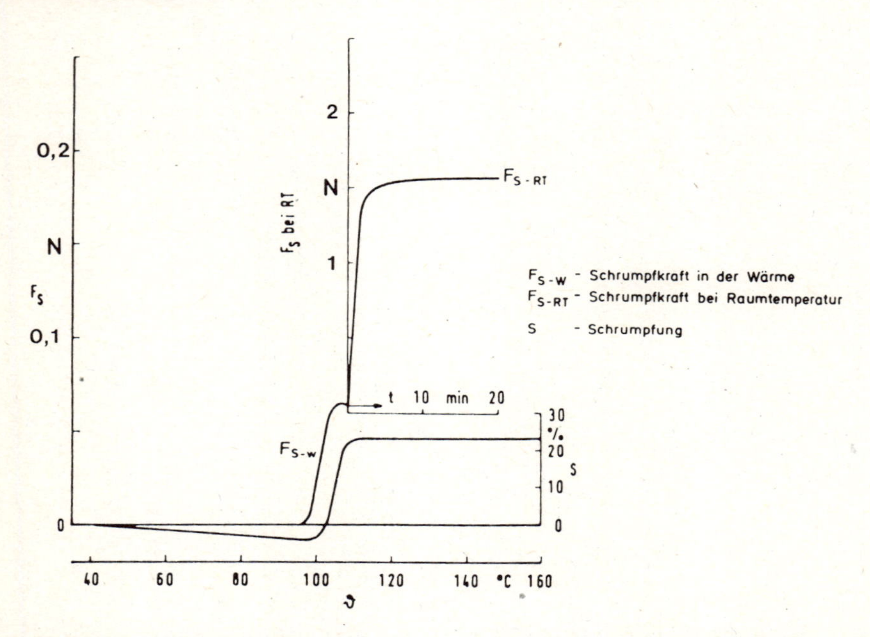

Bild 129: Schrumpfkräfte in Abhängigkeit von der Temperatur bei orientierten Polyäthylen-Folienproben, 15 mm breit, 55 µm dick [102]

Derartige Folien mit Dicken von 20 bis 200 µm, je nach Art und Gewicht der Verpackung, werden im Folienblasverfahren oder mit Breitschlitzdüsen im Extrusionsverfahren hergestellt. Die gewünschte zweiachsige Orientierung wird beim Folienblasverfahren durch das gleichzeitige Recken in Abzugsrichtung durch eine Ziehvorrichtung und senkrecht dazu durch das Aufblasen erreicht. Bei der Breitschlitzextrusion folgt nach der Reckung in Extrusionsrichtung durch eine Abziehvorrichtung eine getrennte Querstreckung. Bevorzugt werden teilkristalline Thermoplaste, die sich wegen ihrer molekularen Struktur leichter und stärker recken lassen. Innerhalb dieser Gruppe haben die Polyäthylene (PE) die größte Bedeutung erlangt.

6.2.1.3 Füllstofforientierungen

Bei glasfaserverstärkten Gießharzen werden die zu Matten, Geweben oder Rovings zusammengefaßten und fest fixierten Verstärkungen schon beim Einlegen in die Form orientiert. Die Orientierung der Fasern kann der Richtung der zu erwartenden Belastung angepaßt werden. Beim Pressen gefüllter und verstärkter Formmassen werden sich ein- und zweidimensionale Verstärkungsstoffe (Kurzfasern und Plättchen) aufgrund der Fließrichtung der Matrix (d. i. der die Faser zusammenhaltende Polymer-Werkstoff) bevorzugt senkrecht zur Preßrichtung orientieren. Beim Spritzgießen kurzglasfaserhaltiger Thermoplaste (Faserlänge ~ 0,2 mm) oder Spritzpressen faserverstärkter Duroplaste werden sich die Fasern ebenfalls in Strömungsrichtung der Schmelze orientieren.

Die Abhängigkeit der Eigenschaften von der Faserorientierung ist wegen der i.a. sehr viel höheren Elastizitätsmoduln der Fasern erheblich stärker als bei Molekülorientierungen. Trotz vielfach höherer Beanspruchung erfolgt der Bruch des Stuhlbeins in Bild 130 infolge der starken Kurzglasfaserorientierung in Längsrichtung des Stuhlbeins.

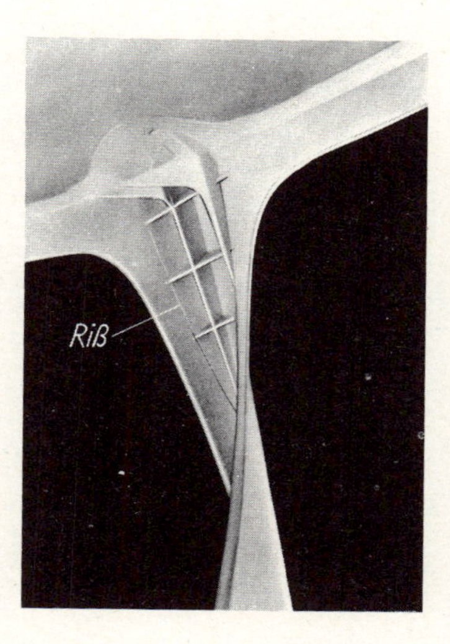

Bild 130: Riß entlang der Fluchtlinie von Verstärkungsrippen eines Stuhlbeines, hervorgerufen durch Zugspannungskonzentration senkrecht zur Glasfaserorientierung

Bild 131 zeigt eine Schutzkappe aus einem glasfaserverstärkten Polyamid 6 (GF-PA 6, 35 Gew.-%) für ein Ölfilter mit günstiger Faseranordnung. Im Bereich 4 dominiert die Orientierung in der höher beanspruchten Umfangsrichtung, ebenso überwiegt sie in den auf Biegung beanspruchten Zahngewindebereichen 1 und 2. Im Bereich 3 ist die Orientierung in allen Richtungen etwa gleich. Teilbild 5 zeigt die bei verstärkten Thermoplasten häufige Lunkerbildung an Stellen großer Materialanhäufung. Sie wird durch die grosse Steifigkeit der schnell erstarrenden Außenschichten begünstigt, die eine Volumenkontraktion behindern.

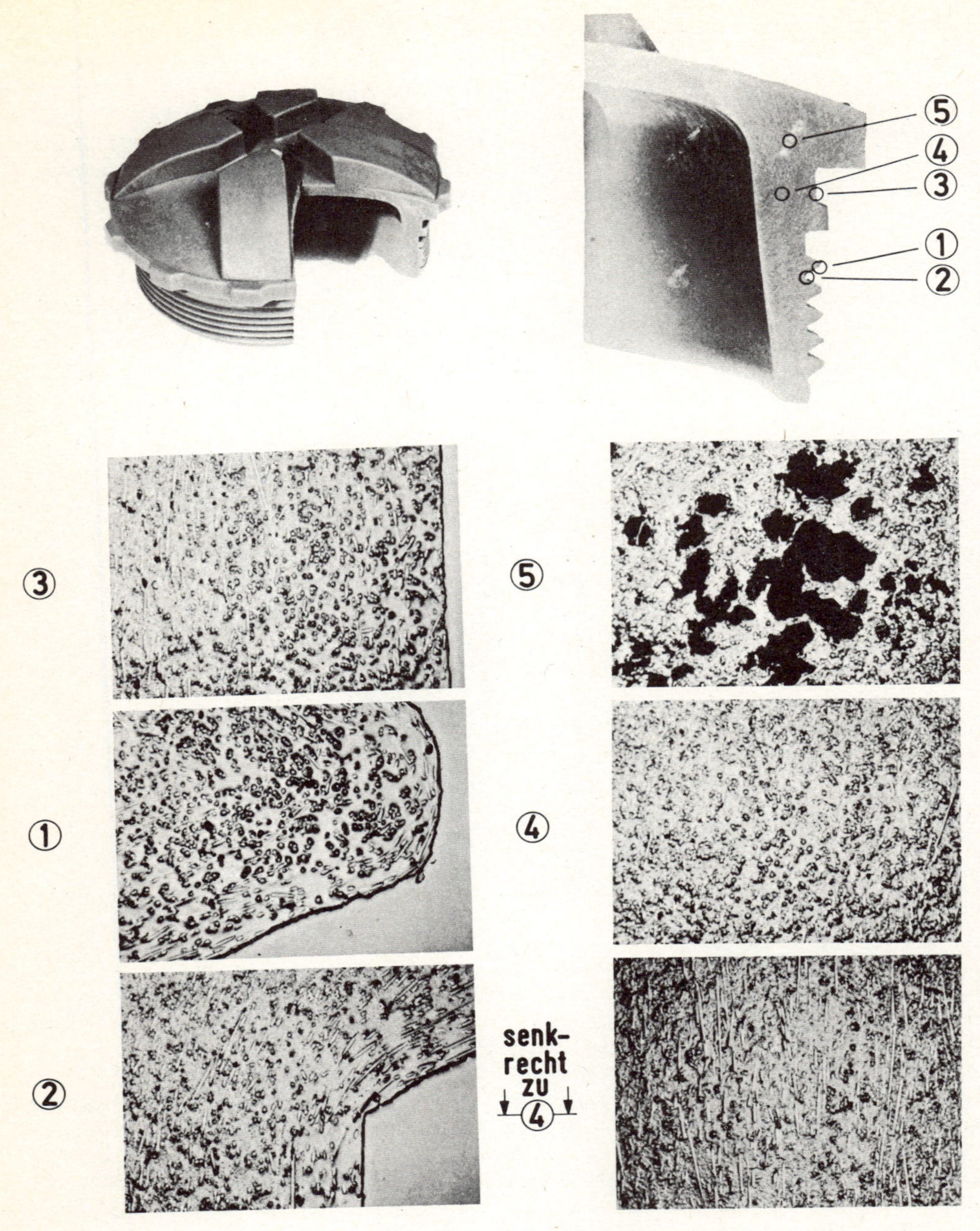

Bild 131: Glasfaserorientierung in einer Schutzkappe für ein Ölfilter für Druckbelastung bis 10 bar bei 5 bis 80 °C aus glasfaserverstärktem Polyamid 6 (GF-PA 6, 35 Gew.-%) [71] (Metallografischer Schliff)

---

[71] Da Glasfasern aus geometrischen Gründen sehr viel häufiger senkrecht zur Faserachse als in Faserrichtung geschnitten werden, können kreis- oder ellipsenförmige Querschnitte der geschnittenen Fasern eine Dominanz der Faserorientierung senkrecht zur Bildebene vortäuschen.

6.2.2 Eigenspannungen

Unter Eigenspannungen versteht man Spannungen, die in einem Bauteil vorhanden sein können, ohne daß äußere Kräfte an ihm angreifen. Die die Summe der Eigenspannungen kennzeichnenden Kräfte und Momente muß gleich Null sein, d.h. die Eigenspannungen befinden sich in einem statischen Gleichgewichtszustand. Wegen des Relaxationsvermögens der Polymer-Werkstoffe bauen sie sich jedoch zeit- und temperaturabhängig ab. Bei Polymer-Werkstoffen, bei denen eindiffundierendes Wasser weichmachend wirkt, tritt zusätzlich eine Abhängigkeit der Eigenspannungen vom Feuchtigkeitsgehalt auf.

Die Eigenspannungen sind unmittelbar nach ihrer Entstehung am größten und für das Bauteil am gefährlichsten. Ob Eigenspannungen zum Bruch führen, hängt davon ab, ob im Laufe der vorgesehenen Lebensdauer die Summe aus von außen einwirkender Belastung und sich abbauenden Eigenspannungen zu jedem Zeitpunkt unterhalb der Zeitstand- oder Zeit-Festigkeit [72] bleibt [99] .

Entstehen die Eigenspannungen, wie die Abkühlungs- und Nachdruck-Eigenspannungen in makroskopischen Bereichen, unabhängig von der Feinstruktur der Polymer-Werkstoffe, bezeichnet man sie als Eigenspannungen erster Art. Treten die Eigenspannungen in mikroskopischen Bereichen auf, bezeichnet man sie als Eigenspannungen zweiter Art, wie z.B. strukturbedingte Eigenspannungen. Bei den Einbettungs-Eigenspannungen ist eine Unterscheidung nicht immer exakt möglich, da man z.B. bei makroskopischen Einbettungen von Eigenspannungen erster Art spricht, bei Farbpigmenten und Stabilisatoren, die nur mit optischen Vergrößerungsmitteln einer Betrachtung zugänglich sind, jedoch von Eigenspannungen zweiter Art. Ebenso können sich strukturbedingte Eigenspannungen im makroskopischen Maßstab auswirken, wenn z.B. Proben wegen der thermischen Isolierung durch die Randschichten im Inneren einen höheren Polymerisationsgrad erreichen als in den randnahen Zonen. Der gleiche Effekt tritt auf, wenn Polymerisationsreaktionen an der Oberfläche eingelagerter Füllstoffe oder Pigmente katalytisch beeinflußt werden.

6.2.2.1 Abkühlungs-Eigenspannungen

Bei der Verarbeitung von Thermoplasten wird das Formteil von Temperaturen oberhalb der Erweichungstemperatur auf Raumtemperatur abgekühlt. Die an der kalten Werkzeugwand oder in der Umgebungsluft nach dem Entformen schnell abkühlenden Außenzonen durchlaufen zuerst den Einfrierbereich mit steil ansteigendem Elastizitätsmodul. Die dadurch entstehenden steiferen, nur langsam relaxierenden äußeren Schichten behindern die thermische Kontraktion der zeitlich verzögert abkühlenden inneren Bereiche, so daß im Inneren Zug- und in den Außenschichten Druckeigenspannungen entstehen. In Bild 132 oben sind die Oberflächendruckeigenspannungen über der Werkzeugwand- bzw. Abschrecktemperatur aufgetragen. Diese Druckeigenspannungen wirken bei Zugbeanspruchung der Randzonen festigkeitssteigernd. Bild 132 unten zeigt, wie mit abnehmender Abschrecktemperatur (zunehmenden Druckeigenspannungen) in der Randzone die Schlagbiegezähigkeit ansteigt.

Ausgesprochen erwünscht sind Druckeigenspannungen bei spannungsrißempfindlichen Polymer-Werkstoffen. Spannungsrisse entstehen durch Zusammenwirken von Zugspannungen und Netzmitteln. Sie können bei schlagartigen Beanspruchungen zum spröden

---

[72] Zeitstandfestigkeit = Festigkeit bei statischer Belastung nach bestimmter Belastungszeit
Zeitfestigkeit = Festigkeit bei dynamischer Belastung

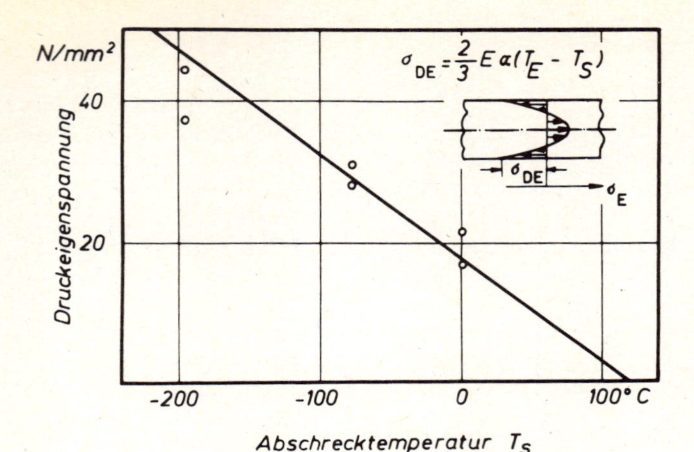

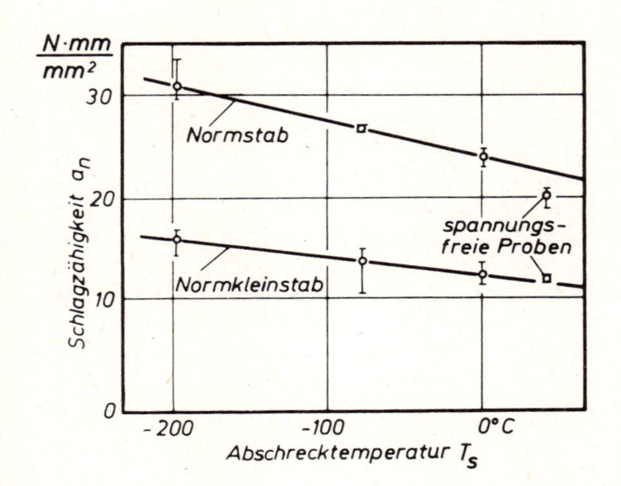

Bild 132: Druckeigenspannungen an der Oberfläche und Schlagzähigkeit von abgeschreckten Stäben aus PMMA [99]
α = Wärmeausdehnungskoeffizient
T_E = Einfriertemperatur
T_S = Werkzeugwand- oder Abschrecktemperatur
E = Elastizitätsmodul
σ_{DE} = Druckeigenspannung
Normstab = 10 x 15 x 120 mm; Normkleinstab = 4 x 6 x 50 mm

Versagen eines aus einem zähen Polymer-Werkstoff gefertigten Bauteils führen (s.a. Abschn. 6.1.4.1).

Unter normalen Abkühlungsbedingungen überlagern sich bei teilkristallinen Thermoplasten mehrere Effekte. Durch die schnellere Abkühlung wird in den Außenschichten die Kristallisation behindert. In den inneren Zonen führt die verzögerte Abkühlung hingegen zu einer verstärkten Kristallisation, die eine beträchtliche Dichtesteigerung hervorruft. Die Dichteänderungen bewirken zusätzliche Eigenspannungen. Durch Temperung unterhalb des Kristallit-Schmelzpunktes kann der Kristallisationsgrad der Außenschichten erhöht werden. Dadurch werden die Druckeigenspannungen und als Reaktion auch die

Zugeigenspannungen im Inneren abgebaut. Gleichzeitig kann es durch Nachkristallisation und dem damit verbundenen Wachsen der Kristallite zu Dichteerhöhungen und rund um die Sphärolithe zu den in Bild 55 dargestellten Vertiefungen kommen, die neben Oberflächenveränderungen zu mikroskopischen Zugeigenspannungen zwischen den Sphärolithen führen.

Die höchsten Abkühlungs-Eigenspannungen ergeben sich beim Spritzgießen von Thermoplasten in kalte Formen. Erheblich geringere Eigenspannungen treten bei Duroplasten auf, die nach dem Pressen in heißer Form in Luft abkühlen und bei Thermoplasten, die in Formen mit schlechter thermischer Leitfähigkeit, z.B. Holz- und Gießharz-Formen, umgeformt werden.

6.2.2.2 Nachdruck-Eigenspannungen

Beim Spritzgießen wird nach dem eigentlichen Einspritzvorgang (Spritzdruck) noch ein reduzierter Nachdruck durch die Spritzgießmaschine auf den noch weitgehend schmelzflüssigen und daher stark elastisch komprimierbaren Polymer-Werkstoff im Werkzeug aufgebracht. Der thermischen Kontraktion bei der Abkühlung des Polymer-Werkstoffs wirkt daher beim Aufheben des Nachdrucks eine elastische Volumenvergrößerung der noch nicht erstarrten Bereiche entgegen. Wegen der rascheren Abkühlung der Außenzonen bewirkt die Aufhebung des Nachdrucks in den inneren Zonen eine größere Volumenänderung als in den teilweise bereits eingefrorenen und daher nicht mehr expandierenden Außenzonen. Nach dem Entformen entstehen daher an der Oberfläche Zug- und im Inneren Druckeigenspannungen. Diese Eigenspannungen überlagern sich den thermischen Abkühlungs-Eigenspannungen und es können daher bei höheren Nachdrücken in der Summe in der Außenzone Zugeigenspannungen entstehen, die z.B. eine Spannungsrißbildung begünstigen. Ähnlich wie die Abkühlungs-Eigenspannungen können derartige Nachdruck-Eigenspannungen durch Tempern unterhalb der Erweichungstemperatur (durch Temperaturerhöhung begünstigte Relaxation) weitgehend beseitigt werden.

6.2.2.3 Einbettungs-Eigenspannungen

Bei verstärkten und gefüllten Polymer-Werkstoffen sowie bei gezielt eingebrachten Einbettungen entstehen beim Abkühlen um die Einlagerungen sogen. Einbettungs-Eigenspannungen, wenn der thermische Ausdehnungskoeffizient der eingelagerten Teile geringer ist als der des Polymer-Werkstoffs [89,99] . Bei dünnwandig überzogenen Metalleinsätzen können sie zum Aufreißen des Polymer-Werkstoffs führen. Besonders kritisch ist die erste Zeit nach dem Abkühlen (bevor die Polymer-Werkstoffe die Eigenspannungen relaxierend abgebaut haben) und ein späteres Einwirken von spannungsrißfördernden Medien.

Eine Verringerung der Eigenspannungen kann auf zwei Arten erreicht werden. Einmal kann durch langsames Abkühlen dem Entstehen der Eigenspannungen ein paralleles Relaxieren entgegenwirken, zum anderen kann durch Vorwärmen der eingelegten Teile die Differenz in der thermischen Kontraktion verringert werden.

6.2.2.4 Strukturbedingte Eigenspannungen

Unter strukturbedingten Eigenspannungen versteht man Eigenspannungen, die durch strukturelle Einflüsse, wie z.B. chemische Härtungsreaktionen oder Kristallisation, entstehen.

Härtungsreaktionen bei Duroplasten sind in der Regel mit einer Volumenkontraktion verbunden. Da der Härtungsablauf temperaturabhängig ist, werden bei äußerer Wärmezufuhr die Außenzonen zuerst gehärtet, so daß die Kontraktion der später aushärtenden inneren Bereiche behindert wird und Druckeigenspannungen in der Außenzone und Zugeigenspannungen im Inneren entstehen. Weniger kritisch ist der umgekehrte Fall, wenn bei exothermer Reaktion wegen der geringen Wärmeleitfähigkeit der Polymer-Werkstoffe die inneren Bereiche zuerst aushärten, und die verbleibenden äußeren Zonen durch Nachfließen das Entstehen der Eigenspannungen weitgehend verhindern.

Bei Wärmezufuhr von außen lassen sich die Eigenspannungen gering halten, wenn die Härtung nicht in einem Schritt erfolgt, sondern nach einer Anhärtung dem noch teilweise viskosen Material zwischenzeitlich die Möglichkeit zum Abbau der Spannungen gegeben wird. Erst danach erfolgt die mit weiterer Volumenkontraktion verbundene Endaushärtung mit deutlich verminderter Eigenspannungsbildung.

Mit Erfolg wird diese schrittweise Härtung bei glasfaserverstärkten Gießharzen angewandt, bei denen neben thermisch bedingten noch zusätzlich härtungsbedingte Einbettungs-Eigenspannungen auftreten. Dabei wird zunächst kalt angehärtet. In diesem Zustand haben die Gießharze, und dabei besonders die UP-Harze, wegen der noch geringeren Vernetzungsdichte ein hohes plastisches Verformungsvermögen. Schon aufgetretene Eigenspannungen werden abgebaut. Danach erfolgt bei erhöhter Temperatur die Nach- oder Aushärtung zur Erzielung der gewünschten mechanischen Eigenschaften und der von dem Aushärtungsgrad stark abhängigen Chemikalienbeständigkeit.

Während bei ausgehärteten Duroplasten und Thermoplasten generell durch Tempern unterhalb der Erweichungstemperatur Abkühlungs-, Härtungs- und Nachdruck-Eigenspannungen beschleunigt durch Relaxation abgebaut werden können, besteht bei teilkristallinen Thermoplasten und unzureichend ausgehärteten Duroplasten die Gefahr, daß durch die Nachkristallisation bzw. Nachhärtung zusätzliche Eigenspannungen entstehen. Zur Erreichung besonders eigenspannungsarmer Teile aus teilkristallinen Thermoplasten ist es daher vorteilhaft, durch erhöhte Formtemperaturen von vorneherein einen möglichst hohen Kristallinitätsgrad zu erreichen, so daß vorhandene Eigenspannungen durch Tempern unterhalb der Erweichungstemperatur abgebaut werden können, ohne daß durch eine Nachkristallisation neue Eigenspannungen entstehen. Bei Duroplasten erreicht man eigenspannungsarme Teile durch langsame Härtung, damit während der Härtung entstehende Eigenspannungen bei niedrigem Vernetzungsgrad schnell abgebaut werden. Abschließend sei noch betont, daß der wesentliche Unterschied zu den eingefrorenen Orientierungen darin liegt, daß diese nur oberhalb der Einfriertemperatur abgebaut werden können.

6.3 Spezielles mechanisches Verhalten einiger heterogener Polymer-Werkstoffe

6.3.1 Kautschukmodifizierte Styrolpolymerisate

In Abschn. 3.3.3.1 wird die Modifizierung von Styrol-Co- und Homopolymerisaten mit Kautschukpartikelchen beschrieben. Dadurch wird das mechanische Arbeitsaufnahmevermögen, die Schlagzähig- oder Schlagfestigkeit erheblich erhöht. Man spricht daher auch von schlagfest- oder schlagzäh-modifizierten Styrolpolymerisaten.

Die Wirkung des Kautschuks in schlagfest-modifiziertem Styrolpolymerisat beruht dabei auf folgenden Tatsachen:

- Kautschuk weist mit ungefähr $20 \cdot 10^{-5}\ K^{-1}$ einen deutlich höheren thermischen Ausdehnungskoeffizienten auf als Polystyrol (PS) und Styrol-Acrylnitril (SAN) mit 6 bis $8 \cdot 10^{-5}\ K^{-1}$. Dadurch ergibt sich aufgrund der Abkühlung im energieelastischen Bereich bei der Verarbeitung ein allseitiger Zug des Kautschukteilchens auf die umgebende Matrix, die auch Hartphase genannt wird.

- Die Querkontraktionszahl von Kautschuk beträgt nahezu 0,5, die der Hartphase etwa 0,35. Bei einer von außen angreifenden Zugspannung wird durch die stärkere Querkontraktion des Kautschuks eine verstärkte zusätzliche Zugbeanspruchung des Kautschuks auf die Hartphase ausgeübt, die ihre größten Werte unter 90° zur Zugbeanspruchung erreicht.

- Der Elastizitätsmodul des Kautschuks ist mit 2 bis 5 N/mm^2 erheblich niedriger als der der Hartphase mit mehr als 3000 N/mm^2. Senkrecht zur Zugspannungsrichtung ergibt sich daher eine Kerbspannungskonzentration rings um die Einbettung.

Der Spannungszustand der Hartphase in der Äquatorebene am Übergang zum Kautschukpartikelchen ist in Bild 133 dargestellt. Wegen der größeren thermischen Kontraktion des Kautschuks bewirkt der Kautschukpartikel nach der Verarbeitung eine radiale Zugeigenspannung σ_r und in tangentialer Richtung, senkrecht aufeinander zwei Druckeigenspannungskomponenten σ_{t1} und σ_{t2} (vergl. Bild 133 links).

Bei einer zusätzlich wirkenden einachsigen Zugspannung σ_1 (mittlere Darstellung) bleibt zwar die Richtung der unter 90° dazu wirkenden Zugeigenspannung σ_r und Druckeigenspannung σ_{t2} gleich, ihr Betrag erhöht sich jedoch deutlich. Die tangentiale

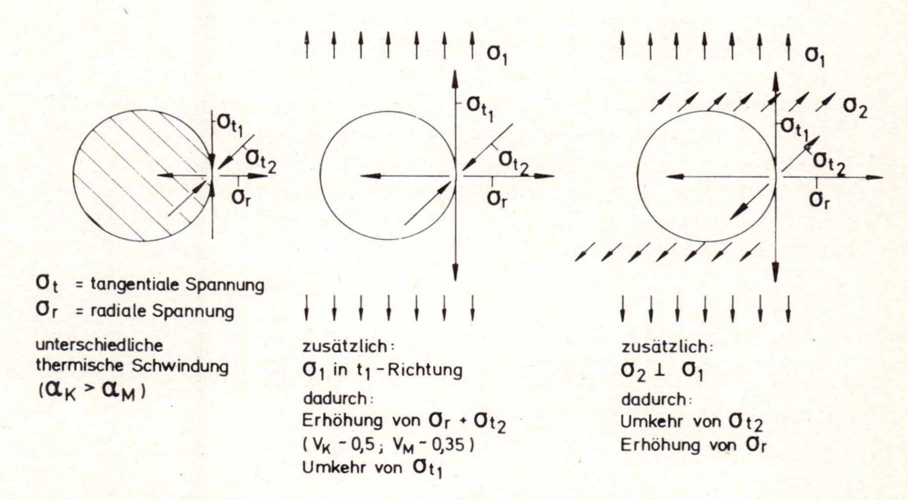

Bild 133: Spannungszustand um Kautschukpartikel ohne äußerlich angreifende Kräfte nach thermischer Abkühlung (links); bei einer äußerlich in Scheitelrichtung wirkenden Zugspannung σ_1 (Mitte); bei einer zusätzlichen Zugspannung σ_2 oder Verformungsbehinderung unter 90° (rechts)
Index K = Kautschuk
M = Matrix

Gesamtspannung σ_{t1} wird, wenn σ_1 hinreichend groß ist, positiv, so daß jetzt in zwei Richtungen Zugspannungen herrschen.

Aufgrund dieses Spannungszustandes tritt eine Volumendilatation ein, die noch erheblich verstärkt wird, wenn sich bei einer bauteilgegebenen Querdehnungsbehinderung eine Verminderung von σ_{t2} oder bei einer zweiachsigen Zugbeanspruchung durch eine zusätzliche Zugspannung σ_2 senkrecht zur bereits aufgebrachten Zugspannung σ_1 ein dreiachsiger Zugspannungszustand ergibt. Durch die Volumendilatation wird das freie Volumen der Hartphase erhöht (s. Abschn. 4.3) und dadurch wird die Erweichungstemperatur (Glasübergangstemperatur) erniedrigt. Ein dreiachsiger Zugspannungszustand ist versuchstechnisch schwer zu realisieren. Umgekehrt läßt sich die Abhängigkeit der Glasübergangstemperatur vom hydrostatischen Druck eindeutig nachweisen, wie Bild 134 für Polyvinylchlorid (PVC) zeigt.

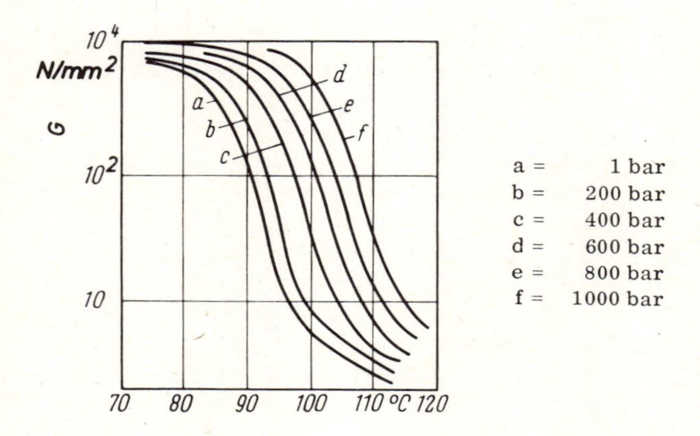

Bild 134: Einfluß des hydrostatischen Drucks auf die Erweichungstemperatur (Verschiebung des Erweichungsbereichs) von PVC; G = Schubmodul entsprechend Bild 67 [104]

An der Äquatorebene der Kautschukpartikel entstehen die günstigsten Bedingungen für eine Verstreckung der Hartphase. Bei genügend hoher äußerer Beanspruchung bilden sich ringförmig um die Kautschukpartikel daher Crazes. Diese Craze-Bildung ist wegen der Brechung des Lichtes innerhalb der Crazes und an der Grenzfläche zwischen verstreckter und unverstreckter Hartphase mit einer scheinbaren Weißfärbung des Materials verbunden. Man spricht daher von einem Weißbruch. In Bild 135 und 136 sind derartige Crazes dargestellt.

Erstreckt sich die Craze-Bildung, wie in Bild 136, über den gesamten Probenquerschnitt, beginnt der Polymer-Werkstoff unter Ausbildung einer Streckgrenze in mehreren Ebenen hintereinander zu fließen.

Viele kleine Kautschukteilchen bedeuten, daß an vielen Stellen zugleich die zur Craze-Bildung notwendige Spannung aufgebracht werden muß, so daß die Streckgrenze daher besonders hoch liegt (Bild 137 a). Es entstehen viele kleine Crazes. Gleichzeitig treffen die Crazes sehr viel schneller wieder auf Kautschukpartikel, so daß die Bruchdehnung der Gesamtsubstanz kleiner bleibt [73]. Das verstreckte Volumen und damit die Arbeits-

[73] Das Wachsen von Crazes kann außerdem durch Schubspannungsfließzonen begrenzt werden, wie sie in Bild 91 links dargestellt sind [62]

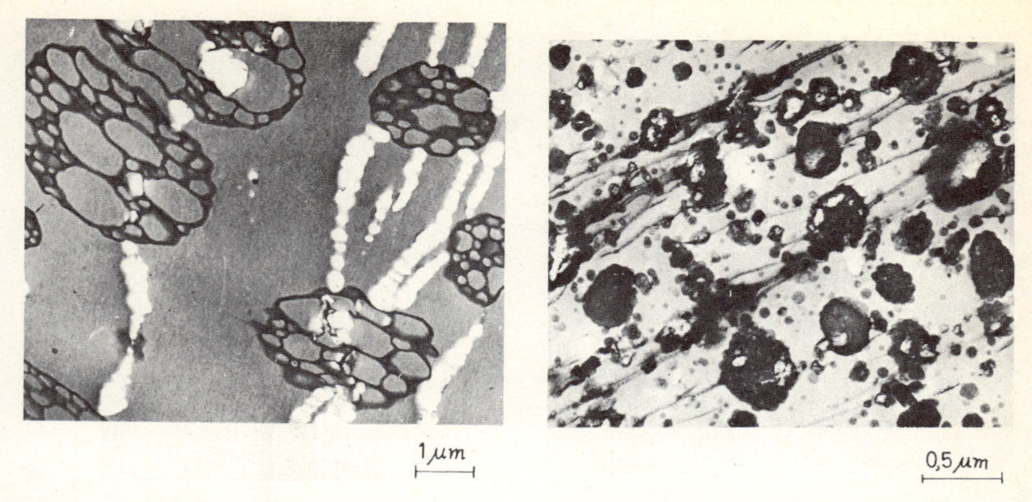

Bild 135: Crazes in einem schlagfesten Polystyrol (SB). Durch Jod/ Schwefelgemisch ausgelöst [47]

Bild 136: Durch Zugspannung ausgelöste Crazes in Acryl-Butadien-Styrol (ABS) [47]

aufnahme ist jedoch geringer als bei größeren Kautschukpartikelchen. Man spricht von einem hochfesten, halbschlagzähen ABS. Spannungs-Dehnungs-Diagramme für größere Kautschukpartikel sind in Bild 137 b und c dargestellt. Bei deutlich größeren als den in

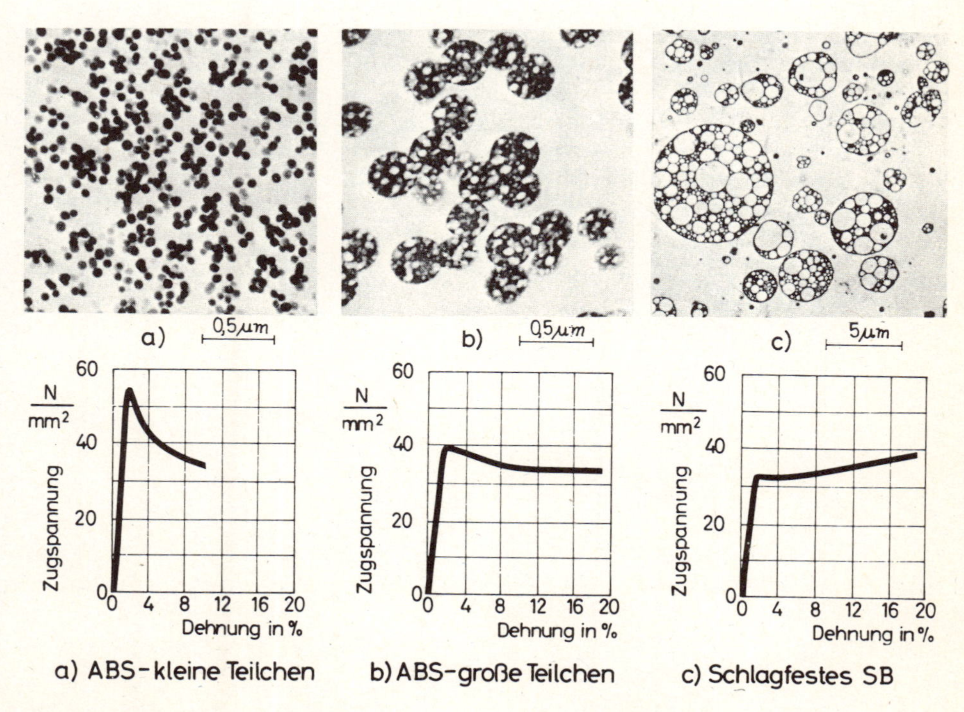

Bild 137: Einfluß der Kautschukpartikelgröße auf das Verformungsverhalten [47]

Bild 137 a dargestellten Partikeldurchmessern bilden sich wenige Crazes, die direkt in einen Bruch übergehen. Das verstreckte Volumen und damit die Arbeitsaufnahme nehmen wieder ab. Dieser Einfluß der Teilchengröße kann durch Unterschiede in der Vernetzung, der Pfropfung und den mechanischen Eigenschaften der Hartkomponente überdeckt werden. So müssen die Kautschukteilchen in einem schlagfest-modifizierten Polystyrol wegen der im Kautschukpartikel eingelagerten Hartkomponente vielfach größer sein als in einem ABS. Die Wirkung der eingelagerten Kautschukkomponente als Craze-Auslöser geht verloren, wenn der Kautschuk beim Abkühlen bei -30 bis -40 °C seine Einfriertemperatur erreicht. Seine Querkontraktionszahl erniedrigt sich dann auf etwa die Werte der Hartphase, und die ringförmige Spannungserhöhung verschwindet wegen der Angleichung der Elastizitätsmoduln von Kautschuk und Hartphase nahezu vollständig.

Bei Temperaturen oberhalb der Erweichungstemperatur des Kautschuks bilden sich zunächst wenige, schnell wachsende Crazes. Steigt die Temperatur, nimmt die zur Craze-Bildung notwendige Spannung ab und die Zahl der Crazes zu. Bei weiter steigender Temperatur nehmen die viskosen Verformungsanteile der Hartphase stärker zu, d.h. die Kriechneigung wächst. Gleichzeitig werden die die Crazes auslösenden Spannungszonen und damit die Crazes selbst verkleinert, bis ihr Entstehen und Wachsen vom Fließen der gesamten Probe überdeckt wird.

6.3.2 Weichgemachtes Polyvinylchlorid (PVC)

Polyvinylchlorid-Makromoleküle enthalten in nicht immer regelmäßiger Folge Dipole (C-Cl-Gruppen), die jedoch nicht alle einen Partner finden, wie es Bild 62 andeutet. Die Kettenabschnitte in unmittelbarer Nähe der nicht fixierten Dipole können sich daher bei Anregung in gewissem Rahmen frei bewegen. Diese Bewegungsmöglichkeiten ergeben bei mechanischer Beanspruchung Relaxationsmöglichkeiten. Wird dem Polyvinylchlorid (PVC) eine geringe Menge (ca. 6 %) dipolhaltiger Weichmacher zugegeben, so werden die Bewegungsmöglichkeiten der nichtgebundenen Dipole der PVC-Makromoleküle durch die sich anlagernden Weichmacher behindert, das Material versprödet. Bei höherem Weichmachergehalt, wenn der Zusammenhalt zwischen den Ketten durch zwischengelagerte Weichmacher gestört wird, erhöht sich die Beweglichkeit der Ketten dann zunehmend [49,103] .

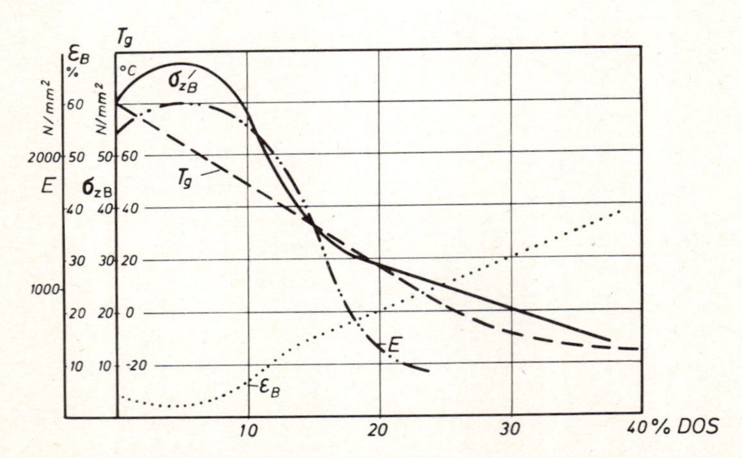

Bild 138: Einfluß einer äußeren Weichmachung mit Dioctylsebazat (DOS) auf die Eigenschaften von Polyvinylchlorid (PVC)

Der Einfluß der Weichmacherzugabe auf die Zugfestigkeit, den Elastizitätsmodul E, die Bruchdehnung ε_B und die Glasübergangstemperatur T_g sind auf Bild 138 dargestellt. Erst bei einer Weichmacherzugabe von mehr als 10 % ergibt sich die gewünschte Weichmachung.

Der Unterschied zwischen den Scharnier- und Abschirmweichmachern (s. Abschn. 3.3.3.2) besteht vor allem darin, daß die Abschirmweichmacher in der Kälte weniger schnell verspröden und in der Wärme weniger schnell erweichen, weil die Beweglichkeit ihrer Moleküle wegen der doppelten Bindung an das PVC-Molekül und der unpolaren Gruppen weniger temperaturabhängig ist. Bild 139 zeigt die unterschiedliche Auswirkung beider Weichmachertypen auf die Temperaturabhängigkeit des Schubmoduls von Suspensions-Polyvinylchlorid (S-PVC).

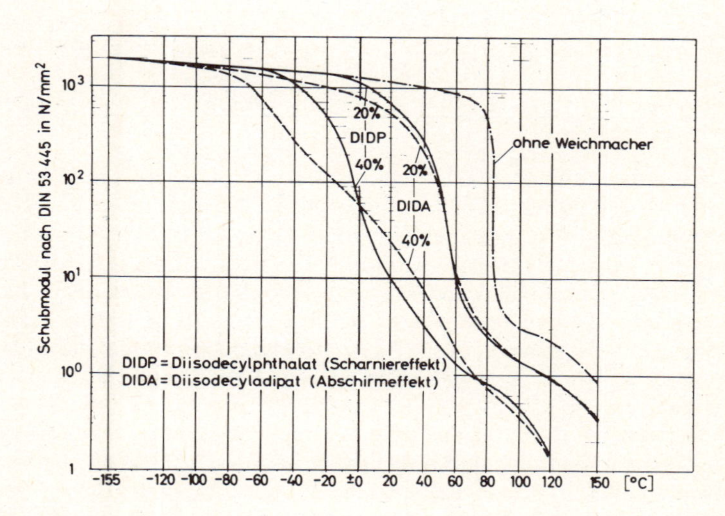

Bild 139: Einfluß verschiedener Weichmacher-Typen auf den Schubmodul von Suspensions-Polyvinylchlorid (S-PVC)

6.3.3 Heterogene Verbund-Werkstoffe

6.3.3.1 Füll- und Verstärkungswirkung

Das Verstärken und Füllen von Polymer-Werkstoffen erfolgt durch Zugabe einer zweiten Komponente zum Grundwerkstoff, der Matrix. Eine Verstärkung liegt vor, wenn die mechanischen Festigkeits- und Steifigkeitskenngrößen des Verbund-Werkstoffs höher sind als die entsprechenden Werte des unverstärkten Polymer-Werkstoffs. Führt die zweite Komponente nicht zur Erhöhung dieser Art, sondern u. U. zu einer angestrebten Verbilligung des Werkstoffs auf einem niedrigeren mechanischen Niveau, eventuell verbunden mit einer Erleichterung der Verarbeitungseigenschaften oder ähnlichem, so spricht man von Füllstoffen. Eine notwendige Voraussetzung für eine Verstärkungswirkung ist ein höherer Elastizitätsmodul, eine höhere Festigkeit, eine Bruchdehnung in der Größenordnung der Streckspannung der Matrix und eine geometrische Orientierung der zugefügten Komponente. Ist der Elastizitätsmodul dagegen niedriger, kann mit Ausnahme der unten beschriebenen Verringerung der Eigenspannungen keine Verstärkung erreicht werden.

Eine eindeutige Unterscheidung der Verstärkungs- und Füllstoffe ist jedoch nicht immer möglich, da ein- und dieselbe zugefügte Komponente einige Kennwerte erhöhen, andere aber erniedrigen kann. Ein typisches Beispiel sind Glaskugeln, die in Polybutylenterephthalat (PBTP) eingebettet die Zug- und Biegefestigkeit, die Bruchdehnung und die Kriechneigung erniedrigen, die Druckfestigkeit und sämtliche Elastizitätsmoduln aber erhöhen, wie Tabelle 12 zeigt.

Tabelle 12: Festigkeit und Elastizitätsmodul von glaskugelverstärktem (30 Gew.-%) und unverstärktem PBTP

	Bruchfestigkeit (N/mm^2)		Elastizitätsmodul (N/mm^2)	
	verstärkt	unverstärkt	verstärkt	unverstärkt
Biegung (3-Punkt)	82	85	4030	2500
Zug	51	60	4300	2600
Druck	73	72	3900	-

Da die Zugfestigkeit am einfachsten zu bestimmen ist, wird ihr i. a. bei der Bestimmung von Festigkeitskennwerten der Vorzug gegeben. Der geläufige Ausdruck glaskugelgefüllte Thermoplaste trägt daher nur einer Festigkeitsbetrachtung bei Zugbeanspruchung Rechnung. Zweifellos kommt eine beanspruchungsorientierte Betrachtungsweise den wirklichen Verhältnissen näher. Im folgenden werden unter verstärkten Polymer-Werkstoffen Verbindungen einer kohärenten Matrix mit einer inkohärenten zweiten Komponente verstanden, deren Elastizitätsmodul und Festigkeit höher sind als die entsprechenden Werte der unverstärkten Matrix. Die Elastizitätsmoduln des Verbunds nehmen dann immer höhere Werte an als die der unverstärkten Polymermatrix, eine einheitliche Aussage über die Festigkeit ist nicht möglich. Dabei ist zu berücksichtigen, daß die Elastizitätsmoduln normalerweise bei sehr geringen Beanspruchungen ($< 0,1$ %) weit unter den praktischen Einsatzbelastungen eines fertigen Bauteils bestimmt werden, so daß die das Gesamtverformungsverhalten stark bestimmenden Grenzflächen zwischen beiden Komponenten nicht wie bei der Festigkeitsprüfung bis zu ihrer Versagensgrenze beansprucht werden. Die Zug-, Schub- und Biegefestigkeit kann nur entscheidend erhöht werden, wenn eine ein- oder zweidimensionale geometrische Gestaltsorientierung vorliegt.

Erfolgt die Härtung (Polymerisation) duroplastischer Polymer-Werkstoffe exotherm, kann nach obiger Definition auch durch eine zweite Komponente mit einem niedrigeren Elastizitätsmodul als dem der Matrix eine Verstärkungswirkung erreicht werden, wenn nämlich Eigenspannungen dadurch reduziert werden, daß die entstehende Wärmemenge je Volumeneinheit wegen des geringeren Matrixanteils verringert wird und zusätzlich Wärme von den Füllstoffen aufgenommen und abgeleitet werden kann.

6.3.3.2 Krafteinleitung und -übertragung bei glasfaserverstärkten Polymer-Werkstoffen

Das grundsätzliche mechanische Verhalten faserverstärkter Polymer-Werkstoffe läßt sich an einer einzelnen, in eine Matrix eingebetteten Faser aufzeigen. Bild 140 zeigt schematisch eine auf Zug beanspruchte Matrix mit eingebetteter Faser. Die Matrix versucht, sich entsprechend der einwirkenden Kraft zu dehnen. Wegen des höheren Elastizitätsmoduls der Faser ist deren Dehnung verglichen mit der Matrix geringer. Es entsteht eine zunehmende Verschiebung zwischen Matrix und Faseroberfläche zum Faserende hin. Die dadurch hervorgerufenen Schubspannungen steigen zum Faserende hin an, nehmen aber mit zunehmendem radialen Abstand von der Faseroberfläche ab. Voraussetzung ist ein fester Verbund zwischen elastischer Faser und Matrix.

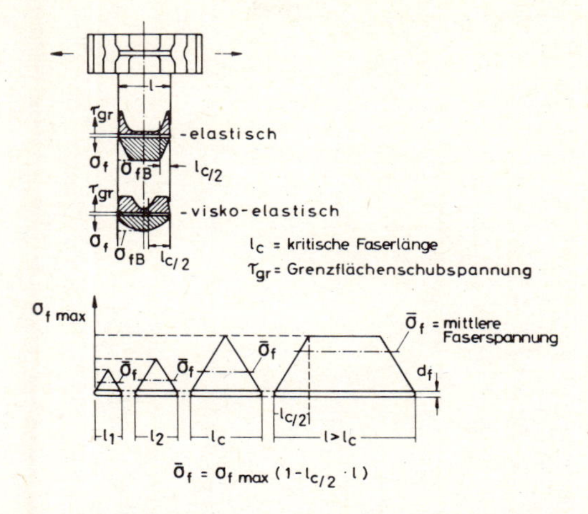

Bild 140: Spannungsverteilung entlang und in einer Faser in elastischer und viskoelastischer Matrix bei Zugbeanspruchung auf die Matrix in Faserrichtung und vollständiger Haftung zwischen Faser und Matrix

Ausgehend davon, daß nur über die Fasergrenzfläche eingeleitete Spannungen die Faser belasten, wird die Faserspannung σ_f zu:

$$\sigma_f = \frac{P_{f\,(x=0)}}{A_f} + \frac{\pi \cdot d_f}{A_f} \int_0^x \tau_x dx \qquad (6.15)$$

mit A_f = Faserquerschnitt und $P_{f(x=0)}$ = Kraft in Faseranfang.

Die Spannungsspitzen in Nähe des Faserendes betragen bei elastischer Matrix das Mehrfache der mittleren Grenzflächenschubspannung. Bei viskoelastischem Verformungsverhalten der Matrix sind die Spannungsspitzen geringer.

Da die Schubspannungen jedoch die Grenzflächen- bzw. Matrixschubfestigkeit nicht überschreiten können, wird sich bei steigender Last die in Bild 141 dargestellte Schubspannungsverteilung an der Grenzfläche und Zugspannungsverteilung an der Faser einstellen. Von der Fasermitte erfolgt ein progressiver Anstieg, der bei vollständiger Haftung (Grenzflächenschubfestigkeit > Matrixschubfestigkeit) in eine Waagerechte übergeht, sobald die Fließspannung der Matrix erreicht ist.

Ein Schubspannungsfließen der Matrix in der Grenzschicht um eine einzelne Faser ist nur bei sehr guten Haftbedingungen vorstellbar (Bild 142 rechts). I. a. tritt vor Erreichen der Schubspannungsfließgrenze im Bereich der größten Grenzflächenschubbeanspruchung, d.h. an den Faserenden beginnend, ein reibungsbehaftetes Gleiten ($\mu \sim 0,15$ bis $0,3$) in der Grenzfläche auf, das nur eine Übertragung geringerer Kräfte erlaubt, als dieses bei vollkommener Haftung der Fall ist (Bild 142 links). Entsprechend geringer wird auch die in die Fasern eingeleitete und damit übertragbare Kraft

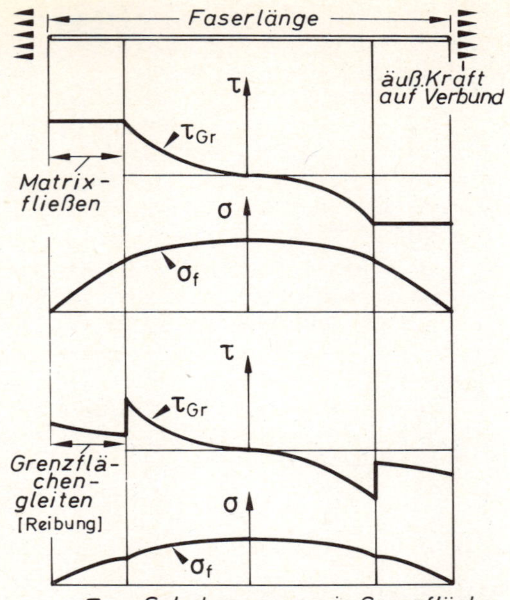

Bild 141: Spannungsverteilung entlang und in einer Faser mit Schubspannungsfließen der Matrix in der Grenzschicht (oben) und Grenzflächengleiten (unten) beginnend am Faserende [106]

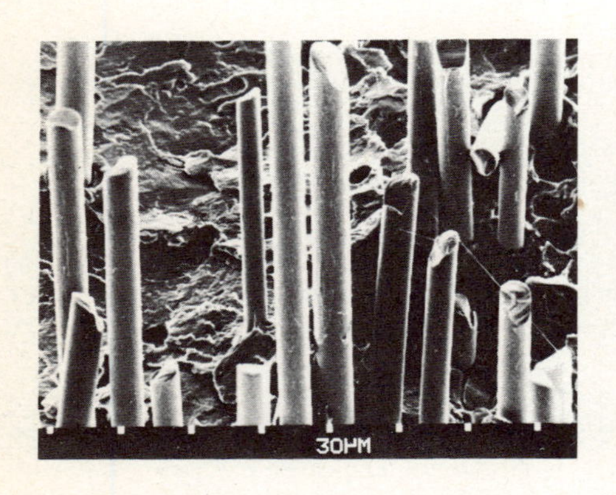

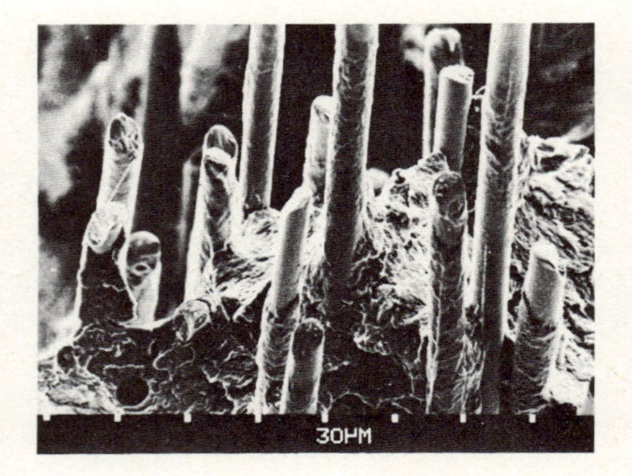

Bild 142: Bruchfläche eines GF-PP (20 Gew.-%)
links: Grenzflächengleiten bei mäßiger Haftung
rechts: teilweise Matrixgleiten bei sehr guter Haftung [132]

bzw. entsprechend länger muß die Krafteinleitungsstrecke und damit die Faserlänge sein, um die Faserfestigkeit voll auszunutzen. Aus dieser Gleichsetzung wird die sogen. kritische Faserlänge l_c berechnet zu:

$$l_c = \frac{\sigma_{fB} \cdot d_f}{\tau_B \cdot 2} \qquad (6.16)$$

Dabei sind σ_{fB} die Faserbruchfestigkeit, d_f der Faserdruckmesser und τ_B die Grenzflächen- bzw. Matrixschubfestigkeit.

Der Ansatz ist jedoch unzureichend, da nicht die Schubfestigkeit τ_B, sondern die tatsächlich auftretende Schubspannungsverteilung entlang der Faseroberfläche die Höhe der übertragenden Kräfte bestimmt. Diese zeigen besonders bei überwiegend elastischer Matrix große Unterschiede zwischen Maximal- und Minimalwerten auf (Bild 140). Bei Schubspannungsfließen in der Matrix, aber auch im Fall des Herausziehens der Faser mit Grenzflächengleiten, werden diese Unterschiede allerdings geringer (Bild 141). Hinzu kommt, daß die zum Faserende hin abnehmende Faserspannung wegen der geringer werdenden Faserquerkontraktion eine zur Matrixbruchfläche hin abnehmende Radialspannung in der Matrix bewirkt, die die Reibkräfte verringert. Ein konstanter Spannungswert ist jedoch nicht möglich.

Die kritische Faserlänge hängt sowohl von der Quantität wie von der Qualität der Haftung ab. Sie ändert sich daher aufgrund der sich bei der Belastung ändernden Kraftübertragungsmechanismen (z.B. nimmt der Anteil der Matrixfließ- oder Grenzflächengleitlänge mit zunehmender Belastung zu). Damit ist sie von der Beanspruchungshöhe abhängig, d.h. bei der Elastizitätsmodulbestimmung niedriger als bei der Messung der Bruchfestigkeit und am höchsten bei schlagartiger Beanspruchung. Die Angabe eines einheitlichen Wertes ist daher nicht möglich. Am einfachsten läßt sie sich für den reinen Versagensfall durch Ausmessen der Restfaserlängen von gebrochenen, möglichst in Zugspannungsrichtung verstärkten Proben bestimmen, vorausgesetzt, einige Fasern im Verbund sind überkritisch lang. Die maximal auftretende Faserlänge ist dann die kritische. Überkritische Faserlängen führen beim Bruch zum reinen Faserbruch oder kombinierten Faser-Auszugs-Bruch. Bei ihnen ist das Verhältnis der maximal beanspruchten Faserlänge zur Krafteinleitungsstrecke größer, und damit die Ausnutzung der vollen Faser-

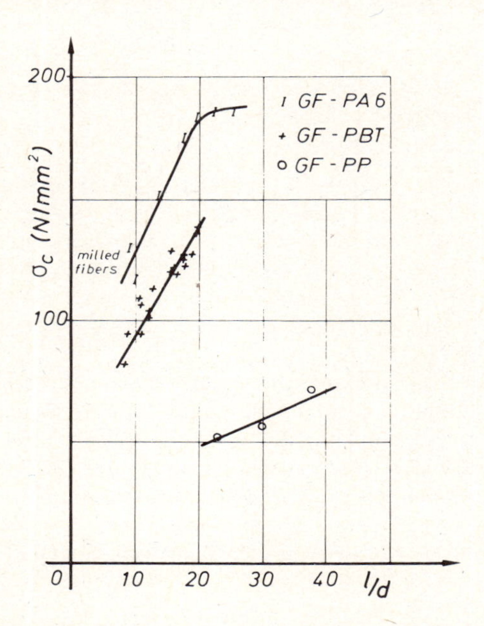

Bild 143: Einfluß des Verhältnisses von Glasfaser-Länge zu Durchmesser (l/d) auf die Festigkeit von glasfaserverstärkten Thermoplasten [107]
milled fibers = gemahlene Glasfasern

festigkeit über die Faserlänge. Solange die Faserlänge geringer als die kritische ist, führt eine Verlängerung der Faser zu einer Festigkeitssteigerung (Bild 143). Wird die kritische Faserlänge, wie beim GF-PA 6, erreicht, ist die weitere Festigkeitszunahme gering.

Eine in eine Matrix eingebettete Faser ruft in gleicher Weise, wie sie zu einer Verstärkung führt, eine Kerbspannungskonzentration an Faserenden hervor. Solange der Fasergehalt eine bestimmte Größe nicht erreicht hat, überwiegt besonders bei spröder Matrix die Kerbwirkung und die Matrix wird geschwächt. Der Effekt wird verstärkt, wenn wegen der geringeren Bruchdehnung überkritisch langer Fasern zunächst die Fasern stärker zum Tragen kommen, nach deren Versagen aber die Matrix die Kräfte übernimmt. Diese Kerbspannungskonzentrationen führen dazu, daß ein geringer Anteil von Fasern zunächst einen Abfall der Festigkeit des Verbundes bewirkt. Wird das in Bild 144 dargestellte GF-PA 6 bis zum Gleichgewicht im Normklima bei 23 °C und 50 % rel. Feuchte "luftfeucht" oder im Wasser bis zur Sättigung "naß" konditioniert, ergibt sich wegen der höheren Kriechneigung und des verstärkten Kerbspannungsabbaus kein Abfall der Festigkeit (Bild 148).

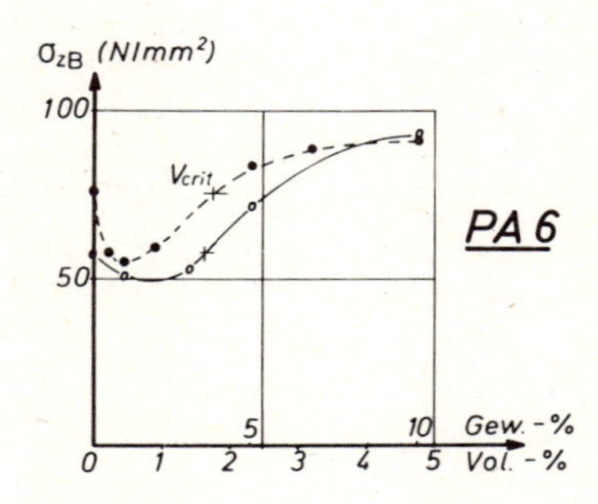

Bild 144: Zugfestigkeit σ_{zB} von glasfaserverstärktem Polyamid 6 (GF-PA 6), trocken, in Abhängigkeit vom Glasfasergehalt

Eine Steifigkeitserhöhung tritt, wie Bild 148 zeigt, selbstverständlich schon bei kleinsten Faseranteilen auf. Eine dem kritischen Faservolumen entsprechende Erscheinung gibt es hierbei nicht. Die obere Grenze des Glasfasergehalts wird durch die Verarbeitungstechnik gesetzt. Sie liegt bei den Thermoplasten bei max. 60 Gew.-%. Bei größeren Glasfasergehalten ist eine vollständige Umhüllung der Fasern nicht mehr gewährleistet, außerdem nimmt dann der Maschinenverschleiß bei der Verarbeitung stark zu.

Für verstärkte Gießharze liegt der maximale Fasergehalt bei Mattenlaminaten etwa bei 55 Gew.-%. Die Verarbeitung von Gießharzen mit größeren Glasgehalten ist nur durch extrem hohe Preßdrücke zu erreichen, die wegen der hohen Flächenpressung zu einer Schädigung der sich kreuzenden Glasfasern führen und die Festigkeit des Verbundes wieder herabsetzen. Bei Geweben liegt der entsprechende Wert bei etwa 70 Gew.-%. Bei einachsiger Verstärkung mit Rovings ohne sich kreuzende Fasern ergibt sich aufgrund der geometrischen Verhältnisse (dichteste Packung, runder Querschnitt) eine obere Grenze von etwa 90 Gew.-%.

Die kritische Beanspruchung bei allen faserverstärkten Werkstoffen ist eine Zugspannung senkrecht zur Faserachse auf die Grenzfläche Faser/Harz. Einmal entsteht aufgrund der geometrischen Form der Fasern und der unterschiedlichen Elastizitätsmoduln am

Scheitel der Faser eine die Grenzfläche zusätzlich belastende Spannungskonzentration, die ihren Höchstwert in oder nahe der Grenzfläche erreicht (Bild 145 links), und zweitens rufen mehrere parallel liegende Fasern eine Dehnungsvergrößerung des dazwischenliegenden Harzes hervor (Bild 145 rechts). Ausgehend von dem Modellfall der quadratischen Anordnung der Fasern ergibt sich nach Bild 145 bei einer in der gezeigten Richtung wirkenden Kraft, daß das Harz zwischen den Fasern wegen des höheren Elastizitätsmoduls der Glasfasern sehr viel stärker gedehnt wird als die äußerlich meßbare Dehnung.

Man spricht von einer mikroskopischen Dehnungsvergrößerung des Gießharzes zwischen den Fasern, die das 4- bis 10fache der äußeren Dehnung beträgt. Durch die Spannungs-

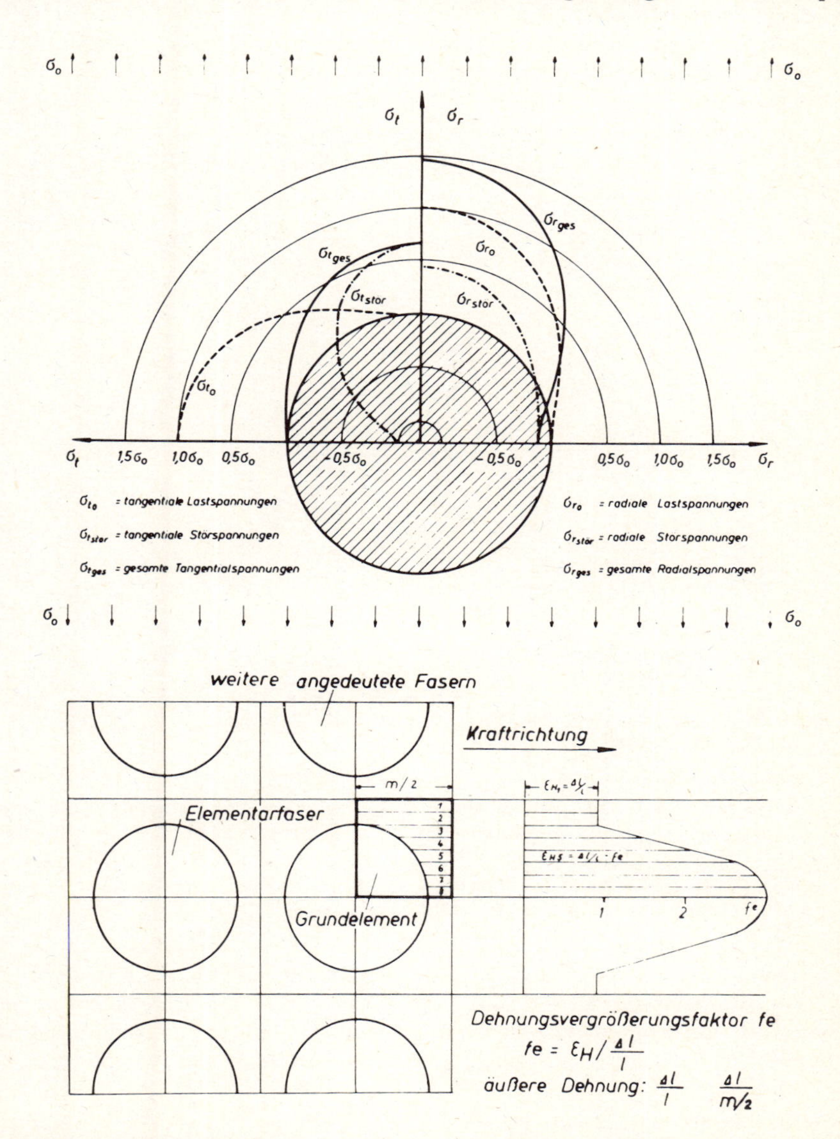

Bild 145: Spannungskonzentration am Scheitel einer Faser (oben) [52] und Dehnungsvergrößerung der Matrix (unten) [97] bei Zugbeanspruchung senkrecht zur Faserrichtung

konzentration [74] und die Dehnungsvergrößerung ergeben sich daher für den besprochenen Querverbund Belastungen, die bei relativ geringer äußeren Beanspruchung zu einem Versagen führen. Neben der Querzugfestigkeit wird auch die Bruchdehnung des Verbundes entsprechend herabgesetzt. Auch wenn die in Kraftrichtung verlaufenden Fasern ihre Tragfunktion weiterhin vollständig übernehmen können, führt das Versagen des Querverbundes zu einer irreversiblen Schädigung, die bei einem glasfaserverstärkten UP-Gewebelaminat an dem Knick im Spannungs-Dehnungs-Diagramm in Bild 146 zu erkennen ist. Die Zugfestigkeit des Verbundes bei ausschließlich senkrecht zur Zugrichtung eingebetteten endlosen Fasern beträgt maximal ein Drittel der Zugfestigkeit des unverstärkten Gießharzes. Derartige Ablösungen sind auch in glasfaserverstärkten Thermoplasten zu beobachten.

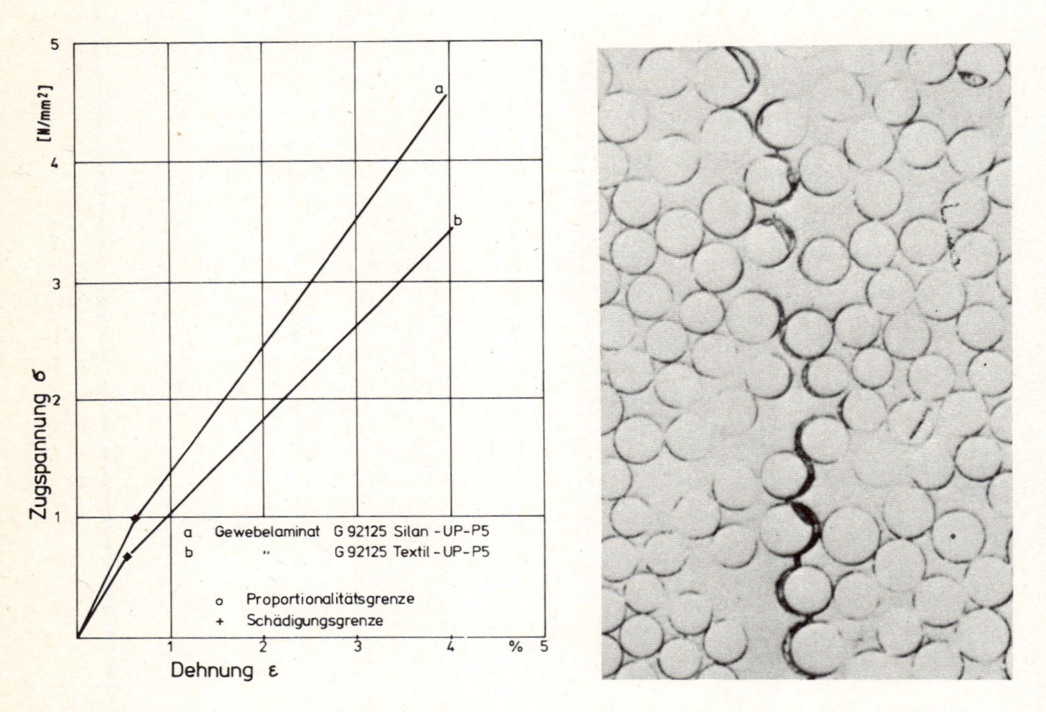

Bild 146: links: Knick im Spannungs-Dehnungs-Diagramm eines GF-UP-Gewebelaminats, hervorgerufen durch Ablösungen des Gießharzes von der Faser aufgrund von Zugspannungen senkrecht zum Querverbund, Proportionalitäts- und Schädigungsgrenze fallen zusammen [107]
rechts: Erste Ablösungen, Zugspannung in Pfeilrichtung (Lichtmikroskopische Aufnahme)

Aus der gerichteten Form der Glasfasern und den unterschiedlichen Eigenschaften von Fasern und Harz ergibt sich eine ausgeprägte Abhängigkeit der Eigenschaften von der Orientierung der Verstärkungsfasern. Eine erhöhte Festigkeit, Steifigkeit und Maßhaltigkeit (geringe thermische Ausdehnung) werden vor allem in Faserrichtung erreicht,

---

[74] Sie beträgt z.B. im Scheitelbereich bei einer Einzelglasfaser in unendlich ausgedehnter Matrix je nach Elastizitätsmodul der Matrix 140 bis 200 % der äußerlich einwirkenden Spannung [52]

senkrecht zur Faserrichtung werden zwar Elastizitätsmodul und Maßhaltigkeit erhöht, Zugfestigkeit und Bruchdehnung nehmen dagegen ab. Bei glasfaserverstärkten Gießharzen ergibt sich bei Rovings nur in einer Richtung eine Verstärkungswirkung, bei einem Gewebelaminat nur in den zwei aufeinander senkrechten Vorzugsorientierungen der Glasfasern. Bei einem Mattenlaminat gibt es in der Ebene keine Richtungsabhängigkeit der Eigenschaften.

Bei kurzglasfaserverstärkten Thermoplasten ist keine vollständige Orientierung der Glasfasern zu erreichen. Die Fasern stellen sich bevorzugt auf Linien gleicher Strömungsgeschwindigkeit und gleichen Drucks in der Schmelze ein. Die Strömungsverhältnisse sind jedoch sehr kompliziert und die Richtungen wechseln häufig, wie auch Bild 131 zeigt. Häufig stellt sich eine scharf markierte Strömungsumkehr ein, wenn z.B. in einem Plattenwerkzeug auf die noch flüssige Schmelze zwischen schon erstarrten Randschichten ein zu einer Querdehnströmung führender Nachdruck ausgeübt wird. Bild 147 zeigt die unterschiedliche Glasfaseranordnung in einer mit Bandanguß (Anguß über die Plattenschmalseite) gespritzten Platte.

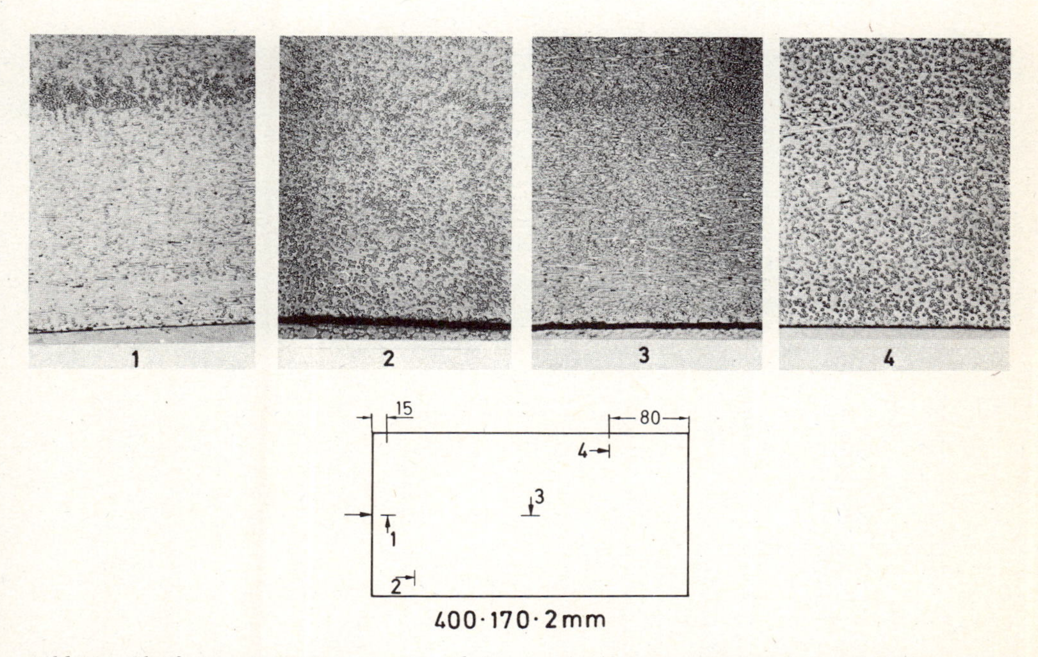

Bild 147: Glasfaserorientierung in einer Platte aus glasfaserverstärktem Polyamid 6 (GF-PA 6)

An Proben aus Platten entsprechend Bild 147 wurden verschiedene mechanische Kennwerte parallel und senkrecht zur Hauptorientierung der Glasfasern bestimmt, Bild 148. Während parallel zur Faserorientierung die Zugfestigkeit und der Elastizitätsmodul mit steigendem Glasgehalt zunehmen, verringern sich die Arbeitsaufnahme und die Bruchdehnung. Senkrecht zur Faserorientierung nimmt nur der Elastizitätsmodul zu. Die geringfügige Zunahme der Festigkeit ist im wesentlichen auf den geringen Anteil der in Lastrichtung orientierten Fasern zurückzuführen. Bei vollständiger Orientierung senkrecht zur Zugbeanspruchung wird die Verbundfestigkeit immer unter der Festigkeit der unverstärkten Matrix liegen.

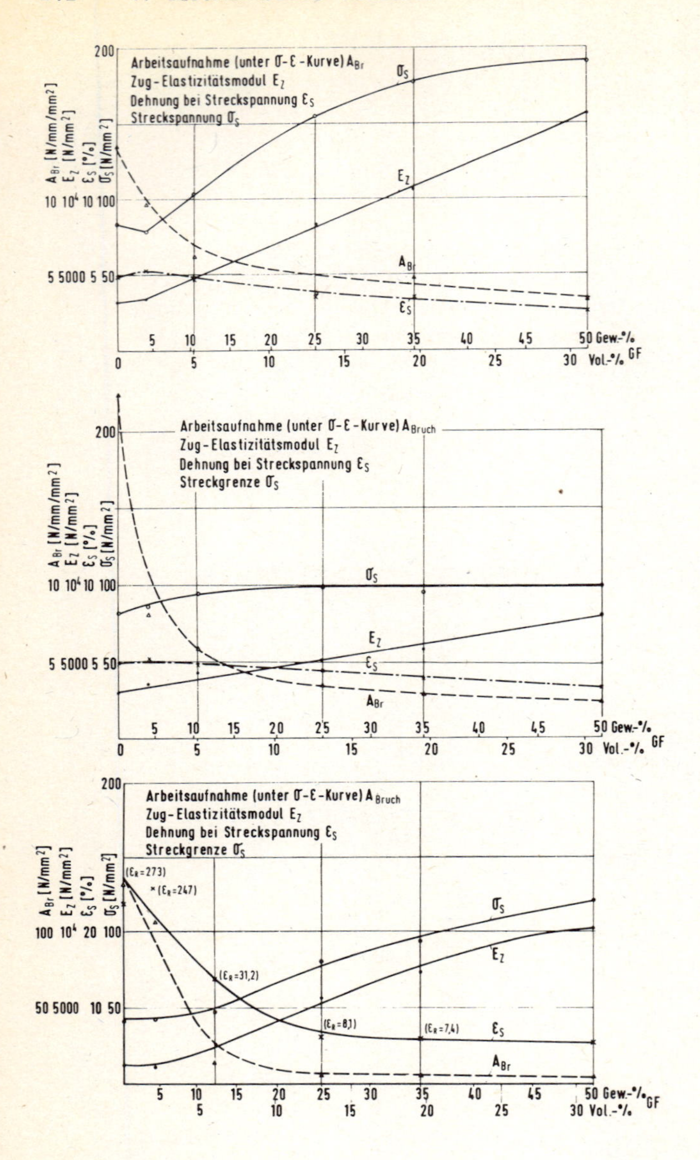

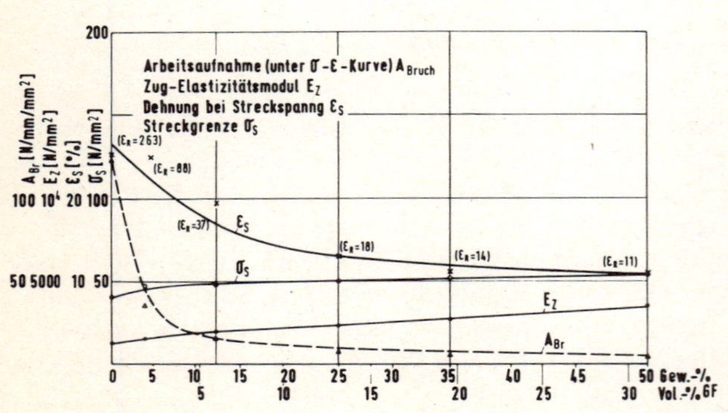

Bild 148:
Mechanische Eigenschaften von GF-PA 6 in Abhängigkeit vom Glasgehalt
von oben: trocken in Faser-(Spritz-)richtung, senkrecht dazu; luftfeucht in Faser-(Spritz-) richtung, senkrecht dazu; naß in Faser-(Spritz-) richtung, senkrecht dazu.
Prüfgeschwindigkeit:
0 Gew.-% = 50 mm/min
>0 Gew.-% = 5 mm/min

7. Alterung und Abbau der Polymer-Werkstoffe

7.1 Alterung

Unter Alterung versteht man die Gesamtheit aller im Laufe der Zeit in einem Material irreversibel ablaufenden chemischen und physikalischen Vorgänge. Die Alterung läuft unter natürlichen Umweltbedingungen ab, die in speziellen Fällen jedoch besondere Merkmale aufweisen können, wie erhöhte Temperaturen, Chemikalienangriff und mechanische Belastung. Für Prüfzwecke kann eine verstärkte Einwirkung eines Faktors erwünscht sein, um eine Zeitraffung zu erreichen. Diese Zeitraffung läßt allerdings normalerweise keine direkte Extrapolation auf ein Langzeitverhalten unter entsprechend geringerem Angriff zu, es sei denn, es handelt sich um relativ einfach überschaubare Vorgänge, wie das Zeitstandverhalten oder die thermische Alterung. Da in den meisten Fällen jedoch die natürlichen Alterungsbedingungen nicht differenziert vorhersehbar sind und in ihrer Komplexität auch nicht gerafft werden können, ist die Aussage für langzeitige Anwendung aufgrund irgendwelcher Kurzzeitversuche problematisch.

Generell wird zwischen einer inneren und einer äußeren Alterung unterschieden. Die innere Alterung, Abbau von Eigenspannungen, Nachkristallisation, Phasentrennung bei Mehrstoffsystemen, Weichmacherwanderung oder ähnliches, ist auf thermodynamisch instabile Zustände des Polymer-Werkstoffs zurückzuführen. Die äußere Alterung, wie Spannungsrißbildung, Ermüdungsrisse, thermooxydativer Abbau, Quellung oder etwas ähnliches, beruht auf physikalischen oder chemischen Einwirkungen der Umgebung auf den Polymer-Werkstoff. Die Unterscheidung nach chemischen und physikalischen Alterungsvorgängen ist nicht immer eindeutig möglich, da normalerweise komplexe Wirkungen vorliegen.

Versteht man unter Alterung nur die zeitabhängigen, irreversibel ablaufenden Vorgänge, so müßte korrekterweise auch eine Verbesserung des Gebrauchswertes des Materials darunter verstanden werden, wenn z.B. eine Nachkondensation, Nachkristallisation oder Strahlungsvernetzung zu einer Vergütung im Sinne einer Verbesserung bestimmter gewünschter Eigenschaften des Werkstoffs führen.

Gegen eine Reihe besonders kritischer Umwelteinflüsse sind sogen. Stabilisatoren entwikkelt worden, welche die unerwünschten Veränderungen der Material- und Gebrauchseigenschaften während der Verarbeitung oder des Gebrauchs soweit verzögern, daß das Bauteil während der Gebrauchsdauer darunter nicht leidet. Die wichtigsten Stabilisatoren sind Wärme- und Lichtstabilisatoren, UV-Absorber, Antioxydantien und Hydrolyseschutzmittel.

7.2 Wärmebeständigkeit

Während die temperaturbedingten physikalischen Zustandsänderungen von einem Aggregatzustand in den anderen (energieelastisch, entropieelastisch, flüssig) reversibel sind, sind die chemisch-thermischen Veränderungen irreversibel. Solange diese Veränderungen die Gebrauchstüchtigkeit des Polymer-Werkstoffs nicht beenden, bezeichnet man ihn als wärmebeständig. Unter chemisch-thermischen Veränderungen versteht man Vorgänge, wie Kettenabbau, Vernetzung, Oxidationsreaktionen, Abspaltungen von Atomen oder

Molekülgruppen unter gleichzeitiger Bildung von Doppelbindungen, die andererseits wieder leicht oxidieren, und andere ähnliche chemische Prozesse. Dabei ruft eine langzeitige Einwirkung, bei vergleichsweise niedriger Temperatur, die gleichen Veränderungen hervor, wie eine kürzere Einwirkungszeit bei hohen Temperaturen. Das bedeutet, daß Polymer-Werkstoffe bei relativ hoher Temperatur nur kurzfristig eingesetzt werden können, während sie bei niedrigen Temperaturen langfristiger wärmebeständig sind. Als Kriterium werden im allgemeinen die Änderung der Schlagzähigkeit, die Zugfestigkeit und die Reißdehnung gewertet. Dabei weisen Polymer-Werkstoffe i. a., wie Bild 149 für ein Polyamid 66 (PA 66) zeigt, zunächst geringe Änderungen der Zugfestigkeit auf, während die Reißdehnung von Beginn an stark zurückgeht. Der Anstieg der Schlagzähigkeit ist auf die geringfügige Vernetzung der Makromoleküle zu Beginn der Lagerungszeit zurückzuführen, die durch den aufsteigenden K-Wert angezeigt wird. Danach überwiegt der chemisch-thermische Abbau, den der K-Wert unzureichend erfaßt. Bei der Bemessung von Bauteilen, die erhöhten Temperaturen ausgesetzt sind, ist daher zwischen statischer und stoßartiger Belastung deutlich zu unterscheiden. Bei ruhender Belastung gilt die durch den Abfall der Zugfestigkeit bestimmte Einsatzgrenze, bei stoßartiger Beanspruchung der Abfall der Schlagzähigkeit.

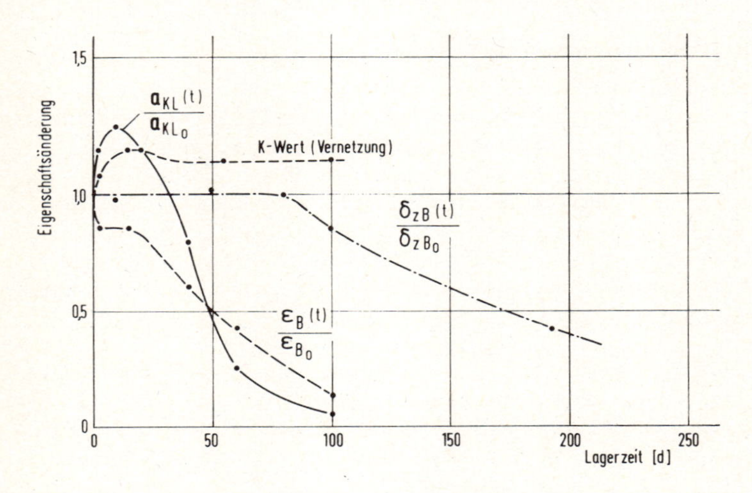

Bild 149: Eigenschaftsänderungen eines Polyamid 66 (PA 66) mit Wärmestabilisator nach Wärmealterung bei 140 °C
a_{KL} = Kerbschlagzähigkeit, ε_B = Bruchdehnung
σ_{zB} = Zugfestigkeit
Index o = Ausgangswert, Index t = Wert nach Lagerung

In Bild 150 sind für unverstärktes und verstärktes Polyamid 66 (PA 66) die Zeit-Temperatur-Grenzen angegeben. Die Einsatztemperaturen bzw. -zeiten werden durch Stabilisatoren erheblich verlängert. Die höheren Werte für das glasfaserverstärkte Material sind in dem höheren mechanischen Ausgangs-Niveau begründet. Bei einem Abfall um einen bestimmten Prozentsatz liegen die sich dann ergebenden Festigkeiten noch über den Ausgangswerten des unverstärkten Materials, da die Eigenschaften der Glasfasern nur geringfügig von der Temperatur abhängen.

Außer von der Zeit und der Temperatur hängen die Eigenschaftsänderungen von den umgebenden Medien ab, wobei UV-Strahlen, Sauerstoff und Wasser sich besonders negativ

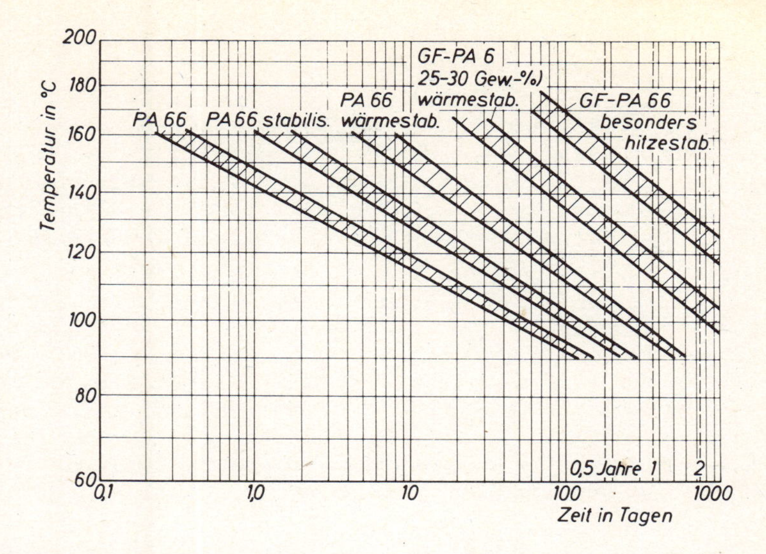

Bild 150: Zeit-Temperaturgrenzen als Erfahrungswerte von Bauteilen bei der Anwendung von Polyamid 66 (PA 66)

auswirken. UV-Strahlen führen auch ohne erhöhte Temperaturen zur Versprödung, die z.B. bei schlagfestem Polystyrol in der Sonne nach Wochen, bei ABS nach wenigen Monaten einsetzt. Ähnlich ist die Wirkung von Sauerstoff, der bereits in der Verarbeitungsmaschine (Spritzgießen, Extrusion u.a.) bei zu langer Verweilzeit zum Kettenabbau, häufig erkennbar an einer Vergilbung, führen kann. So ergibt sich nach fünfmaligem Verspritzen von Polycarbonat (PC) unter normalen Spritzgußbedingungen, wie Bild 151 anhand der Spannungs-Dehnungs-Diagramme zeigt, bereits eine Versprödung durch erhöhte Temperaturen und Sauerstoff, die zu einer deutlichen Verringerung der Bruchdehnung führt, nach zehnmaligem Verspritzen sind die Moleküle so geschädigt, daß das mechanische Verhalten sich vollständig geändert hat. Spritzgußabfälle dürfen daher nur in begrenzter Menge dem Neumaterial zugegeben werden. Sie sind andererseits auch häufig erwünscht, weil der chemisch-thermische Abbau zu einer niedrigeren rel. Mole-

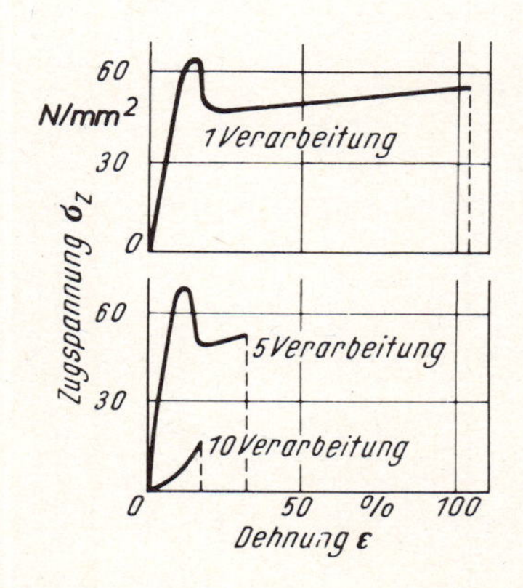

Bild 151: Spannungs-Dehnungs-Diagramm von Polycarbonat (PC) nach 1-, 5- und 10-maligem Verspritzen [99]

külmasse und damit niedrigeren Viskosität der Schmelze führt, wodurch wiederum das Fließverhalten erleichtert wird.

Die Wärmebeständigkeit wird durch Wassereinwirkung oft sehr viel stärker erniedrigt als durch reine Lufteinwirkung. Glasfaserverstärkte Polyesterharze (GF-UP) können in der Luft langzeitig bei 100 °C eingesetzt werden, ertragen jedoch wegen der Hydrolysierung in Wasser kaum Temperaturen über 60 °C. Bei Polyamid 66 (PA 66) liegen die Werte bei 100 °C und 60 °C, mit spezieller Stabilisierung bei 120 °C und 90 °C.

GF-UP	Glasfaserverstärkter ungesättigter Polyester
GF-PP	Glasfaserverstärktes Polypropylen
PA6-SFK	Polyamidfaserverstärkte Kunststoffe
PA6-SF-PF	Polyamid 6-faserverstärktes Phenolharz
Cu-MFK	Kupferfaserverstärkte Kunststoffe
St-MFK	Stahlfaserverstärkte Kunststoffe

Besondere Ergänzungen für Polyamide und Polyäthylene

PA 6	Polymere aus ε-Caprolactam
PA 66	Homopolykondensat aus Hexamethylendiamin und Adipinsäure
PA 610	Homopolykondensat aus Hexamethylendiamin und Sebacinsäure
PA 612	Homopolykondensat aus Hexamethylendiamin und Dodecandisäure
PA 11	Polykondensat aus 11-Aminoundecansäure
PA 12	Homopolymerisat aus 12-Dodecalactam (Laurinlactam)
PA 66/610	Copolymere aus PA 66 und PA 610
PA 6/12	Copolymere aus PA 6 und PA 12
PA 6-3-T	Homopolykondensat aus Trimethylhexamethylendiamin und Terephthalsäure
HDPE	Polyäthylen hoher Dichte
MDPE	Polyäthylen mittlerer Dichte
LDPE	Polyäthylen niederer Dichte
UHMWPE	Polyäthylen mit ultrahohem Molekulargewicht
VPE	Vernetztes Polyäthylen

Nicht genormt, aber gebräuchlich sind:

BR	Polybutadien
EPDM	Elastomer aus Äthylen, Propylen und einem Dien
GK	Glaskugelverstärkt z.B. GK-PBTP
PO	Polyolefine

8. Abkürzungen von Polymer-Werkstoff-Namen (nach DIN 7728)

Homopolymere

CA	Celluloseacetat
CAB	Celluloseacetatbutyrat
CAP	Celluloseacetopropionat
CF	Cresol-Formaldehyd
CMC	Carboxymethylcellulose
CN	Cellulosenitrat
CP	Cellulosepropionat
CS	Casein
CTA	Cellulosetriacetat
DAP	Diallylphthalat
EC	Äthylcellulose
EP	Epoxid
EPE	Epoxidester
MC	Methylcellulose
MF	Melamin-Formaldehyd
MPF	Melamin-Phenol-Formaldehyd
PA	Polyamid
PAN	Polyacrylnitril
PB	Polybuten-1
PBTP	Polybutylenterephthalat
PC	Polycarbonat
PCTFE	Polychlortrifluoräthylen
PDAP	Polydiallylphthalat
PE	Polyäthylen
PEC	Chloriertes Polyäthylen
PEOX	Polyäthylenoxid
PETP	Polyäthylenterephthalat
PF	Phenol-Formaldehyd
PIB	Polyisobutylen
PIR	Polyisocyanurat
PMI	Polymethacrylimid
PMMA	Polymethylmethacrylat
PMP	Poly-4-methylpenten-1
POM	Polyoxymethylen; Polyformaldehyd, Polyacetal
PP	Polypropylen
PPC	Chloriertes Polypropylen
PPO	Polyphenylenoxid
PPOX	Polypropylenoxid
PPS	Polyphenylensulfid
PPSU	Polyphenylensulfon
PS	Polystyrol
PTFE	Polytetrafluoräthylen
PUR	Polyurethan
PVAC	Polyvinylacetat

PVAL	Polyvinylalkohol
PVB	Polyvinylbutyral
PVC	Polyvinylchlorid
PVCC	Chloriertes Polyvinylchlorid
PVDC	Polyvinylidenchlorid
PVDF	Polyvinylidenfluorid
PVF	Polyvinylfluorid
PVFM	Polyvinylformal
PVK	Polyvinylcarbazol
PVP	Polyvinylpyrrolidon
RF	Resorcin-Formaldehyd
SI	Silicon
UF	Harnstoff-Formaldehyd
UP	Ungesättigte Polyester

Copolymere und Polymergemische

ABS	Acrylnitril-Butadien-Styrol
A/MMA (auch AMMA)	Acrylnitril-Methylmethacrylat
ASA	Acrylnitril-Styrol-Acrylat
E/EA (auch EEA)	Äthylen-Äthylacrylat
E/P	Äthylen-Propylen
E/VAC	Äthylen-Vinylacetat
E/VAL	Äthylen-Vinylalkohol
E/TFE	Äthylen-Tetrafluoräthylen
FEP	Tetrafluoräthylen-Hexafluorpropylen (Perfluoräthylenpropylen)
SAN	Styrol-Acrylnitril
SB	Styrol-Butadien (schlagfestes Polystyrol)
SMS	Styrol-a-Methylstyrol
VC/E	Vinylchlorid-Äthylen
VC/E/MA	Vinylchlorid-Äthylen-Methylacrylat
VC/E/VAC	Vinylchlorid-Äthylen-Vinylacetat
VC/MA	Vinylchlorid-Methylacrylat
VC/MMA	Vinylchlorid-Methylmethacrylat
VC/OA	Vinylchlorid-Octylacrylat
VC/VAC	Vinylchlorid-Vinylacetat
VC/VDC	Vinylchlorid-Vinylidenchlorid

Verstärkte Polymer-Werkstoffe

GFK	Glasfaserverstärkter Kunststoff
AFK	Asbestfaserverstärkter Kunststoff
BFK	Borfaserverstärkter Kunststoff
CFK	Kohlenstoffaserverstärkter Kunststoff
MFK	Metallfaserverstärkter Kunststoff
SFK	Synthesefaserverstärkter Kunststoff
MWK	Metallwhiskerverstärkter Kunststoff

GF-UP	Glasfaserverstärkter ungesättigter Polyester
GF-PP	Glasfaserverstärktes Polypropylen
PA6-SFK	Polyamidfaserverstärkte Kunststoffe
PA6-SF-PF	Polyamid 6-faserverstärktes Phenolharz
Cu-MFK	Kupferfaserverstärkte Kunststoffe
St-MFK	Stahlfaserverstärkte Kunststoffe

Besondere Ergänzungen für Polyamide und Polyäthylene

PA 6	Polymere aus ε-Caprolactam
PA 66	Homopolykondensat aus Hexamethylendiamin und Adipinsäure
PA 610	Homopolykondensat aus Hexamethylendiamin und Sebacinsäure
PA 612	Homopolykondensat aus Hexamethylendiamin und Dodecandisäure
PA 11	Polykondensat aus 11-Aminoundecansäure
PA 12	Homopolymerisat aus 12-Dodecalactam (Laurinlactam)
PA 66/610	Copolymere aus PA 66 und PA 610
PA 6/12	Copolymere aus PA 6 und PA 12
PA 6-3-T	Homopolykondensat aus Trimethylhexamethylendiamin und Terephthalsäure

HDPE	Polyäthylen hoher Dichte
MDPE	Polyäthylen mittlerer Dichte
LDPE	Polyäthylen niederer Dichte
UHMWPE	Polyäthylen mit ultrahohem Molekulargewicht
VPE	Vernetztes Polyäthylen

Nicht genormt, aber gebräuchlich sind:

BR	Polybutadien
EPDM	Elastomer aus Äthylen, Propylen und einem Dien
GK	Glaskugelverstärkt z.B. GK-PBTP
PO	Polyolefine

9. Schrifttum

1.	Willersinn, H.	Einfluß von Forschung und Entwicklung auf die Gewinnprojektionen; Vortrag beim Podiumsgespräch: Die Problematik externer Gewinnprojektionen in der Sicht außenstehender Fachleute. Wiesbaden 1968
2.	Gäth, R.	Wo stehen wir in der Entwicklung der Kunststoffe Vortrag anläßlich des "Internationalen Kunststoff- und Kautschukkongresses" Utrecht, Oktober 1970
3.	Ehrenstein, G.W.	Tendances actuelles dans l'évolution du marché des matières plastiques Z. Agefi, Sonderheft "La Belgique à l'âge de la Chimié, Brüssel, Oktober 1972
4.	Fritz, G.	Rohstoffprobleme und ihre Auswirkungen auf die Kunststoffindustrie. Z. Kunststoffe 65 (1975) H. 1, S. 41/7
5.	Wunderlich, B.	Macromolecular Physics, Vol. 1 Crystal Structure, Morphology, Defects Academic Press, New York 1973
6.	Williams, D.J.	Polymer Science and Engineering, Prentice-Hall, Inc. Englewood Cliffs, New Jersey
7.	Boeing, H.V.	Structure and Properties of Polymers Georg Thieme Publ., Stuttgart 1973
8.	Morrison, R.T. und Boyd, R.N.	Lehrbuch der organischen Chemie, Verlag Chemie, Weinheim 1974
9.	Holzmüller, W.	Struktur der makromolekularen Körper, aus Holzmüller/Altenburg: Physik der Kunststoffe, Akademie Verlag, Berlin 1961
10.	Müller, F.A.	Molekularkräfte und Bewegungsmechanismen, aus: Nitsche/Wolf: Kunststoffe, Bd. 1, Springer Verlag, Berlin 1961
11.	Stuart, H.A.	Molekülstruktur, Springer Verlag, Berlin 1967
12.	Pauling, L.	Die Natur der chemischen Bindung, Verlag Chemie, Weinheim 1968
13.	Geil, P.H.	Polymer Single Crystals, Interscience Publ. New York 1963
14.	Hamann, K.	Die Chemie der Kunststoffe, Sammlung Göschen, Bd. 1173, Berlin 1960
15.	Vollmert, B.	Grundriß der makromolekularen Chemie, Springer Verlag, Berlin 1962
16.	Henrici-Olivé, G. und Olivé, S.	Polymerisation Verlag Chemie, Weinheim 1969

17. Elias, H.G. — Makromoleküle
Hüthig und Wepf, Basel 1971

18. Schuller, H. — Herstellung von hochmolekularen Stoffen und Erzeugung bestimmter Eigenschaften. Druckschrift der BASF AG, Hauptlaboratorium, 1964

19. Margolis , A.F. — Effect of Molecular Weight on Properties of HDPE
SPE-Journal, June 1971 - Vol. 27, S. 44/8

20. Reichherzer, R. — Polyäthylen - Molekülgröße und Eigenschaften. Z. Kunststoff-Rundschau 19 (1972) 5, S. 189/93

21. Inhoffen, E. — Einfluß des chemischen Aufbaus der UP-Harze auf die Formstoffeigenschaften. Z. Kunststoffe 63 (1973) 12, S. 934/8

22. Kelker, H., Klages, F. und Schwarz, R. — Chemie
Fischer-Lexikon, Bd. 26, Frankfurt 1961

23. Bunn, C.W. — Determination of Polymeric Structures by X-ray Diffraction Methods, aus: Molecular Behaviour and the Development of Polymeric Materials, Chapman and Hall, London 1975

24. Pechhold, W. — Molekülbewegung in Polymeren. Kolloid Zeitschrift und Zeitschrift für Polymere 228 (1968), H. 1-2, S. 1-38

25. Wunderlich, B. — Das Kristallisieren und Schmelzen von Hochpolymeren
Berichte der Bunsengesellschaft Bd. 74, Nr. 8/9 (1970), S. 768/77

26. Zimen, K.E. — Strukturen der Natur. Bücher des Wissens, Fischer Taschenbuch Verlag, Frankfurt 1973

27. Zachmann, H.G. — Statistische Thermodynamik des Kristallisierens und Schmelzens von hochpolymeren Stoffen. Kolloid Zeitschrift und Zeitschrift für Polymere 231 (1969) H. 1-2, S. 504/34

28. Stuart, H.A. — Ordnungszustände und Umwandlungserscheinungen in Polymeren. Berichte der Bunsengesellschaft Bd. 74, Nr. 8/9 (1970), S. 739/55

29. Stutz, H. — Untersuchungen über kontrollierte Vernetzungsreaktionen von Polyacrylestern, ein Beitrag zur Frage der Anordnung von Makromolekülen im Gelzustand. Diss. Universität Karlsruhe 1970

30. Vollmert, B. — Strukturbedingte Belastungsgrenzen von Polymer-Werkstoffen, aus: Belastungsgrenzen von Kunststoff-Bauteilen. VDI-Verlag, 1975

31. North, A.M. — Molecular Motion in Polymers, aus: Molecular Behaviour and the Development of Polymeric Materials. Chapman and Hall, London 1975

32. Hendus, H. — Physikalische Struktur, aus: Kunststoff-Handbuch, Bd. 4
Carl Hanser Verlag, München 1969

33. Pechhold, W. und Blasenbrey, S. — Molekülbewegung in Polymeren. III. Teil: Mikrostruktur und mechanische Eigenschaften. Kolloid-Zeitschrift und Zeitschrift für Polymere, 241 (1970), S. 955/76

34. Zachmann, H.G. — Der kristalline Zustand makromolekularer Stoffe. Z. Angewandte Chemie 86 (1974) 8, S. 283/91

35. Schultz, J. — Polymer Materials Science. Prentice-Hall, Inc., Englewood Cliffs, New Jersey, 1974

36. Schrader, E. und Zachmann, H.G. — Statistisch-thermodynamische Untersuchung des vollständigen Gleichgewichtes zwischen Kristall und Schmelze bei Stoffen aus langen Kettenmolekülen. Berichte der Bunsengesellschaft Bd. 74, Nr. 8/9 (1970), S. 823/30

37. Rehage, G. — Neuere Ergebnisse über die glasige Erstarrung von Hochpolymeren. Berichte der Bunsengesellschaft Bd. 74, Nr. 8/9 (1970) S. 796/807

38. Kanig, G. — Das freie Volumen und die Änderung des Ausdehnungskoeffizienten und der Molwärme bei der Glasübergangstemperatur von Hochpolymeren. Kolloid-Zeitschrift und Zeitschrift für Polymere Bd. 233, H. 1-2 (1969), S. 829/45 und Bd. 235, H. 1 (1969) S. 1252

39. Anderson, F.R. — Fracture Studies of Isothermally Bulk Crystallized Linear Polyethylene J. Polymer Science C 3 (1963), S. 123/34

40. Fujiwara, Y. — Superstructure of Melt-Crystallised Polyethylene J. Applied Polymere Science 4 (1960), S. 10/5

41. Zachmann, H.G. — Über die Quellung von kristallinem Polyäthylenterephthalat in organischen Flüssigkeiten. Z. Faserforschung und Textiltechnik 18 (1967) 9, S. 427/32

42. Fischer, E.W. — Stufen- und spiralförmiges Kristallwachstum bei Hochpolymeren Z. Naturforschung 12 a (1957), S. 753/4

43. Eppe, R., Fischer, E.W. und Stuart, H.A. — Morphologische Strukturen in PE, PA und anderen kristallisierenden Hochpolymeren. J. Polymer Sci. 34 (1959), S. 721/40

44. Hosemann, R. — Parakristalle. Z. Umschau 72 (1972), H. 23, S. 749/55

45. Hendus, H. — unveröffentlichte Aufnahme

46. Pflüger, R. — Witterungsbeständigkeit von Polyamiden -6- und 6.6-Kunststoffen. Vortrag: 4. Donauländergespräch im Österreichischen Kunststoff-Institut, Wien 1972, Aufnahme: Hendus

47. Stabenow, J. und Haaf, F. — Morphologie von ABS-Pfropf-Kautschuken. Angewandte Makromolekulare Chemie Bd. 29/30 (1973), S. 1/23

48. Leuchs, O. — Schlagfestigkeit von PVC-umhüllten Kabeln und Leitungen in der Kälte. Z. Kunststoffe 58 (1968) 5, S. 375/80

49. Leuchs, O. — Zur Weichmachung von Polyvinylchlorid. Z. Kunststoffe 46 (1956) 12, S. 547/54

50. Hendus, H., Illers, K.H. und Ropte, E. — Strukturuntersuchungen an Styrol-Butadien-Blockcopolymeren. Kolloid Zeitschrift und Zeitschrift für Polymere, Bd. 216/7 (1967) S. 110/9

51. Schrader, H.E. — Radioisotopic Studies of Bonding at the Interface. J. Adhesion, Vol. 2 (July 1970), S. 202/12

52. Ehrenstein, G.W. — Grenzflächenenergetische Vorgänge und Eigenspannungszustände in glasfaserverstärkten Kunststoffen. Diss. TH Hannover, 1968

53. Plueddeman, E.P. — Water is the Key to New Theory of Resin-to-Fiber-Bonding. Modern Plastics, March 1970, Vol. 47, No. 3, S. 92/8

54. Koppelmann, J. — Einführung in die Rheologie fester Kunststoffe. Manuskript zur Vorlesung, Montanuniversität Leoben

55. Kanig, G. — Zur Theorie der Glastemperatur von Polymerhomologen, Copolymeren und weichgemachten Polymeren. Kolloid-Zeitschrift und Zeitschrift für Polymere, Bd. 190, H. 1 (1963), S. 1/16

56. Natta, G. und Corradini, P. — Structure and Properties of Isotactic Polypropylene. Nuovo cimento, Suppl. to Vol. 15, Ser. 10, (1960) No. 1, S. 40/51

57. Bunn, C.W. und Garner, E.V. — The Crystal Structure of two Polyamides Proc. Roy. Soc. (London) 189 A (1947), S. 39/68

58. Domininghaus, H. — Einführung in die Technologie der Kunststoffe 1. Schweizer Maschinemarkt 69. und 70. Jg., Druckschrift der Hoechst AG

59. Retting, W. — Viskoelastisches Verhalten bei zügig wachsender Spannung und Verformung, aus: Schreyer: Konstruieren mit Kunststoffen. Carl Hanser Verlag, München 1972

60. Ehrenstein, G.W. — Elastisches, viskoelastisches und viskoses Verformungsverhalten, aus: Belastungsgrenzen von Kunststoff-Bauteilen VDI-Verlag, 1975 und BASF-Sonderdruck

61. Oberst, H. — Eigenschaften, Verhalten und Prüfung von Kunststoff-Werkstoffen, aus: Schreyer: Konstruieren mit Kunststoffen Carl Hanser Verlag, München 1972

62. Retting, W. — Deformations- und Bruchmechanismen in mehrphasigen Polymer-Systemen. Angewandte Makromolekulare Chemie 58/59 (1977) S. 133/74

63. Sternstein, S.S. und Ongchin, L. — Yield Criteria for Plastic Deformation of Glassy High Polymers in General Stress Field. A.C.S. Division Polym. Chem. 10 (1969) Nr. 2, S. 1117/28

64. Menges, G. — Erleichtertes Verständnis des Werkstoffverhaltens bei verformungsbezogener Betrachtungsweise. Fortschritts-Bericht VDI R. 5 Nr. 12 (1971)

65. Kambour, R.P. und Russel, P.R. — Electron Microscopy of Crazes in PS and Rubber Modifield PS, USE of Jodine-Sulphur Eutectic as a Craze Reinforcing Impregnant. Z. Polymer 12 (1971) 4, S. 237/246

66. Kambour, R. P. — Die Rolle des Crazing beim Bruchmechanismus von glasartigen Polymeren. Z. Werkstoffe und Korrosion, 18 (1967) 5, S. 393/400

67. Menges, G. und Schmidt, H. — Beziehungen zwischen der Spannungsrißbildung und dem elastisch plastischen Verformungsverhalten von thermoplastischen Kunststoffen bei Langzeitzugbeanspruchung. 4. IKV-Kunststoffkolloquium, Aachen 1968

68. Hull, D. — Microstructure and Properties of Crazes, in: Deformation and Fracture of High Polymeres. Plenum Press, New York, 1973

69. Markowski, G., Stuart, H.A. und Jeschke, D. — Spannungsrißkorrosion an hochpolymeren Werkstoffen Z. Materialprüfung 6 (1964) 7, S. 236/45

70. Hay, I. L. und Keller, A. — Polymer Deformation in Therms of Spherulites. Kolloid-Zeitschrift und Zeitschrift für Polymere 204 (1965) H. 1/2, S. 43/74

71. Gorbunov, P. M. — Study of the Deformation of Ultra-Thin Film of Chloroprene Rubber Containing Optically Observable Spherulites. Polymer-Science (UDSSR) 11 (1969), S. 436/41

72. Kargin, V.A. und Yu Tsarevskaya, I. — Deformation of Crystalline Polybutylen Polymer Science (UDSSR) 8 (1966) S. 1601/7

73. Kargin, V.A., Adrianova, G. P. und Karadash G.G. — Mechanism of Large Deformations of Crystalline over Wide Temperature Range. Polymer Science (UDSSR) 9 (1967) S. 289/322

74. Keith, H.D. und Padden, F.J. jun. — ohne nähere Angabe zitiert in 17 auf S. 380

75. Macherauch, E. — Korngröße und mechanische Eigenschaften Z. Metallkunde 59 (1968), H. 8, S. 669/86

76. Sakurada, I., Nukushina, Y. und Ito, T. — Experimental Determination of the Elastic Modulus of Crystalline Regions in Oriented Polymers J. Polymer Science 57 (1962) S. 651/60

77. Sakurada, I., Ito, T. und Nakamae, K. — Elastic Moduli of the Crystall Lattices of Polymers J. Polymer Science (1966) 15 C, S. 75/91

78. Müller, F.H. — Kaltverstrecken von Kunststoffen Z. Materialprüfung 5 (1963), Nr. 9, S. 336/44

79. Schneider, W. und Bardenheier — Versagenskriterien für Kunststoffe. Z. Werkstofftechnik, 6 (1975) H. 8, S. 269/80 und H. 10, S. 339/48

80. Schreyer, G. und Bauer, P. — Bestimmung des Elastizitätsmoduls von Kunststoffen im Zug-, Druck- und Biegeversuch. Z. Kunststoffe 58 (1968) H. 1, S. 93/100 und H. 5, S. 368/75

81. Raghava, R., Cadell, R.M. und Yeh, G.S.Y. — The Macroskopic Yield Behaviour of Polymers J.Mat. Science 8 (1973) S. 225/32

82.	Schwarzl, F. und Stavermann, A.	Bruchspannung und Festigkeit von Hochpolymeren, aus: H.A. Stuart (Hrsg.): Physik der Hochpolymere Bd. 4, Berlin Springer
83.	Schleicher, F.	Der Spannungszustand an der Fließgrenze (Plastizitätsbedingungen). Z. für angewandte Mathematik und Mechanik, 6 (1926) H. 3 S. 199/216
84.	Tschoegl, N.W.	Facture Surface in Principal Stress Space. Journal Polymer Science, Part C, Symp. Nr. 32 (1971) S. 239/67
85.	Ely, R.E.	Biaxial Stress Testing of Acrylic Tube Specimens Polym. Eng. Science 7 (1967) 1, S. 40/44
86.	Sandel, G.D.	Die Anstrengungsfrage. Schweizerische Bauzeitung 95 (1930) 26, S. 335/8
87.	Schwartz, T.R. und Dugger, E.	Shear Strength of Plastic Materials Modern Plastics, 21 (1944), S. 117
88.	Thorkildson, R.C.	Mechanical Behaviour, aus: Baer, E. (Hrsg.): Engineering Design for Plastics, S. 277/399 Reinhold Publ. Corp. New York (1964)
89.	Schneider, W.	Mikromechanische Betrachtung von Bruchkriterien unidirektional verstärkter Schichten aus Glasfaser/Kunststoff Diss. TH Darmstadt (D 17) 1974
90.	Argon, A.S., Andrens, R.D., Godricke, J.A. und Whithey, W.	Plastic Deformation Bands in Glassy Polystyrene J. Appl. Phys. 39 (1968) 3, S. 1899/1906
91.	Vincent, P.J.	Strength of Plastics. ICI-Information Service. Note Nr. 911 (1962)
92.	Bauwens, J.C.	Yield Condition and Propagation of Lüders Lines in Tension-Torsion Experiments on PVC Journal Polymer Science A-2 (1970) 8, S. 893/901
93.	Miles, M.J. und Mills, N.J.	The Yield of Locus of Polycarbonate Poly. Lett. Edit. 11 (1973) S. 563/8
94.	Sharma, M.G.	Failure of Polymeric Materials under Biaxial Stress Field Polym. Eng. Science 6 (1966) 1, S. 30/5
95.	Scheerer, H.G. und Ehrenstein, G.W.	Versagensverhalten von GF-UP bei ebener Beanspruchung Symposium über Faserverstärkte Kunststoffe des IKV (Prof. Menges), TH Aachen, 19./20.03.1975
96.	Tsai, S.W. und Wu, E.M.	A General Theory of strength for Anisotropic Materials Journ. Comp. Materials 5 (1971) 1, S. 58/80
97.	Puck, A.	Zur Beanspruchung und Verformung von GFK-Mehrschichtverbund-Bauelemente. Z. Kunststoffe 57 (1967) 12, S. 965/73
98.	Kabelka, J. und Vejchar, J.	Zur Problematik der Festigkeit unidirektional verstärkter Kunststoffe. Z. Kunststoffe, 62 (1972) 12, S. 859/63

99. Knappe, W. — Beeinflussung der Eigenschaften von Kunststoff-Fertigteilen durch die Verarbeitungsbedingungen. VDI-Bildungswerk BW-1734

100. Schmidt, B., Schuster, R. und Orthmann, H.J. — Das mechanische Niveau thermoplastischer Formmassen Z. Kunststoffe 54 (1964) 10, S. 643/7 und 55 (1965) 10, S. 779/84

101. Retting, W. — Orientierung, Orientierbarkeit und mechanische Eigenschaften von verstrecktem Standard-Polystyrol unveröffentlichter Laborbericht 265 der BASF AG/WHM

102. Waldenrath, W. — Gerät zur Messung der Schrumpfungseigenschaften von Schrumpffolien. Z. Neue Verpackung 25, (1972) 11, S. 1476/82

103. Stühlen, F. und Meier, L. — Weichmacher für Kunststoffe am Beispiel PVC Z. Kunststoff-Rundschau (1972) H. 6, S. 251/60 und H. 7, S. 316/9

104. Zosel, A. — Der Schubmodul von Hochpolymeren als Funktion von Druck und Temperatur. Kolloid-Z. und Z. f. Polymere 199, (1964) H.2, S. 113/25

105. Ehrenstein, G.W. — Glasfaserverstärkte thermoplastische Kunststoffe - Grenzen und Anwendungsmöglichkeiten Z. Kunststoffe 60 (1970) 12, S. 917/24

106. Pigott, M.R. — Methods for Computing a Tensile Stress-Strain Relationship in Aligned Short Fibre Composites demnächst in J. Mech. Phys. Solids

107. Ehrenstein, G.W. und Wurmb, R. — Glasfaserverstärkte Thermoplaste - Theorie und Praxis Angewandte Makromolekulare Chemie 60/61 (1977) S. 157-214

108. Willax, H.O. — Der Einfluß der Werkstoffkomponenten und deren Tränkungs- und Benetzungseigenschaften auf das mechanische Verhalten von glasfaserverstärkten Kunststoffen. Diss. Universität Karlsruhe, 1973

109. Schadel, O. — Ermittlung der Rißbildungsgrenze mittels piezoelektrischer Verfahren, aus: Ehrenstein (Hrsg.): Schädigungsgrenzen bei GFK VDI-Bericht R 5, Nr. 16 (1973)

110. Davis, J.H. — The Reinforcement of Thermoplastics Matrices with Fibres 6. International Reinforced Plastics Conference, London 1968

111. Kanig, G. — persönliche Mitteilungen

112. Zachmann, H.G. — Statistische Thermodynamik des Kristallisierens und Schmelzens von hochpolymeren Stoffen. Kolloid-Zeitschrift und Z. für Polymere B 231 (1969) H. 1/2 S. 504/34

113. Zachmann, H.G. — Grundlagen der Strukturen und Zustände von Kunststoffen, aus: R. Vieweg und D. Braun, Kunststoff-Handbuch Bd. 1, Grundlagen. Carl Hanser Verlag, München, Wien 1975

114. Glenz, W. — persönliche Mitteilungen

115. Fischer, E.W. — Zusammenhänge zwischen Kolloidstruktur kristalliner Hochpolymere und ihres Schmelz- und Rekristallisationsverhaltens. Kolloid Zeitschrift und Z. für Polymere 231 (1969) S. 458/503

116. Flory, P.J. — On the Morphology of the Crystalline State in Polymers J. Am. Chem. Soc. 84 (1962) S. 2857/67

117. Kilian, H.G. — Phänomenologische Thermodynamik des Schmelzens von Polymeren. Kolloid Zeitschrift und Z. für Polymere, B 231 (1969) H. 1/2, S. 534/64

118. Genannt, R., Pechhold, W. und Großmann, H. P. — Streuverhalten markierter Polymerketten im Mäandermodell Colloid & Polymer Sci. 255 (1977), S. 285/9

119. Kanig, G. — Neue elektromikroskopische Untersuchungen über die Morphologie von Polyäthylenen. Pogr. Colloid & Polymer Sci. 57 (1976), S. 176/91

120. Pennings, A.J., van der Mark, J.M. und Kiel, A.M. — Hydrodynamically Induced Crystallization of Polymers from Solution. III. Morphology. Kolloid Zeitschrift und Z. für Polymere 237 (1970) S. 336/58

121. Pennings, A.J. und Kiel, A.M. — Fractionation of Polymers by Crystallization from Solution. III. On the Morphology of Fibrillar Polyethylene Crystals Grown in Solution. Kolloid Zeitschrift und Z. für Polymere 205 (1965) S. 160/2

122. Weber, A. — Berechnungsverfahren für Werkstücke aus thermoplastischen Kunststoffen. VDI-Bildungswerk, BW-1734

123. Hachmann, H. — Wichtige Konstruktionsunterlagen für tragende Konstruktionsteile aus Kunststoffen. VDI-Z. 112 (1970) 10, S. 667/71 und S. 731/3

124. Ingram, P., Kiho, H. und Peterlin, A. — The Morphology of Fibers from Deformed Polymer Crystals. J. Polymer Sci., Part C, 16 (1967) S. 1857/68

125. Bonart, R. — Kristall- und Kolloidstrukturen beim Dehnen und Verstrecken Kolloid Zeitschrift und Z. für Polymere 231 (1969), S. 438/58

126. Peterlin, A. — Molecular Model of Drawing PE and PP J. Material Sci. 6 (1971) S. 490/508

127. Peterlin, A. — Molecular Weight Dependence of Isothermal Long Period Growth of PE Single Crystals. Polymer 6 (1965) S. 25/34

128. Domke, H. und Rübben, A. — Allgemeines Berechnungsverfahren für ragende Kunststoffkonstruktionen aus GF-UP-Mattenlaminaten Bauingenieur 52 (1977) S. 205/210

129. Ehrenstein, G.W. — Das Kriechen von Thermoplasten Konstruktion, Elemente, Methoden 14 (1977) H. 5, S. 69/78

130. Findley, W.N. — Creep and stress relaxation of plastics; Pergamon Press, 1958

131. Trouton, F.T. — On the Coefficient of Viscous Fraction and its Relation to that of Viscosity. Proc. Roy. Soc. London 77, (1906), S. 426/40

132. Ramsteiner, F. — Unveröffentlichte Aufnahmen

10. Register